动涡盘

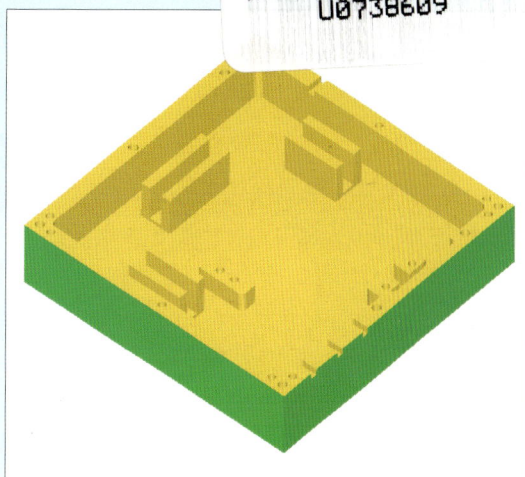

光通信壳体

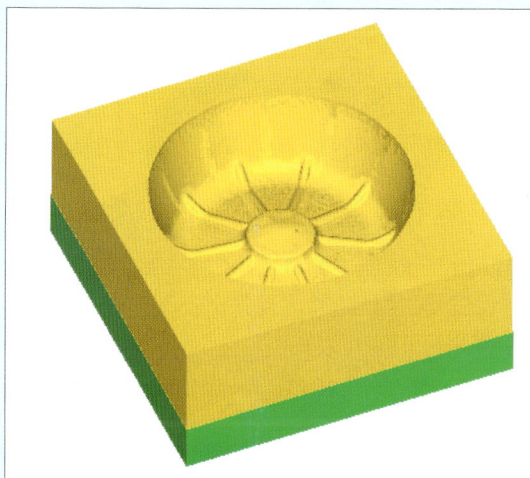

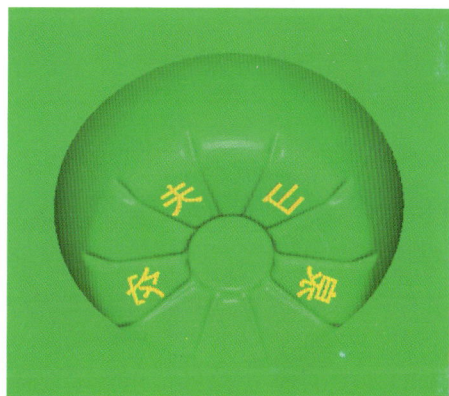

瓶底模具

接线盖

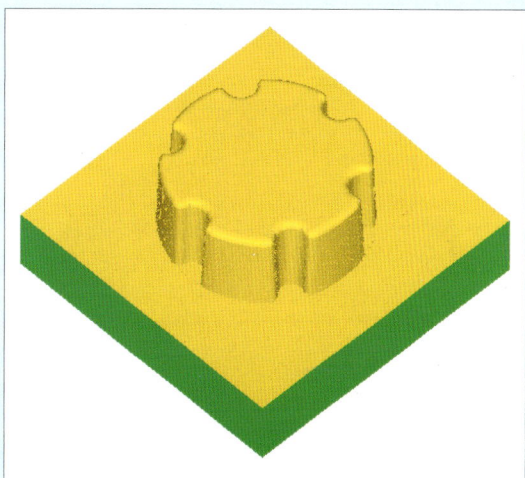

接线盖凸模

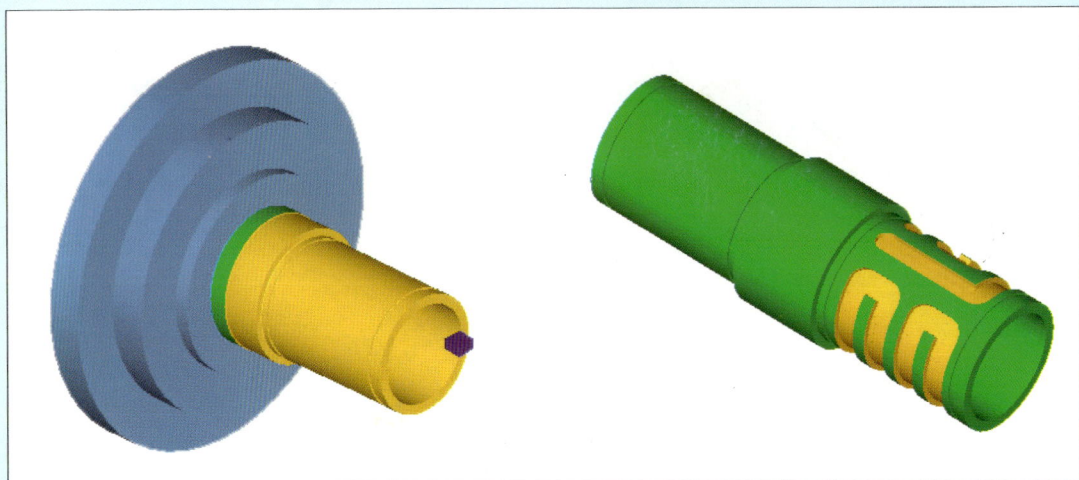

冷却套

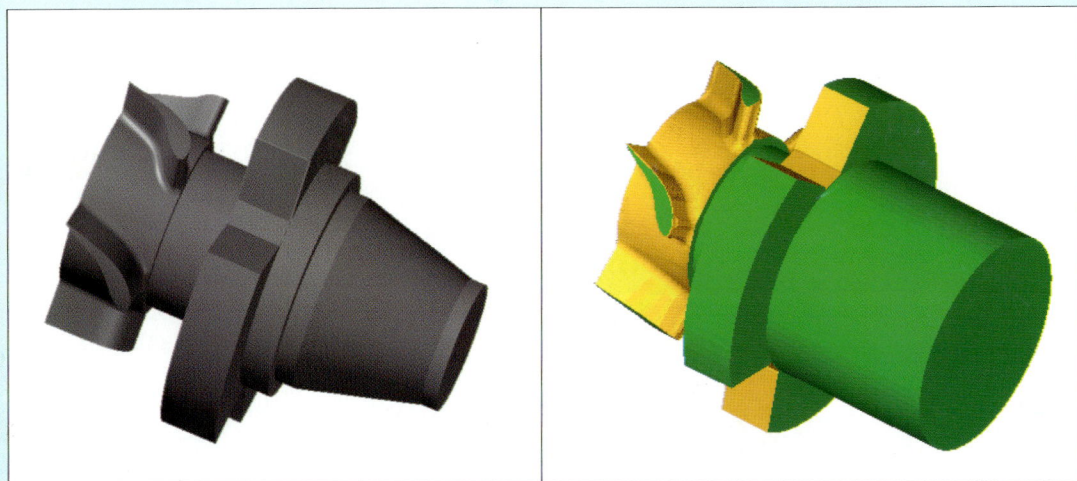

叶轮轴

叶轮

高等职业教育示范性院校系列教材

Mastercam X6 数控加工范例教程

（第二版）

褚守云　主　编

宋书善　陈亚梅　副主编

王荣兴　主　审

科学出版社

北　京

内 容 简 介

本书以企业真实案例为蓝本，详细介绍了利用业界主流 CAD/CAM 软件——Mastercam X6 为工具，对动涡盘、光通信壳体、瓶底模具、接线盖凸模、冷却套、叶轮轴、整体二级叶轮等零件进行工艺设计与制造的过程，内容涵盖二维轮廓加工、数控车、曲面加工、四轴加工以及五轴加工等。

本书的案例均基于完整的工作过程，内容翔实，通俗易懂，零件尺寸更适合现场教学要求，适合目前职业院校的以工作过程为导向的项目教学，同时也适合机械类工程技术人员自学参考。

图书在版编目（CIP）数据

Mastercam X6 数控加工范例教程/褚守云主编. —2 版. —北京：科学出版社，2015

ISBN 978-7-03-043065-6

Ⅰ. ①M… Ⅱ. ①褚… Ⅲ. ①数控机床－加工－计算机辅助设计－应用软件－高等职业教育－教材 Ⅳ. ①TG659-39

中国版本图书馆 CIP 数据核字（2015）第 013811 号

责任编辑：赵丽欣/责任校对：王万红
责任印制：吕春珉/封面设计：耕者设计工作室

科 学 出 版 社 出版
北京东黄城根北街 16 号
邮政编码：100717
http://www.sciencep.com
三河市骏杰印刷有限公司印刷
科学出版社发行　　各地新华书店经销

*

2015 年 1 月第 一 版　　　开本：787×1092　1/16
2018 年 1 月第三次印刷　　　印张：17 3/4　插页 1
字数：408 000

定价：38.00 元
（如有印装质量问题，我社负责调换〈骏杰〉）
销售部电话 010-62134988　编辑部电话 010-62134021（HA08）

前　言

本书是 2009 年度教育部高职高专机电设备技术类专业教指委精品课程以及 2010 年度江苏省高等学校精品课程《计算机支持的零件加工》的配套教材。本书采用校企合著的编写模式，以企业的完整工作过程为导向，精选企业、行业的典型案例，通过教学化处理，使有限的载体在涵盖国家职业技能鉴定标准的同时具备一定的先进性、前瞻性。

本书第一版于 2010 年正式出版，主要用于高职数控技术、机电一体化、CAD/CAM 技术、机械制造与自动化、模具技术等专业的教学，先后三次印刷。在以精品课程建设为代表性的教育、教学改革实践创新过程中，编者积累了丰富的教学案例以及教学经验。随着企业数控设备的升级，在校企合作中，编者也积累了不少经验，包括近几年参加的全国职业技能大赛，如何让数控大赛成果进课堂，惠及更多的学生，使教材彰显职业教育特色。在这些因素的促进下，编者及时更新了教学内容，完成了第二版。

本书第二版以主流 CAM 软件——Mastercam X6 为实训平台，教学载体都是来自于企业、行业的典型零件，内容涵盖二维轮廓加工、数控车、曲面加工、四轴加工以及五轴加工等。

本书由常州轻工职业技术学院的褚守云任主编，常州信息职业技术学院的宋书善、常州轻工职业技术学院的陈亚梅任副主编，全国数控大赛命题专家、国家级高级考评员、常州轻工职业技术学院的王荣兴任主审。编写分工如下：褚守云编写项目 1~3、7，宋书善编写项目 4，陈亚梅编写项目 5、6。在编写过程中南车集团戚墅堰机车有限公司、江苏常发集团、江苏新瑞、常州华威亚克模具、江苏德泰精密机电有限公司等企业的相关工程技术人员对案例载体、工艺设计、软件的选择等方面提出了许多建设性的建议，在此一并深表谢意。由于编者水平有限，缪误欠妥之处，恳请读者批评指正。

为便于读者学习，本书所有的实例源文件、练习所需的原始文件、零件的参考工艺文件以及教学课件 PPT 均上传至科学出版社的网站上，需要的读者可以到 http://www.abook.cn 下载。也可登录精品课程《计算机支持的零件加工》网站 http://58.216.240.233/jpkc2009/Index.asp 获取，这里有不断更新的教学资源，可方便教学与交流。

本课程总学时建议 72 学时，其中教学 56 学时，实操 16 学时，完成 4 个项目的实际加工。具体学时分配建议如下：

序号	内　　容	建议学时
1	项目 1　动涡盘的工艺设计与制造（机房）	12
2	项目 2　光通信壳体的工艺设计与制造（机房）	8
3	项目 3　瓶底模具的工艺设计与制造（机房）	8
4	项目 4　接线盖凸模的工艺设计与制造（机房）	4
5	项目 5　冷却套的工艺设计与制造（机房）	8
6	项目 6　叶轮轴的工艺设计与制造（机房）	8

序号	内　　容	建议学时
7	项目 7　整体二级叶轮的工艺设计与制造（机房）	8
8	项目 1　动涡盘的数控加工（数控基地）	4
9	项目 3　瓶底模具的数控加工（数控基地）	4
10	项目 5　冷却套的数控加工（数控基地）	4
11	项目 6　叶轮轴的数控加工（数控基地）	4

编者

2015 年 1 月

目　录

动涡盘的工艺设计与制造

❊ 项目简介

本项目涉及动涡盘（图 1-1）的加工，其材料为 Cu-Cr-Mo 合金铸铁，属于批量生产。轮廓线绘制部分主要涉及圆弧、直线、倒圆角、FPlot、修剪等命令，毛坯的选择涉及实体挤出命令，CAM 编程部分主要涉及 2D 加工的"外形铣削"和"2D 动态中心除料刀路"。

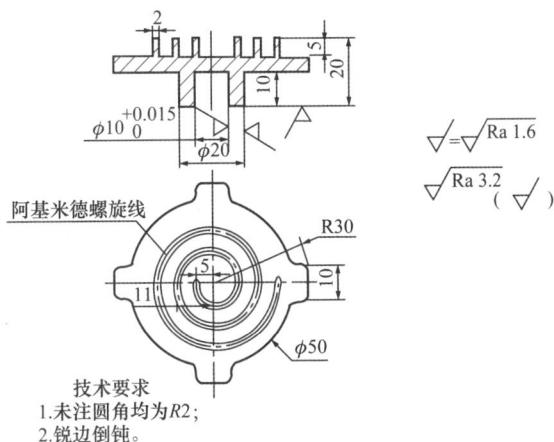

图 1-1 动涡盘

❊ 项目分析

动涡盘材料是一种合金铸铁，从产品图样看，其难点主要为阿基米德螺旋线的加工，首先要找到其参数方程组，然后根据方程组绘制轮廓线。由于其属于批量生产，应尽可能细分工艺过程，在保证产品质量的前提下，尽可能地采用高速、高效的加工工艺，提高生产效率。其工艺过程一般包括：毛坯（铸件）—退火—车外轮廓—精铣—钳工—检验—入库。本项目主要工序见表 1-1。

表 1-1　动涡盘的主要工序

1. 毛坯	2. 车外轮廓	3. 精铣

❋ **任务分解**

任务 1.1　动涡盘的轮廓线绘制
任务 1.2　动涡盘的 CAM 编程

❋ **知识点、技能点**

知识点：

◇ 层　　　　　　　　　◇ 串连补正　　　　　　◇ 转换平移
◇ 图素　　　　　　　　◇ 直线　　　　　　　　◇ 清除颜色
◇ 绘图平面　　　　　　◇ 圆弧　　　　　　　　◇ 实体挤出
◇ 屏幕视角　　　　　　◇ 旋转复制　　　　　　◇ 外形铣削
◇ 构图深度 Z　　　　　◇ 修剪　　　　　　　　◇ 2D 动态中心除料
◇ FPlot　　　　　　　◇ 串连倒圆角　　　　　◇ 后处理

技能点：

◇ 设置图层　　　　　　◇ 绘制阿基米德螺旋线　◇ 改变构图深度 Z
◇ 创建毛坯　　　　　　◇ 绘制轮廓线　　　　　◇ 创建 2D 刀路
◇ 修剪轮廓线　　　　　◇ 后处理刀路

❋ **基础知识**

1. 初识 Mastercam X6

Mastercam X6 工作界面如图 1-2 所示。
（1）屏幕视角、绘图平面、构图深度
通过设置屏幕视角，可以从不同的角度观察所绘制的图形，所以说屏幕视角即看图面。绘图平面（图 1-3）是绘制二维图形的平面，可以在不同的绘图平面上绘制一些图形进行三维造型。设置屏幕视角和绘图平面的方法有两种。
1）通过"绘图视角"工具栏（图 1-4）来设置统一的屏幕视角和绘图平面，也可以通过"平面"工具栏（图 1-5）来单独设置绘图平面。
2）通过属性栏中的"屏幕视角"标签（图 1-6）来设置统一的屏幕视角和绘图平面，也可以通过"平面"标签（图 1-7）来单独设置绘图平面。

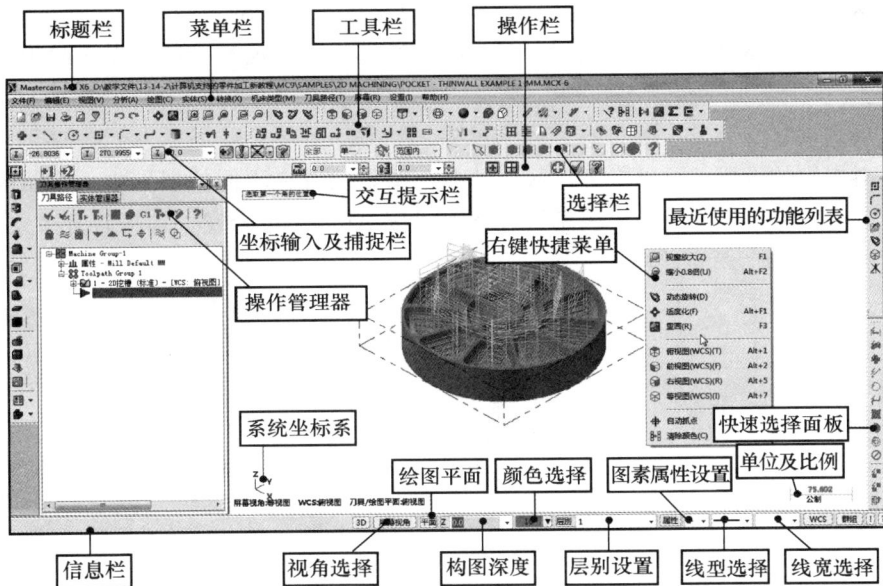

图 1-2　Mastercam X6 工作界面

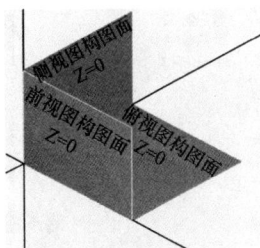

图 1-3　绘图平面示意图　　　　图 1-4　"绘图视角"工具栏　　　图 1-5　"平面"工具栏

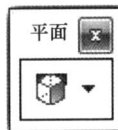

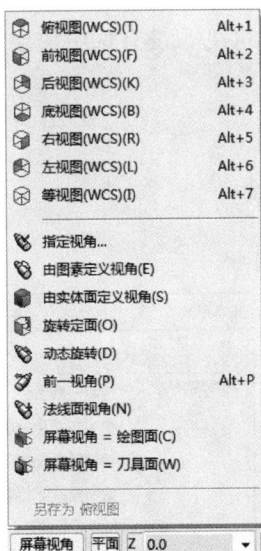

图 1-6　"屏幕视角"标签　　　　　　　　图 1-7　"平面"标签

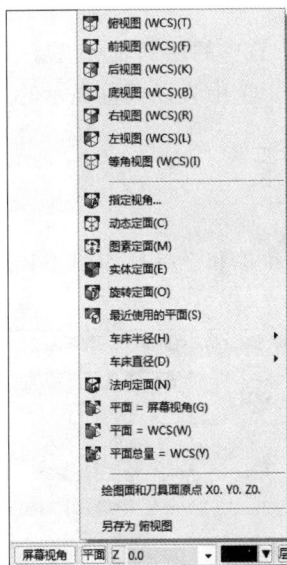

　　构图深度（图1-8）是指当前绘图平面与经过坐标系原点的绘图平面之间的平行距离。当需要在空间中具体坐标位置绘制图形时，必须通过构图深度和绘图平面一起确定图形的绘制位置。

　　（2）层别设置

　　通过对层别的设置，可以将工作区内的多个图素放置在不同的层别中，从而改变模型的显示方式。在状态栏中单击"层别"按钮或者按Alt＋Z组合键，均可打开"层别管理"对话框，如图1-9所示。

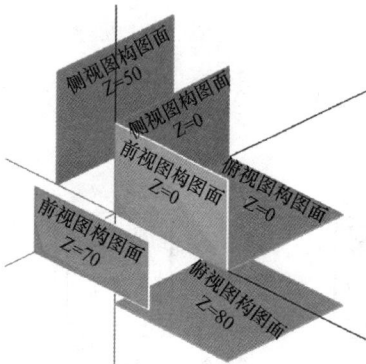

图1-8　构图深度示意图

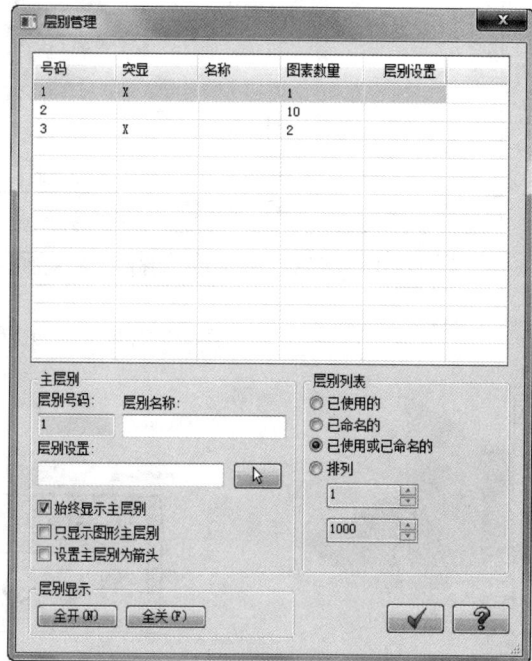

图1-9　"层别管理"对话框

　　"突显"列中选中的层别表示该层别中的图素全部可见，没有选中的层别表示该层别中的图素全部隐藏，选中且以黄色显示的为当前主层别。

2. 基础绘图工具

　　（1）直线

　　绘制直线的菜单和工具栏如图1-10和图1-11所示。

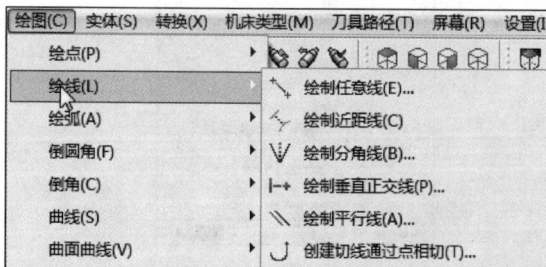

图1-10　绘制直线的菜单

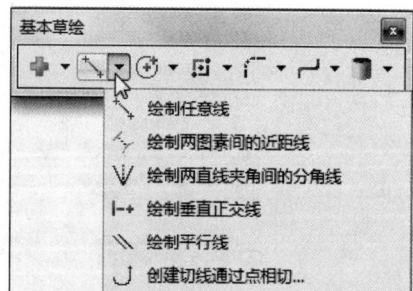

图1-11　绘制直线的工具栏

1）任意线：指定直线两个端点的绝对坐标、相对坐标，或者捕捉其他图素的特征点，或者直接单击确定端点的位置。"任意线"操作栏如图 1-12 所示。"任意线"操作栏按钮说明见表 1-2。直线绘制样例如图 1-13 所示。

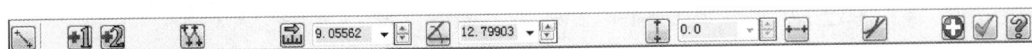

图 1-12　"任意线"操作栏

表 1-2　"任意线"操作栏说明

操作栏按钮	说　明
+1	编辑第 1 点：用于编辑已有直线段的第 1 个端点
+2	编辑第 2 点：用于编辑已有直线段的第 2 个端点
	连续线：用于绘制连续线；单击此按钮，可通过指定一系列点来绘制连续的多条线段
	长度：用于输入直线的长度
	角度：用于输入直线段相对于上一点的角度
	垂直：用于绘制垂直线。单击此按钮时，可以在绘图区任意位置单击指定直线的两个端点，接着在绘制直线的操作栏中设置长度值和 Y 垂直坐标值，单击"确定"按钮完成垂直线的绘制
	水平：用于绘制水平线。绘制方法与垂直线相同
	相切：用于创建一条与圆弧或样条曲线相切的直线段
+	应用：用于运行当前任务，按 Enter 键执行同样的功能，此时操作栏或对话框不关闭，保留当前功能，直至单击"确定"按钮才退出
✓	确定：用于结束当前命令，关闭操作栏或对话框

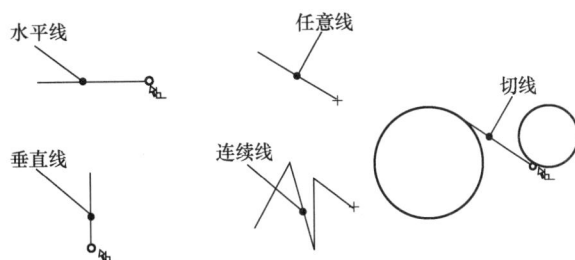

图 1-13　直线绘制样例

2）近距线：绘制已知点、直线、圆弧或者曲线到其他直线、圆弧或者曲线之间最近的直线，即垂直于两图素的直线。近距线绘制样例如图 1-14 所示。

3）分角线：分角线即角平分线，可以在两条相交直线绘制一条分角线或在两条平行线的中间绘制一条平行线。使用分角线功能，需指定线的长度。分角线绘制样例如图 1-15 所示。

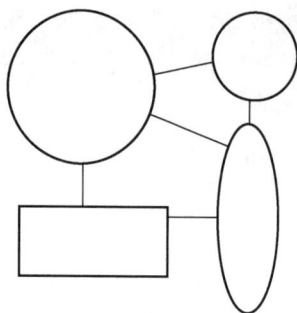

图 1-14　近距线绘制样例　　　　　　　图 1-15　分角线绘制样例

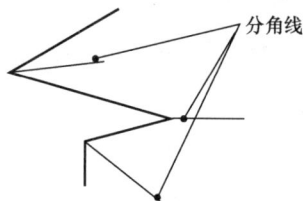

　　4）垂直正交线：创建一条垂直于一直线、圆弧或样条曲线的法线，或一条过定点且与已知直线、圆弧或样条曲线垂直的法线。"垂直正交线"操作栏如图 1-16 所示。垂直正交线绘制样例如图 1-17 所示。

图 1-16　"垂直正交线"操作栏

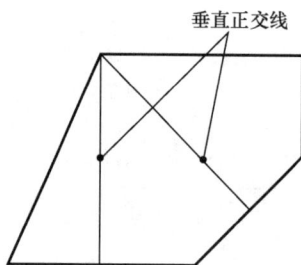

图 1-17　垂直正交线绘制样例

　　5）平行线：构建与已知直线平行的直线。"平行线"操作栏如图 1-18 所示。平行线绘制样例如图 1-19 所示。

图 1-18　"平行线"操作栏

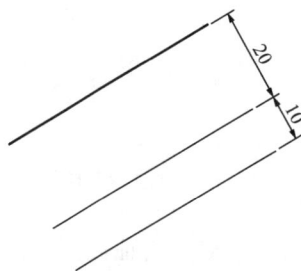

图 1-19　平行线绘制样例

　　6）通过点相切：构建通过圆弧上一点且与圆弧相切的直线。"切线"操作栏如图 1-20 所示。切线绘制样例如图 1-21 所示。

图 1-20 "切线"操作栏

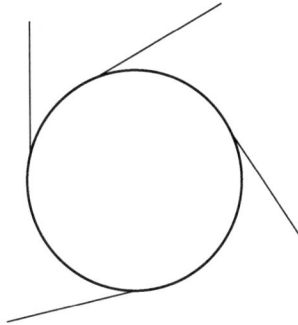

图 1-21 切线绘制样例

（2）圆弧

绘制圆弧的菜单和工具栏如图 1-22 和图 1-23 所示。

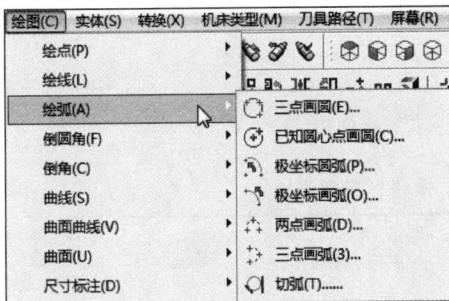

图 1-22 绘制圆弧的菜单

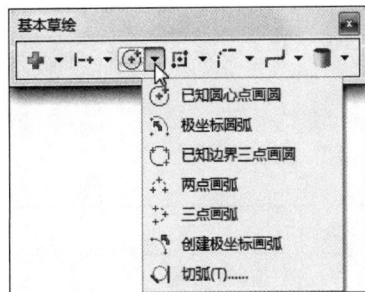

图 1-23 绘制圆弧的工具栏

1）三点画圆：通过指定三个点（或两个点）绘制圆，亦可以选择三个图素绘制相切圆。"三点画圆"操作栏如图 1-24 所示。"三点画圆"操作栏按钮说明见表 1-3。三点画圆绘制样例如图 1-25 所示。

图 1-24 "三点画圆"操作栏

表 1-3 "三点画圆"操作栏按钮说明

操作栏按钮	说 明
+1	编辑第 1 点
+2	编辑第 2 点
+3	编辑第 3 点
⊙	三点：通过指定圆周上的 3 个点绘制圆
⊙	二点：通过指定圆周上的 2 个点绘制圆

续表

操作栏按钮	说　　明
⊙	半径：用于显示和设置半径
⊕	直径：用于显示和设置直径
⊘	相切：用于创建同时与 3 个图素相切的圆，前提是在这 3 个图素之间存在着相切的圆

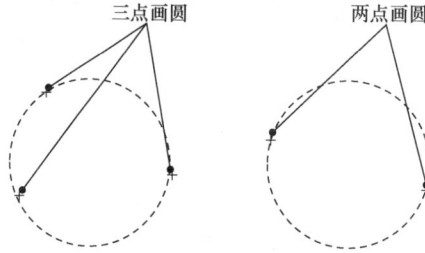

图 1-25　"三点画圆"绘制样例

2）圆心＋点：通过指定圆心点和半径值（或直径值）绘制圆。"圆心＋点"操作栏如图 1-26 所示。"圆心＋点"操作栏按钮说明见表 1-4。

图 1-26　"圆心＋点"操作栏

表 1-4　"圆心＋点"操作栏按钮说明

操作栏按钮	说　　明
⊕1	编辑中心点
⊙	半径：用于显示和设置半径
⊕	直径：用于显示和设置直径
⊘	相切：用于创建与直线或圆弧相切的圆

3）极坐标圆弧：用极坐标方式绘制圆弧（指定圆弧圆心点、圆弧大小＜半径或直径＞、起始角度和终止角度）。"极坐标圆弧"操作栏如图 1-27 所示。极坐标圆弧的操作栏按钮说明见表 1-5。

图 1-27　"极坐标圆弧"操作栏

表 1-5　"极坐标圆弧"操作栏按钮说明

操作栏按钮	说　　明
⊕1	编辑中心点
⟷	切换方向：用于切换圆弧的起始角度和终止角度
⊙	半径：用于显示和设置半径

操作栏按钮	说 明
⟨⟩	直径：用于显示和设置直径
◿	起始角度：输入圆弧起始角度
◿	终止角度：输入圆弧终止角度
◿	相切：用于创建与直线或圆弧/圆相切的圆弧

4）极坐标画弧：用极坐标方式绘制圆弧（指定圆弧起始点或终止点、半径或直径、起始角度和终止角度圆弧的起始点和终止点只需指出其中的一点即可，且可以互相切换，可以编辑点的位置）。"极坐标画弧"操作栏如图 1-28 所示。"极坐标画弧"操作栏按钮说明见表 1-6。

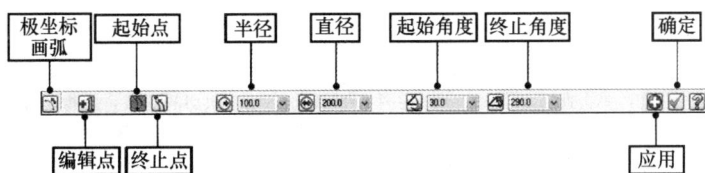

图 1-28 "极坐标画弧"操作栏

表 1-6 "极坐标画弧"操作栏按钮说明

操作栏按钮	说 明
+1	编辑中心点
◑	起始点：用于指定圆弧的起始点
◐	终止点：用于指定圆弧的终止点
⊙	半径：用于显示和设置半径
⟨⟩	直径：用于显示和设置直径
◿	起始角度：输入圆弧起始角度
◿	终止角度：输入圆弧终止角度

5）三点圆弧：以不在同一条直线上的三点确定圆弧。三点画弧绘制样例如图 1-29 所示。

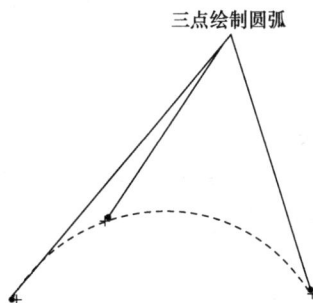

图 1-29 三点圆弧绘制样例

6）切弧：构建与已存在的直线或圆弧相切的圆弧，有 7 种方式：切一物体、经过一点、（圆心经过）中心线、动态切弧、三物体切弧、三物体切圆和切二物体。"切弧"操作栏如图 1-30 所示。"切弧"操作栏按钮说明见表 1-7。

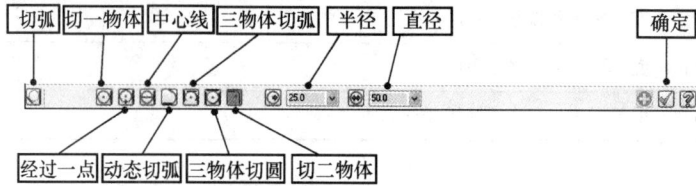

图 1-30　"切弧"操作栏

表 1-7　"切弧"操作栏按钮说明

操作栏按钮	说　明
	切一物体：单击此按钮，需要选择一个图素，并指定切点，然后选择要保留的圆弧
	经过一点：单击此按钮，需要选择一个新圆弧将要与之相切的图素，并指定经过点，然后选择要保留的圆弧
	中心线：单击此按钮，需选择新圆弧要与之相切的一条直线，接着指定要让新圆弧的圆心经过的线，然后选择要保留的圆弧
	动态切弧
	三物体切弧：创建与三个图素相切的圆弧
	三物体切圆：创建与三个图素相切的圆
	切二物体：创建与两个图素相切的圆弧
	半径：用于显示和设置半径
	直径：用于显示和设置直径

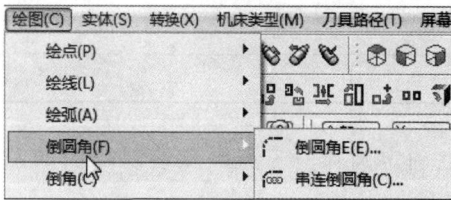

图 1-31　绘制倒圆角的菜单

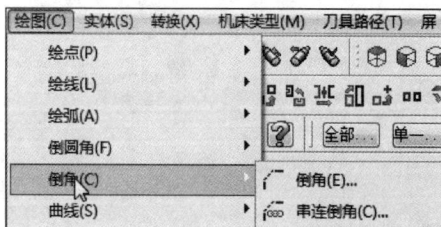

图 1-32　绘制倒角的菜单

（3）倒圆角和倒角

绘制倒圆角和倒角的菜单和工具栏如图 1-31～图 1-33 所示。

1）倒圆角：两个几何对象的连接处以圆弧过渡。"倒圆角"操作栏如图 1-34 所示。"倒圆角"操作栏按钮说明见表 1-8。倒圆角绘制样例如图 1-35～图 1-40 所示。

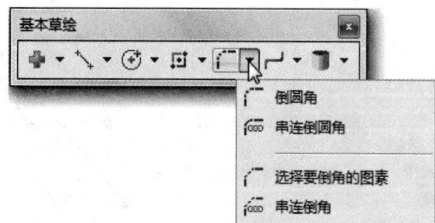

图 1-33　倒圆角和倒角的工具栏

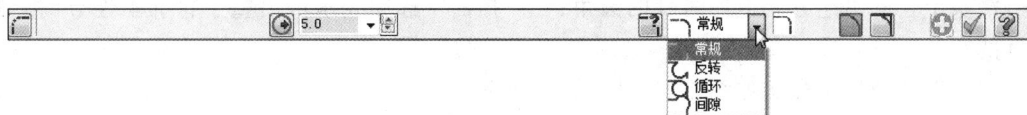

图 1-34 "倒圆角"操作栏

表 1-8 "倒圆角"操作栏按钮说明

操作栏按钮	说　　明
	半径：用于显示和设置半径
	圆角类型：分为常规、反转、循环、间隙 4 种
	修剪两个图素
	不修剪两个图素

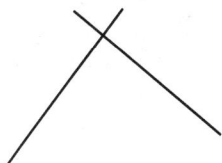

图 1-35 原始图形　　　　图 1-36 标准倒圆角并修剪图素

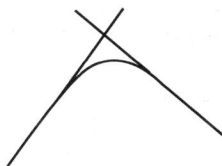

图 1-37 标准倒圆角不修剪图素　　　　图 1-38 反转倒圆角

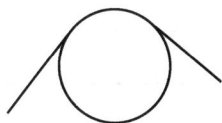

图 1-39 循环倒圆角　　　　图 1-40 间隙倒圆角

2）串连倒圆角：在串连的几何对象的连接处以圆弧过渡。"串连倒圆角"操作栏如图 1-41 所示。

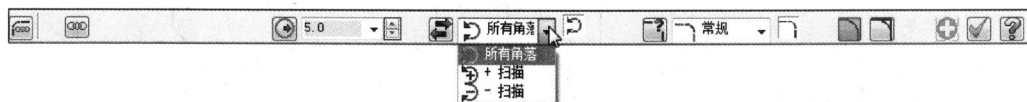

图 1-41 "串连倒圆角"操作栏

"串连倒圆角"操作栏按钮与倒圆角操作按钮相比多了一个范围选项 。其中"所有角落"选项表示在整个轮廓上两个几何对象的连接处均倒圆角；"＋扫描"选项表示倒沿整个轮廓串连方向上逆时针的圆角；"－扫描"选项表示倒沿整个轮廓串连方向上顺时针的圆角。

串连倒圆角绘制样例如图 1-42 和图 1-43 所示。

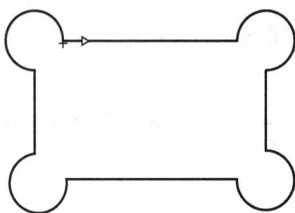

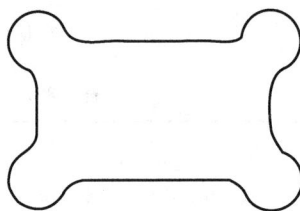

图 1-42　原始图形   图 1-43　串连倒圆角

3）倒角：两个几何对象的连接处以直线过渡。"倒角"操作栏如图 1-44 所示。"倒角"操作栏按钮说明见表 1-9。倒角绘制样例如图 1-45 和图 1-46 所示。

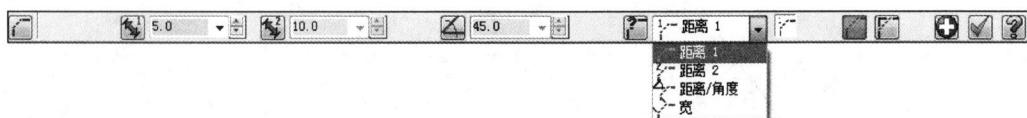

图 1-44　"倒角"操作栏

表 1-9　"倒角"操作栏按钮说明

操作栏按钮	说　　明
	距离 1：用于设置单一距离倒角时的距离、距离/角度倒角时的距离、两距离倒角时的第一距离及宽度倒角时的宽度
	距离 2：用于设置两距离倒角时的第二距离
	角度：用于设置距离/角度倒角时的角度
	倒角类型，分为单一距离、两距离、距离/角度、宽度 4 种
	修剪两个图素
	不修剪两个图素

图 1-45　原始图形   图 1-46　倒角结果

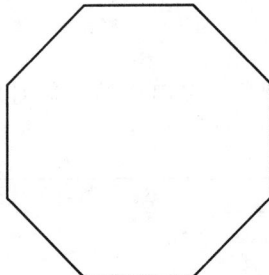

4）串连倒角：串连倒角即在串连的几何对象的连接处以直线过渡。"串连倒角"操作栏如图 1-47 所示。

图 1-47　"串连倒角"操作栏

串连倒角相比倒角只有两种型式：单一距离和宽度。

3. Mastercam 中函数曲线的绘制

机械设计中常用平面非圆曲线包括椭圆、双曲线、抛物线、齿轮渐开线、摆线、心形线等，在 Mastercam 中，可以运用 chooks 中的 FPlot 命令绘制平面非圆曲线。下面以绘制心形线为例介绍平面非圆曲线的绘制方法。

1）选择"文件"打开"外部/编辑"命令，在打开的对话框中选择所有 *.eqn 文件，软件会列出 7 个方程文件。实际上这 7 个文件可分为两类：第一类为平面曲线方程，如 sine.eqn（正弦曲线）、invol.eqn（齿轮渐开线）；第二类为空间曲面方程，如 candy.eqn（糖果状）、chip.eqn（切屑状）、drain.eqn（漏斗状）、ellipsd.eqn（椭圆球）。由于绘制的是平面非圆曲线，因此从第一类选择 sine.eqn（正弦曲线），文件打开后如图 1-48 所示。

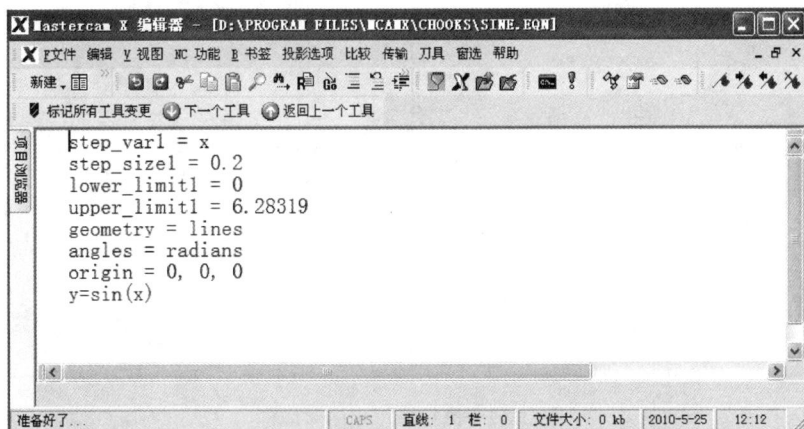

图 1-48　Mastercam X6 编辑器

设置相关参数：

step_var1 = 1	\定义函数变量名为 1
step_size1 = 0.2	\变量 1 增量为 0.2（数值越小，图形越接近真实形状）
lower_limit1 = 0	\定义变量的最小值为 0
upper_limit1 = 6.28319	\定义变量的最大值为 6.28319
geometry = lines	\定义几何图形的类型为直线（曲线可以用有限个点连接而成的折线去拟合）
angles = radians	\定义角度单位为弧度
origin = 0,0,0	\定义图形的起点
y = sin(1)	\定义曲线方程

2）根据心形线的参数方程，把上述内容修改为下列形式：

step_var1 = t	\定义函数变量名为 t
step_size1 = 0.2	\变量 t 增量为 0.2

```
lower_limit1 = 0          \定义变量的最小值为 0
upper_limit1 = 6.28319    \定义变量的最大值为 6.28319
geometry = lines          \定义几何图形的类型为直线
angles = radians          \定义角度单位为弧度
origin = 0, 0, 0          \定义图形的起点
1 = 50 * cos(t) * (1 + cos(t)), y = 50 * sin(t) * (1 + cos(t))
                          \定义心形曲线的参数方程,其中 t 为心形线上任意点与原点连线和 1 轴正半轴之间的夹角
```

3) 内容输入完整后,把修改后的文件以"heart.eqn"的文件名保存在文件夹 chooks 中,其中 heart 为曲线的英文名称。

4) 调用函数方程绘图。按 Alt＋C 组合键,打开执行应用程序对话框,如图 1-49 所示,选择 FPlot.dll 文件,打开绘制函数曲线选择对话框,如图 1-50 所示,选择保存的 EQN 文件,打开 FPlot 对话框,单击 Plot it 按钮,即可绘制出函数曲线的图形,如图 1-51 所示。

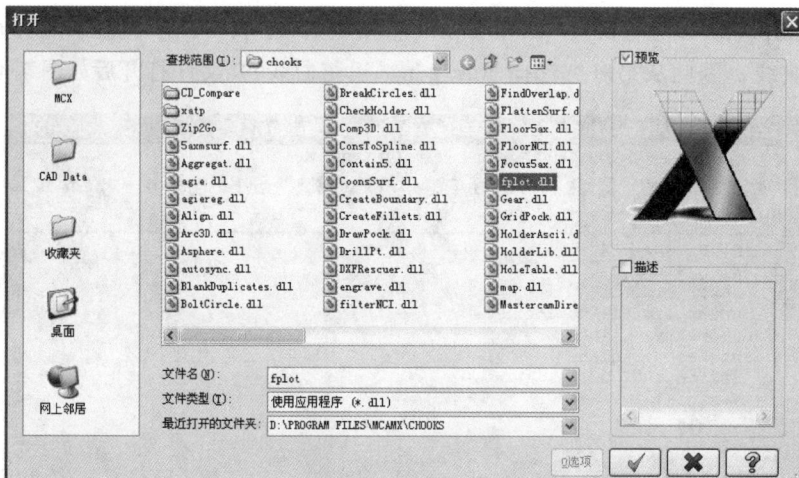

图 1-49　执行应用程序对话框

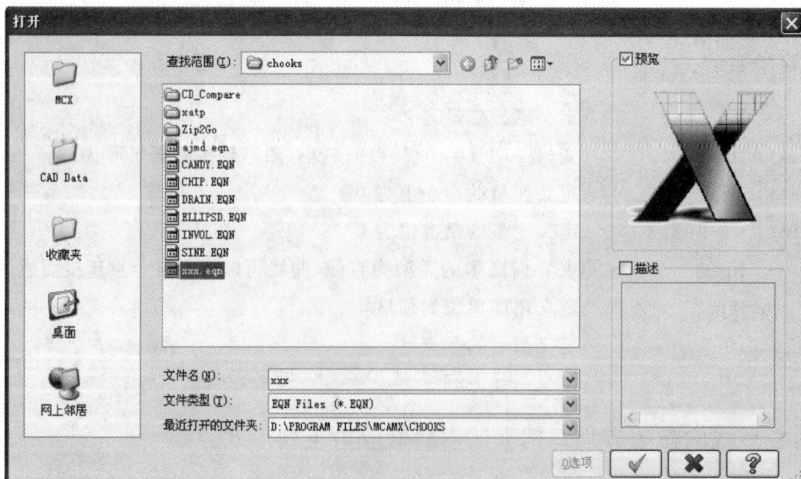

图 1-50　绘制函数曲线选择对话框

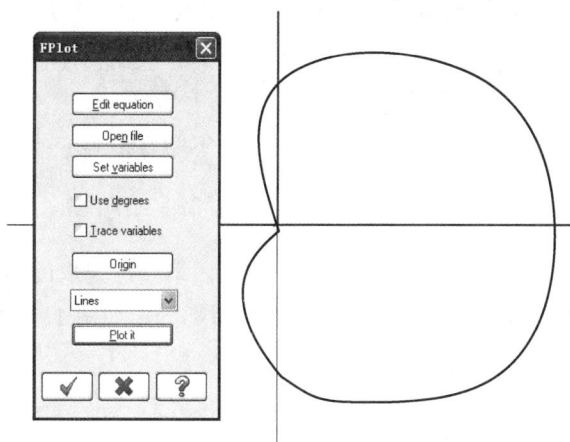

图 1-51 绘制心形函数曲线

4. 图形修剪工具

"修剪/打断/延伸"操作栏如图 1-52 所示。

图 1-52 "修剪/打断/延伸"操作栏

1) 修剪一物体田：修剪第一条曲线对第二条曲线的交点，不修剪第二条曲线。

操作步骤：

① 执行"修剪/延伸/打断"命令；

② 在操作栏中单击"修剪一物体"按钮；

③ 系统提示"选取图素去修剪或延伸"，选择要保留的直线（或圆弧、样条曲线等）一端，图素呈反白显示；

④ 系统提示"选取修剪或延伸到的图素"，选择要修剪的界线，图素呈反白显示，单击"确定"按钮，完成修剪，如图 1-53 所示；

⑤ 若两个图素不相交，则修剪后，图素延伸至交点，如图 1-54 所示。

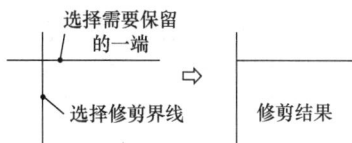

图 1-53 修剪一物体-修剪

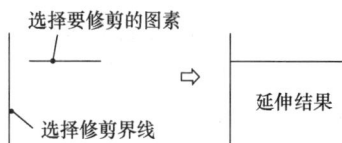

图 1-54 修剪一物体-延伸

2) 修剪二物体田：同时修剪两个图素到其交点。

操作步骤：

① 执行"修剪/延伸/打断"命令；

② 在操作栏中单击"修剪二物体"按钮；

③ 分别选择需要修剪的两条线（保留部分），单击"确定"按钮，完成修剪，如图 1-55所示；

④ 若两个图素不相交，则修剪后，图素延伸至交点，如图 1-56 所示。

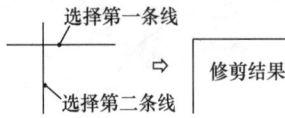

图 1-55　修剪二物体-修剪　　　　　　　　图 1-56　修剪二物体-延伸

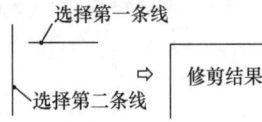

3）修剪三物体▦：同时修剪三个图素到其交点。第一次选取的两条曲线用做修剪第三条曲线的界线，第三条曲线根据选取的位置确定保留部分，如图 1-57 和图 1-58 所示。

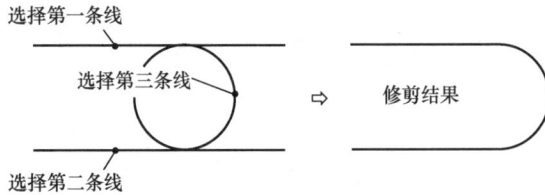

图 1-57　修剪三物体-保留右

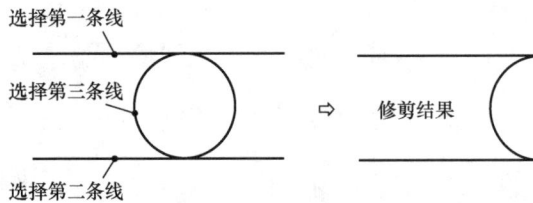

图 1-58　修剪三物体-保留左

4）分割物体╫：修剪相交的图素，只能修剪图素，不能延伸，如图 1-59 所示。

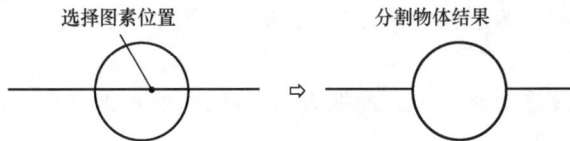

图 1-59　分割物体

5）修剪至点：修剪或延伸所选取的图素到指定的点；或在绘图区的任意位置定义一点，若输入点不在选取的图素上，则系统自动计算改点在图素的最近位置，并修剪图素上该点的相应位置，如图 1-60 所示。

图 1-60　修剪至点

5. 图素的转换

图素转换工具栏如图 1-61 所示，包括动态平移、平移、旋转、镜像、补正等，在本项目中先重点介绍平移、旋转及补正。

（1）平移

"平移"可以将图素移动到选择点。"平移选项"对话框如图 1-62 所示。

操作步骤：

① 执行"转换平移"命令；

② 选择要平移的图素；

③ 根据要求设置平移参数；

图 1-61　图素转换工具栏

④ 清除颜色（转换完成后，原始图素变为红色，转换后的图素变为紫色，为了统一颜色，可以利用"清除颜色"按钮 将所有图素变为系统颜色）。

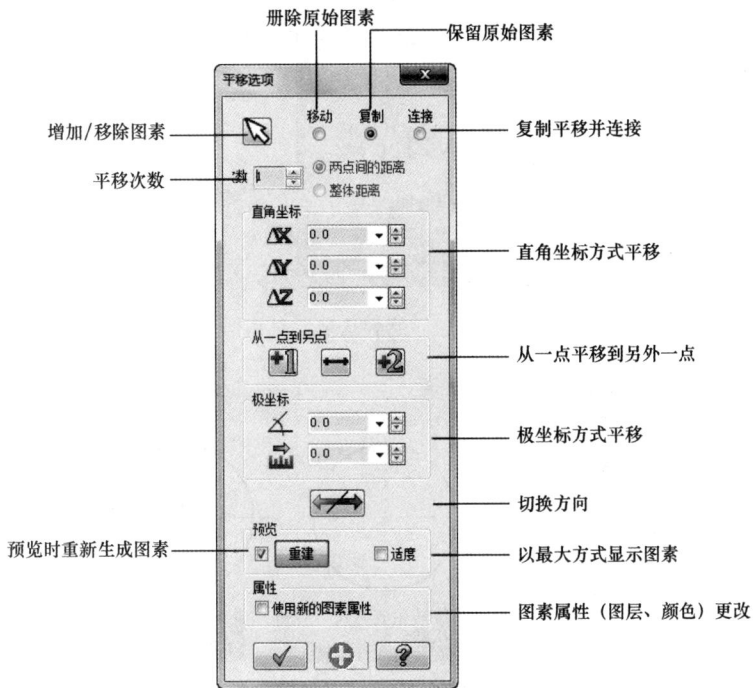

图 1-62　"平移选项"对话框

平移图例如图 1-63 所示。

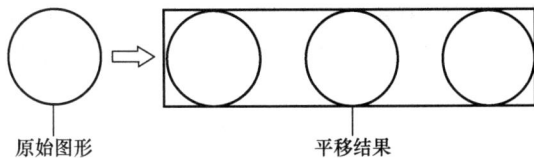

原始图形　　　　　平移结果

图 1-63　平移图例

（2）旋转

"旋转"可以将图素绕旋转中心进行旋转。"旋转选项"对话框如图 1-64 所示。

操作步骤：

① 执行"旋转"命令；

② 选择要旋转的图素；

③ 设置旋转中心；

④ 根据要求设置旋转参数。

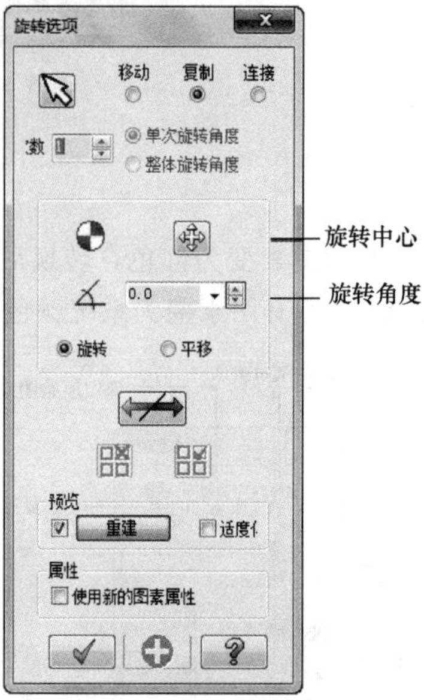

图 1-64　"旋转选项"对话框

旋转图例如图 1-65 所示。

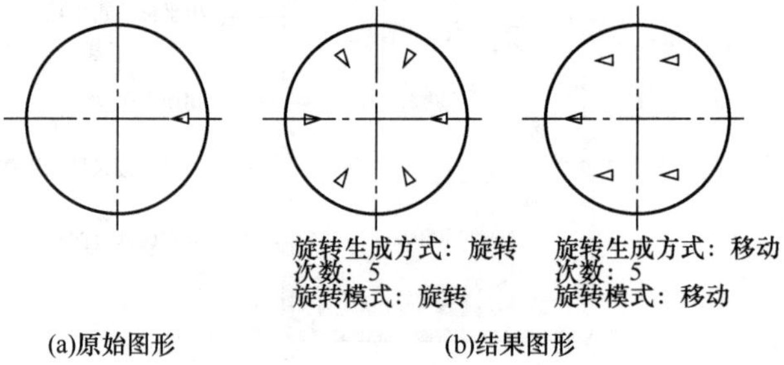

(a)原始图形　　　　　　　(b)结果图形

图 1-65　旋转图例

（3）单体补正

补正就是将图素在法线方向偏置一定距离，分为单体补正和串连补正两种。

"单体补正"可以对单图素在给定距离和指定方向的情况下移动或复制。单休补正对话框及图例如图 1-66 所示。

操作步骤：

① 执行"单体补正"命令；

② 设置补正参数；

③ 选择补正图素；

④ 设置补正方向。

（4）串连补正

"串连补正"可以对多个串连图素在给定距离和指定方向的情况下移动或复制。"串连补正"对话框及图例如图 1-67 和图 1-68 所示。

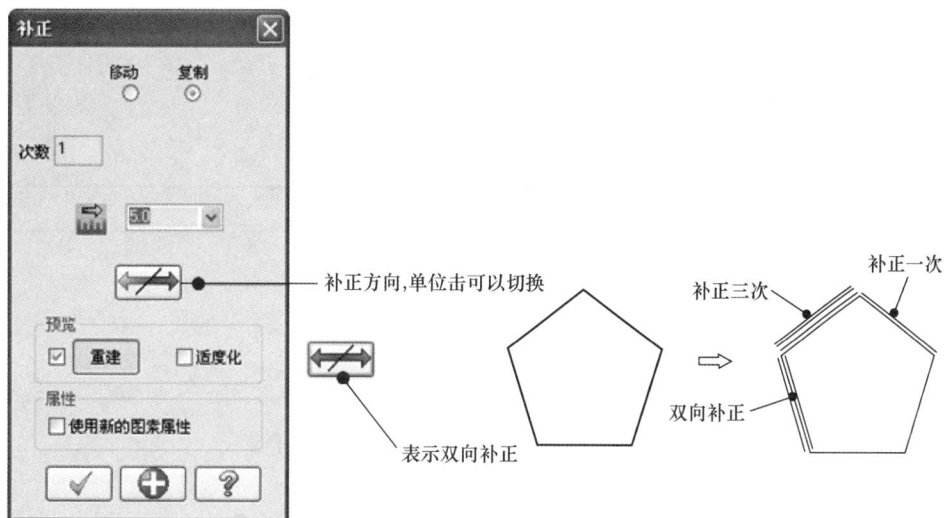

图 1-66　单体补正

操作步骤：

① 执行"串连补正"命令；

② 选择串连图素；

③ 设置补正参数；

④ 单击切换方向按钮，选择需要的补正结果。

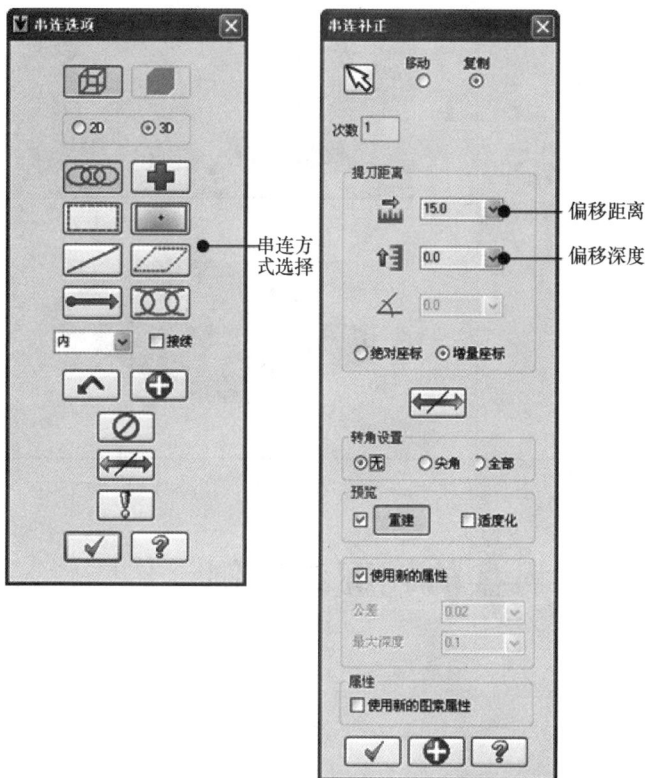

图 1-67　串连补正

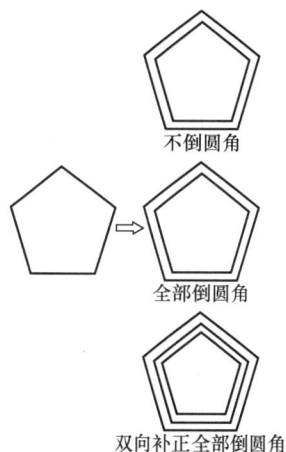

图 1-68　图例

6. 二维刀具路径

二维刀具路径命令见表 1-10。

表 1-10　二维刀具路径命令

命　　令	说　　明	图　　例
外形铣削	选择二维绘图平面上封闭或者不封闭的外形轮廓、三维曲线生成铣削加工路径。利用该命令可以生成 2D 或 3D 的外形刀具路径，2D 外形刀具路径的切削深度固定不变，而 3D 外形刀具路径的切削深度随串连外形的高度变化	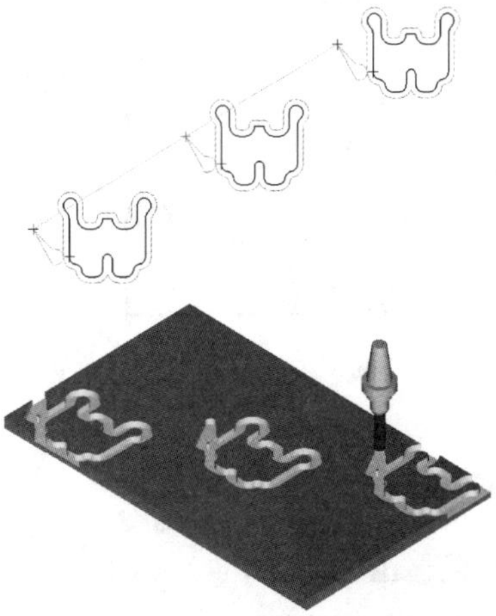
2D 高速刀具路径	包括核心加工、区域加工、残料加工、剥皮加工、熔接加工动态核心、动态区域、动态残料和动态轮廓	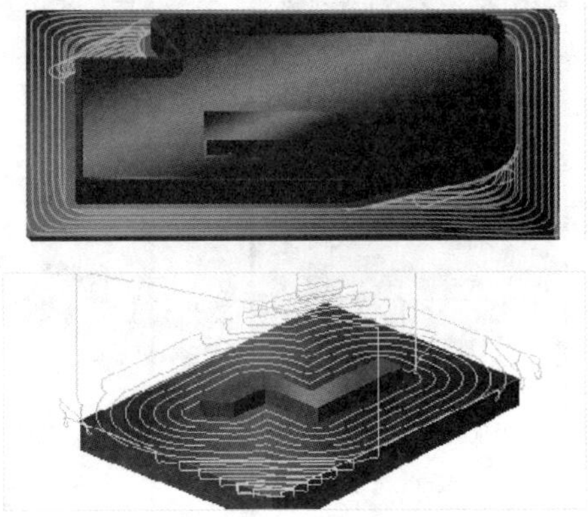

任务 1.1　动涡盘的轮廓线绘制

任务分析

本任务主要学习轮廓线的绘制与编辑，建议按表 1-11 进行轮廓线的绘制。

表 1-11　动涡盘的轮廓线绘制的主要过程

1. 绘制阿基米德螺旋线	2. 绘制外轮廓线	3. 轮廓线倒圆角

操作过程

1. 绘制阿基米德螺旋线

1) 初始绘图环境设置。将绘图平面及屏幕视角均设为"俯视图","2D"状态,按 F9 键,显示坐标原点,创建图层 1,按图 1-69 进行设置。注意当前绘图工作区的状态为"公制"。

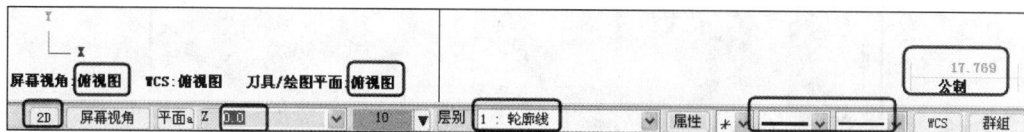

图 1-69　初始绘图环境设置

2) 绘制阿基米德螺旋线。选择"设置/运行应用程序"命令(图 1-70),选择 fplot 文件(图 1-71),选择与阿基米德螺旋线方程相似的文件 INVOL(图 1-72),选择编辑方程(图 1-73),打开 Mastercam 1 编辑器(图 1-74),修改参数及参数方程(图 1-75),另存文件为"ajmd. EQN"(图 1-76),关闭编辑器窗口(图 1-77),重新打开文件(图 1-78),选择刚刚保存的文件(图 1-79),选择 NURB 曲线,单击"绘图"按钮(图 1-80),结果如图 1-81所示。

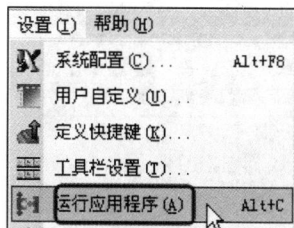

图 1-70　选择应用程序

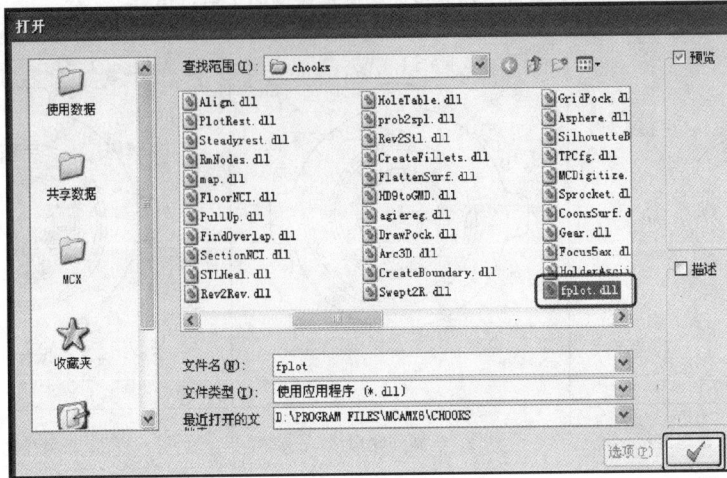

图 1-71　选择 FPlot 文件

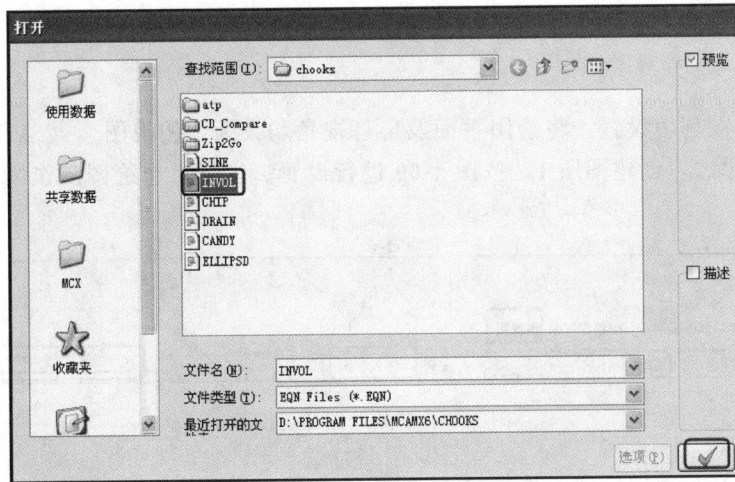

图 1-72　选择 INVOL 文件

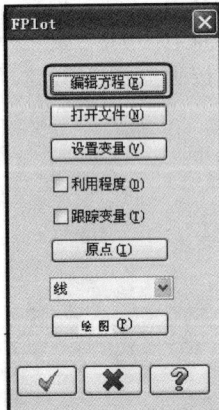

图 1-73　选择编辑方程　　　图 1-74　修改前的文件　　　图 1-75　修改后的结果

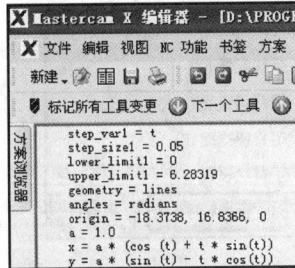

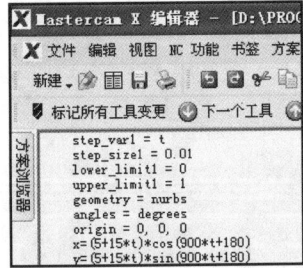

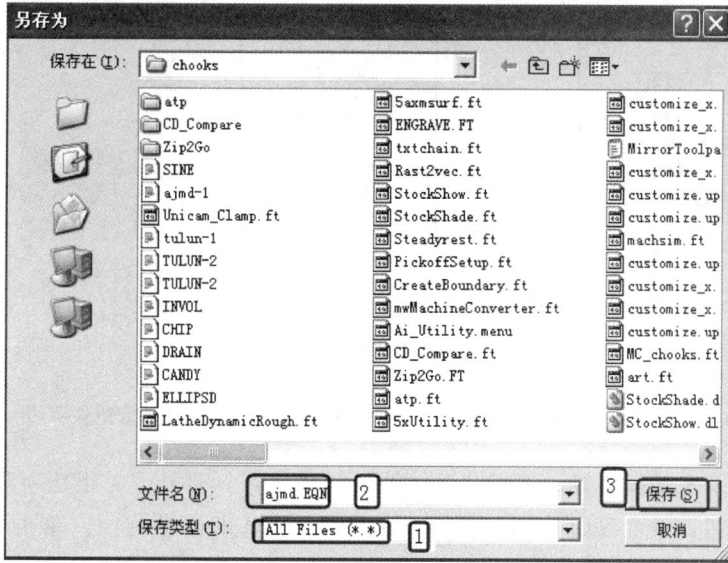

图 1-76 另存文件为 "ajmd. EQN"

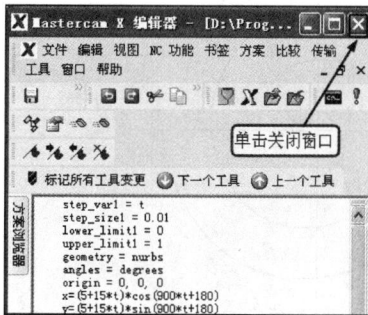

图 1-77 关闭编辑器窗口

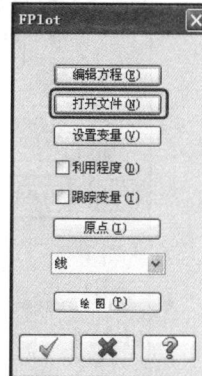

图 1-78 打开文件

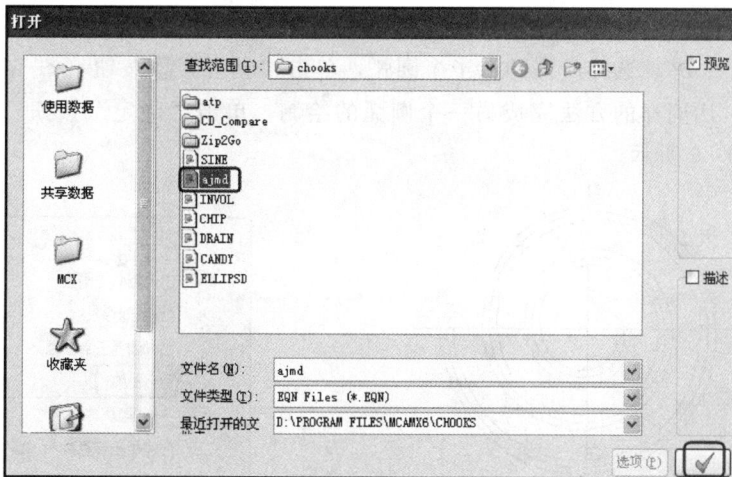

图 1-79 选择 ajmd. EQN 文件

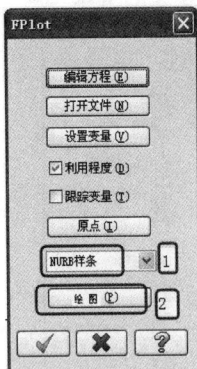
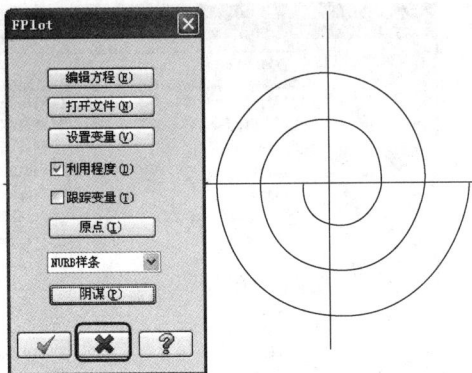

图 1-80　选择 NURB 样条曲线　　　　　图 1-81　绘制的阿基米德轮廓线

3）偏移阿基米德螺旋线。选择"单体补正"命令 ，打开"补正选项"对话框，选中"复制"单选按钮，设置双向偏移（图 1-82），单击阿基米德螺旋线，单击"确定"按钮，清除颜色 ，结果如图 1-83 所示。

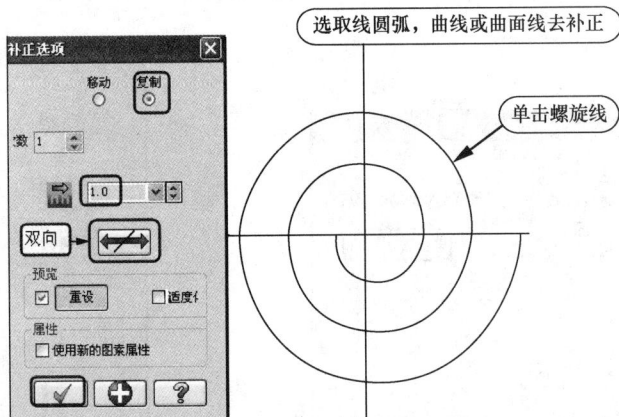

图 1-82　设置补正参数

4）圆弧封闭阿基米德螺旋线。选择"两点画弧"命令 （图 1-84），选择两个端点，输入圆弧半径"1.0"，选择所需的上半个圆弧，单击"应用" 按钮（图 1-85），完成第一个圆弧的绘制，用同样的方法完成另一个圆弧的绘制，单击"确定"按钮，完成圆弧的绘制，结果如图 1-86 所示。

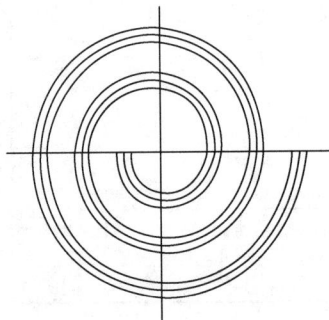
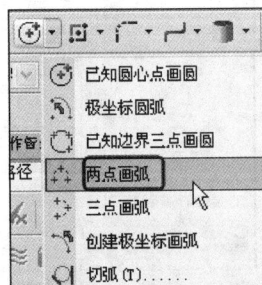

图 1-83　偏移后的轮廓线　　　　　　　图 1-84　选择两点画弧

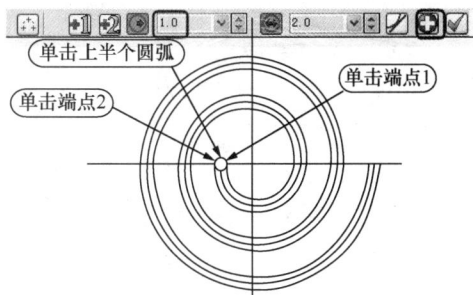

图 1-85　设置圆弧参数　　　　　　　　　图 1-86　绘制圆弧

技能小秘密

　　在执行完一个命令后，如果还要继续执行同一个命令，在命令结束前单击"应用"按钮就可以，直到不再使用该命令，才单击"确定"按钮。本例中绘制两个圆弧就是使用了该命令。

2. 绘制外轮廓线

1）设置构图深度 Z。绘图平面及屏幕视角仍为"俯视图"，"2D"状态，构图深度 Z 为"—5.0"，结果如图 1-87 所示。

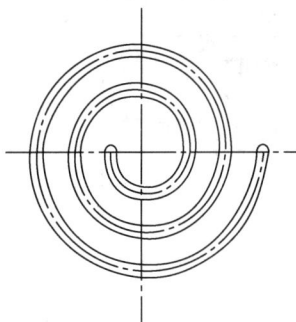

图 1-87　设置构图深度 Z

2）绘图圆弧。选择"已知圆心点画圆"命令 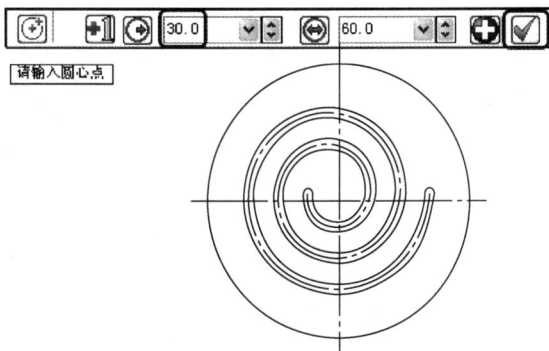（图 1-88），输入圆弧半径"30.0"（图 1-89），选择原点作为圆弧的圆心点（图 1-90），单击"应用"按钮。用同样的方法继续绘制直径为"50.0"的圆弧，结束圆弧的绘制，将屏幕视角均设为"等视图" ，可以看到绘制的圆弧在阿基米德螺旋线的下方，结果如图 1-91 所示。

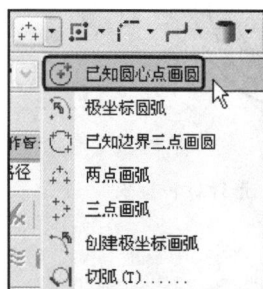

图 1-88　选择圆弧命令　　　　　　　　　图 1-89　输入圆弧半径

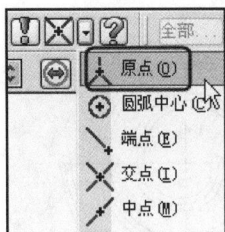

图 1-90　选择圆心点

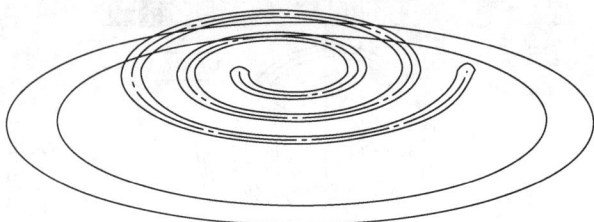

图 1-91　绘制后的圆弧

3）绘制直线。选择"绘制任意线"命令（图 1-92），选择"水平线"模式，绘制水平线，输入距离"5.0"（图 1-93），单击"应用"按钮。用同样的命令继续绘制水平线，输入距离"-5.0"，结果如图 1-94 所示。

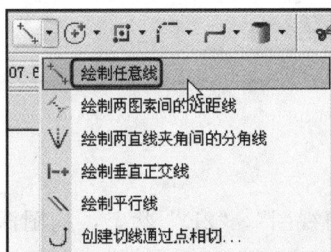

图 1-92　选择绘制直线命令

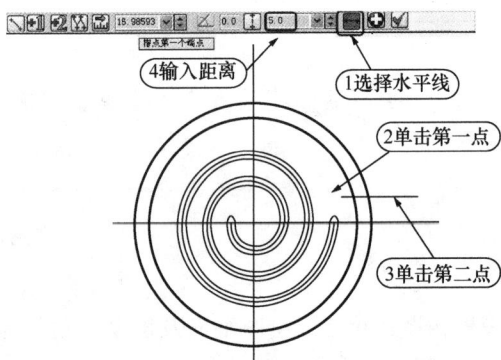

图 1-93　绘制第一条水平线

4）其余直线的绘制。选择"旋转/复制"命令，选择要旋转的直线，结束选择（图 1-95），在"旋转选项"对话框中设置复制 3 次，单击"确定"按钮（图 1-96），单击"清除颜色"按钮清除颜色，结果如图 1-97 所示。

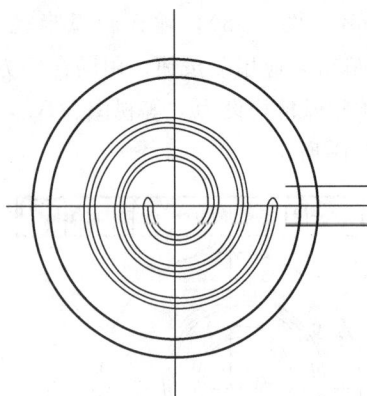

图 1-94　绘制后的水平线

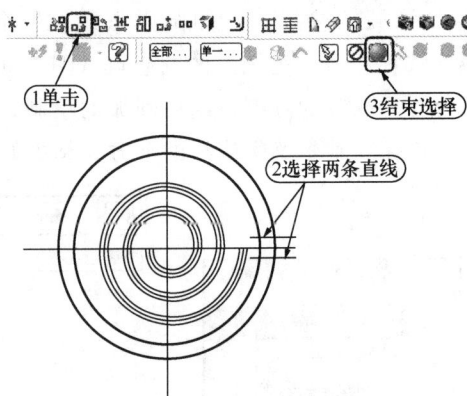

图 1-95　选择旋转直线

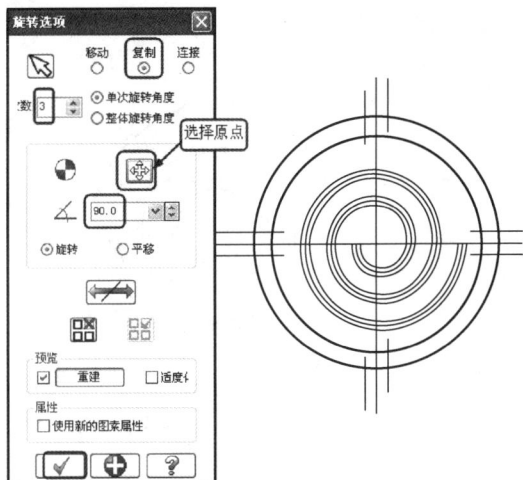

图 1-96　设置旋转参数

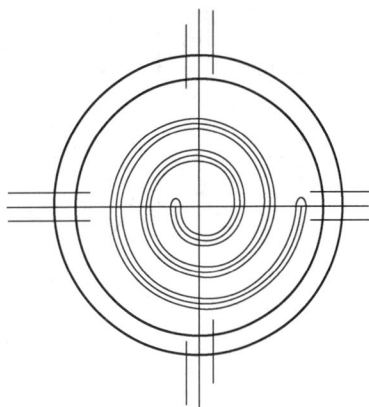

图 1-97　旋转后的结果

　　在 Mastercam 软件中，旋转复制的次数是不包括被复制对象的，这与其他软件有所区别。所以这里输入"3"而不是"4"。如果输入"4"，将造成图素的重复，这是不允许的，可利用"删除重复图素"命令 ✂ 删除。

　　5）修剪轮廓线。利用"修剪"命令 ✂ 和"分割物体"命令 ⊞，依次删除多余的轮廓线（图 1-98），结果如图 1-99 所示。

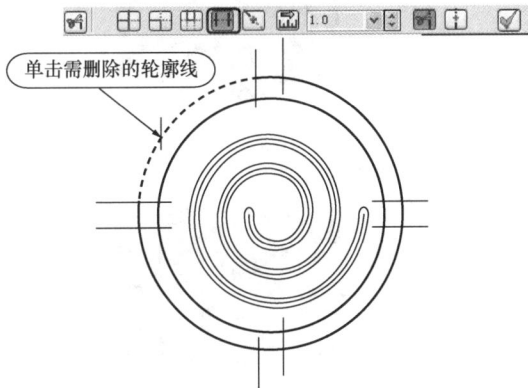

图 1-98　修剪轮廓线

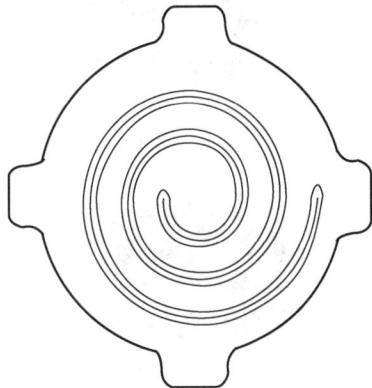

图 1-99　修剪后的轮廓线

　　6）轮廓线倒圆角。由于轮廓线的拐角处都要倒圆角 R2，所以可利用"串连倒圆角"命令（图 1-100）。先关闭"串连选项"对话框，设置倒圆角半径为"2"，再单击"串连"按钮 ⊙⊙⊙，选择串连轮廓线（图 1-101），单击"确定"按钮，结果如图 1-102 所示。

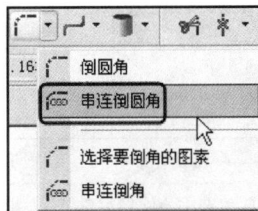

图 1-100　选择"串连倒圆角"命令

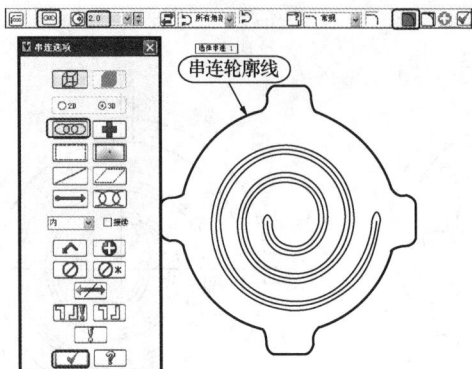

图 1-101　设置倒圆角参数　　　　　　　图 1-102　倒圆角后的轮廓线

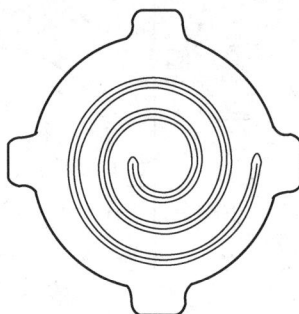

任务 1.2　动涡盘的 CAM 编程

任务分析

本任务针对精铣工序的内容进一步细化，主要内容及参数见表 1-12 和表 1-13。

表 1-12　精铣包含的工步内容

1. 粗铣外形	2. 2D 动态中心除料粗铣

3. 精铣外形	4. 2D 动态中心除料精铣

表 1-13　具体工步的参数清单

工步	工步内容	刀号	刀具规格	主轴转速 /(r/min)	进给速度 /(mm/min)	余量 /mm
1	粗铣外形	T1	φ8mm 平底刀	2000	800	0.2
2	2D 动态中心除料粗铣	T2	φ3mm 平底刀	2500	800	0.1

续表

工步	工步内容	刀号	刀具规格	主轴转速 /(r/min)	进给速度 /(mm/min)	余量 /mm
3	精铣外形	T3	φ3mm 平底刀	4500	900	0
4	2D 动态中心除料精铣	T3	φ3mm 平底刀	4500	900	0

操作过程

1. 加工前准备

本任务属于批量生产，其毛坯是铸造成形，单边 1mm 的加工余量。为真实模拟加工过程，这里先创建实体毛坯，实际生产过程中可以省略这一步。

1）创建毛坯层。将绘图平面和屏幕视角均设为"俯视图"，构图深度 Z 设为 0，"2D"状态（图 1-103），单击层别，打开"层别管理"对话框，设置毛坯层（图 1-104），单击"确定"按钮。

图 1-103　设置当前状态

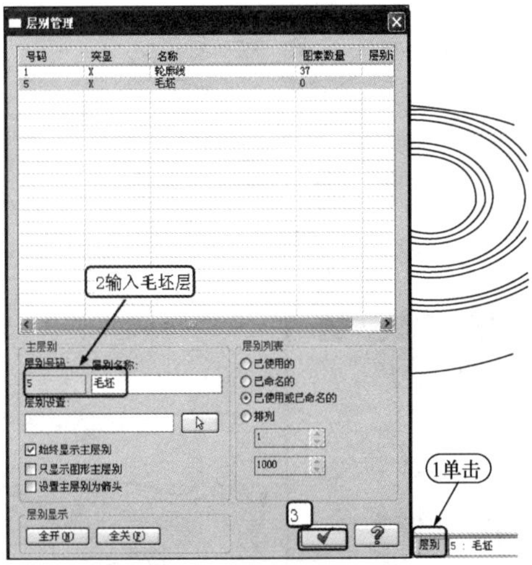

2）偏移轮廓线。利用"串连补正"命令 偏置轮廓线，选择外轮廓线（图 1-105）。单击"确定"按钮，打开"串连补正选项"对话框，选中"复制"单选按钮，设置串连补正选项（图 1-106），单击"应用"按钮，完成外轮廓线的复制。用同样的方法完成阿基米德螺旋线的复制，并清除颜色，结果如图 1-107 所示。

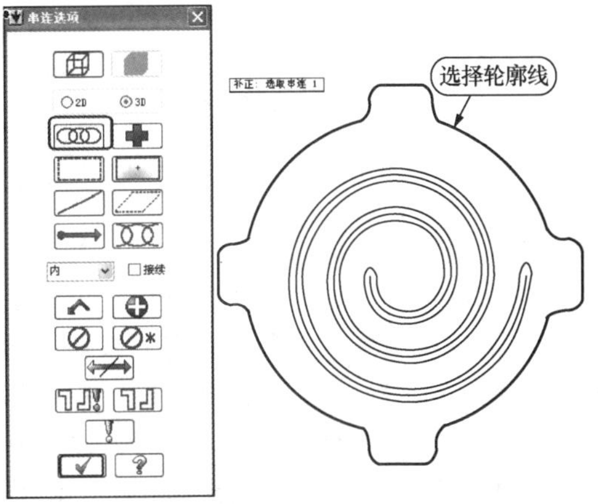

图 1-104　设置毛坯层

图 1-105　选择要偏置的轮廓线

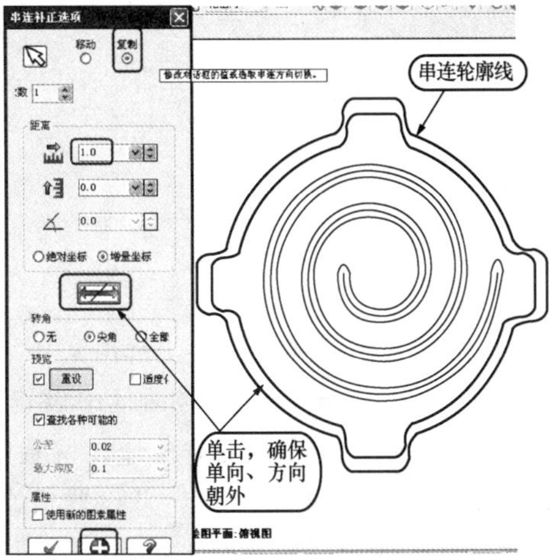

图 1-106　设置串连补正参数

3）向上平移外轮廓。将屏幕视角设为"等视图"，选择"转换平移"命令 ，选择外轮廓线，结束选择 （图 1-108）。在"平移选项"对话框中选中"移动"单选按钮，向上平移 1mm，单击"确定"按钮（图 1-109），结果如图 1-110 所示。

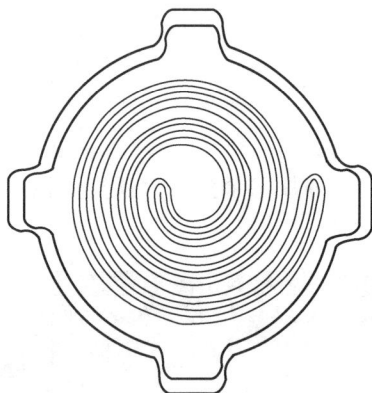

图 1-107　偏置后的轮廓线

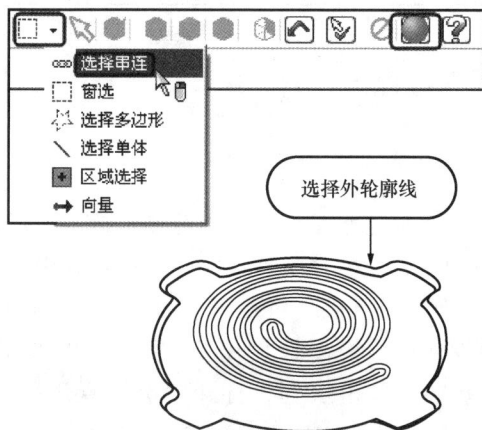

图 1-108　选择外轮廓线

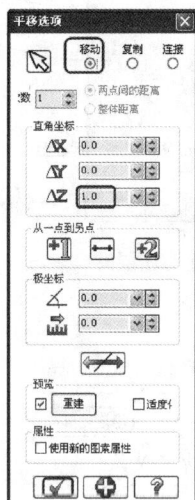

图 1-109　设置平移参数

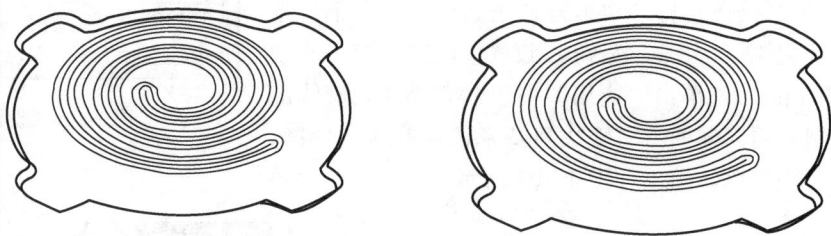

图 1-110　平移后的轮廓线

4）创建毛坯实体。选择"挤出实体"命令 ，选择外轮廓线（图 1-111），单击"确定"按钮，在"挤出串连"对话框中设置挤出参数（图 1-112），单击"确定"按钮，结果如图 1-113 所示。用同样的方法选择偏置的螺旋线（图 1-114），在"挤出串连"对话框中设置挤出操作为"增加凸缘"，并设置相关参数（图 1-115），为看清楚挤出方向，按 Alt＋S 组合键，使实体呈线架状态，单击"确定"按钮，再一次按 Alt＋S 组合键，使实体着色，结果如图 1-116 所示。

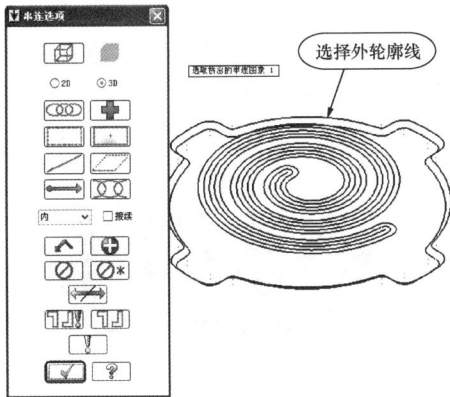

图 1-111 选择外轮廓线

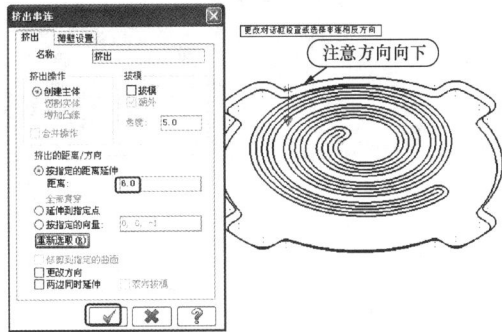

图 1-112 设置挤出参数（一）

图 1-113 生成的实体

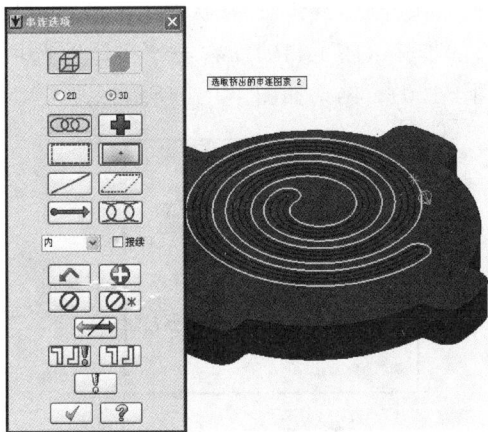

图 1-114 选择偏置的螺旋线

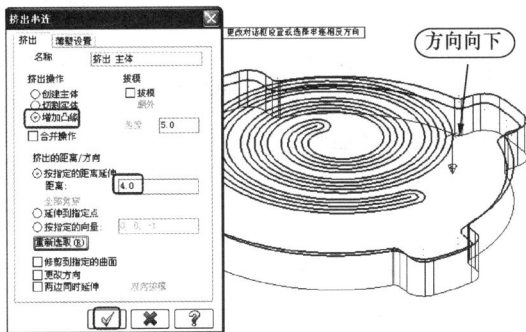

图 1-115 设置挤出参数（二）

图 1-116 生成的毛坯实体

5）创建圆柱凸台。将绘图平面设为"俯视图"，构图深度 Z 设为－10，利用"已知圆心点画圆"命令 ⊕ 绘制 φ20mm 的圆弧。选择"挤出实体"命令 ⬆，选择圆弧，在"挤出串连"对话框中设置挤出操作为"增加凸缘"，并设置相关参数（图 1-117），轮廓线挤出方向向下，结果如图 1-118 所示。

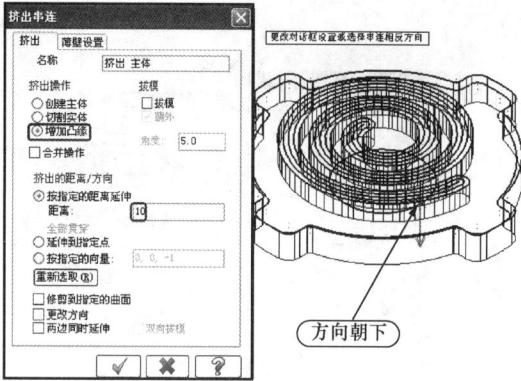

图 1-117　设置挤出参数（三）　　　　　　图 1-118　生成的圆柱凸台

6）查看实体管理器。正常状态下毛坯显示只有一个实体，单击 ⊞，展开目录树，可以看到建模的步骤（图 1-119），右击"实体"选项，在弹出的快捷菜单中选择"重新命名"命令（图 1-120），结果如图 1-121 所示。

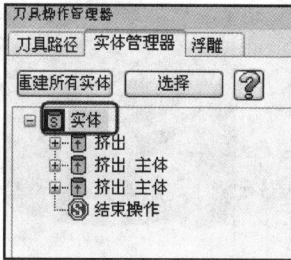

图 1-119　查看实体管理器

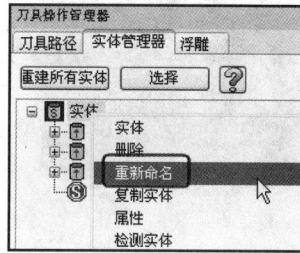

图 1-120　将实体重新命名

7）关闭毛坯层。单击层别，打开"层别管理"对话框，单击第 1 层使其为当前层，关闭毛坯层（图 1-122），修改后的"层别管理"对话框如图 1-123 所示，单击"确定"按钮，关闭毛坯层，结果如图 1-124 所示。

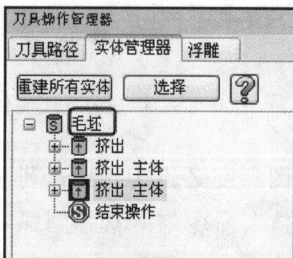

图 1-121　命名后的实体管理器

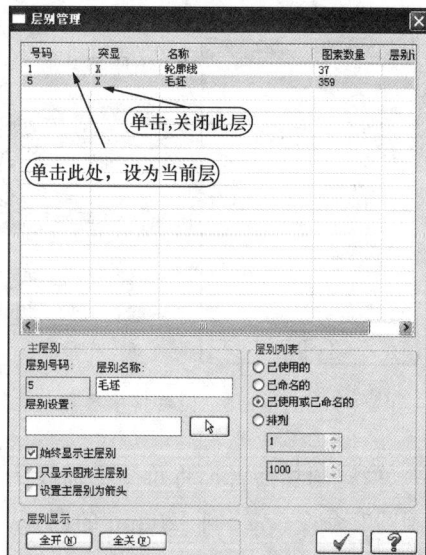

图 1-122　关闭毛坯层

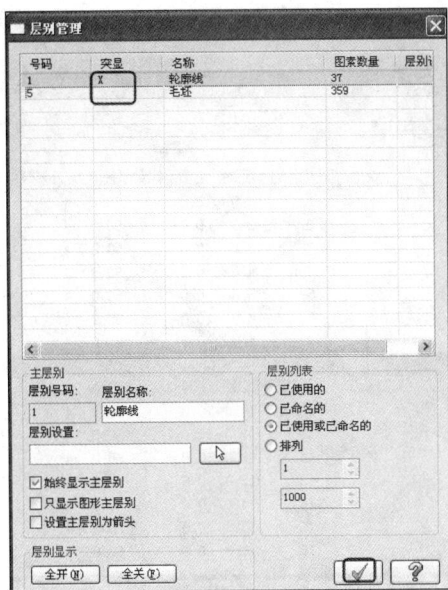

图 1-123 修改后的"层别管理"对话框

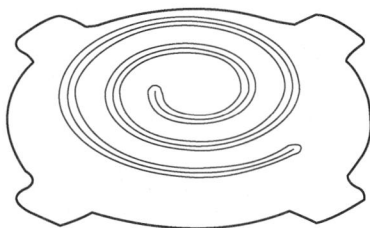

图 1-124 关闭毛坯层后的绘图区

2. 粗铣外形

1）选择机床。选择"机床类型/铣床/默认"命令（图 1-125）。

2）选择"外形铣削"刀路。选择"刀具路径/外形铣削"命令，确认 NC 名称，选择串连外轮廓线（图 1-126），注意串连方向为顺时针，在"2D 刀具路径-外形铣削"对话框中，选择"刀具"选项，单击"从刀库中选择"按钮，在打开的对话框中选择 ϕ8mm 平底刀（图 1-127），双击选中，修改刀补（图 1-128），设置刀具切削参数（图 1-129），设置切削参数，留 0.2mm 的加工余量（图 1-130），设置共同参数（图 1-131），设置冷却液（图 1-132），完成"外形铣削"刀路设置。

图 1-125 选择铣床

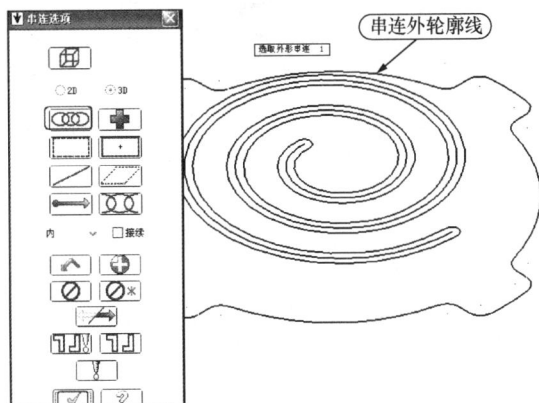

图 1-126 选择轮廓线

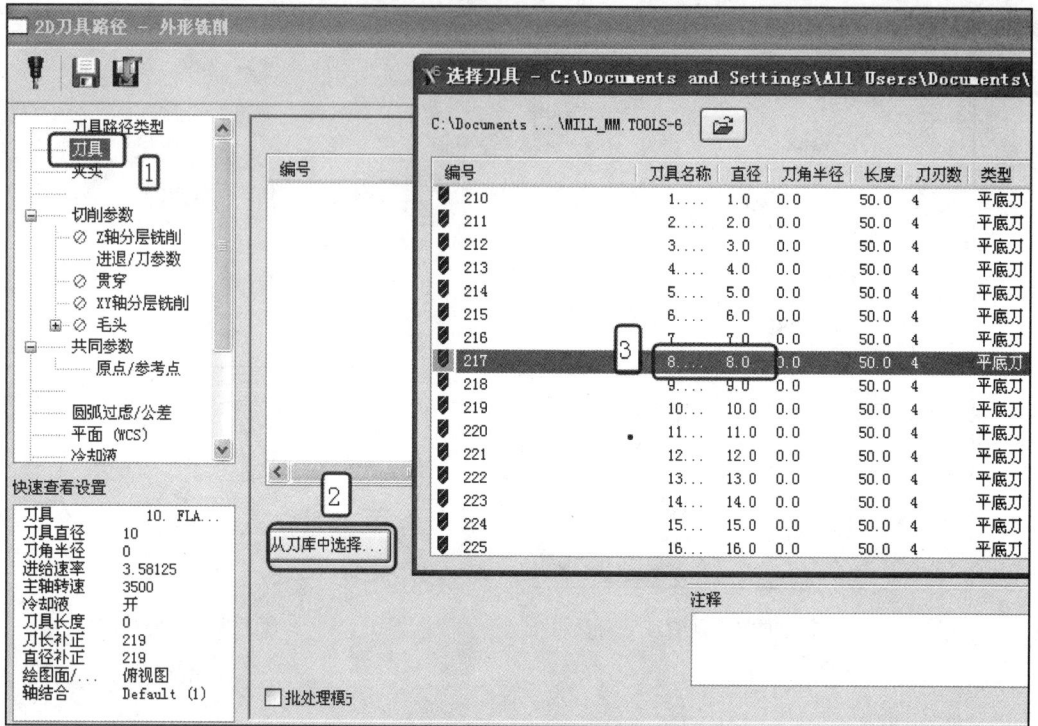

图 1-127　选择刀具

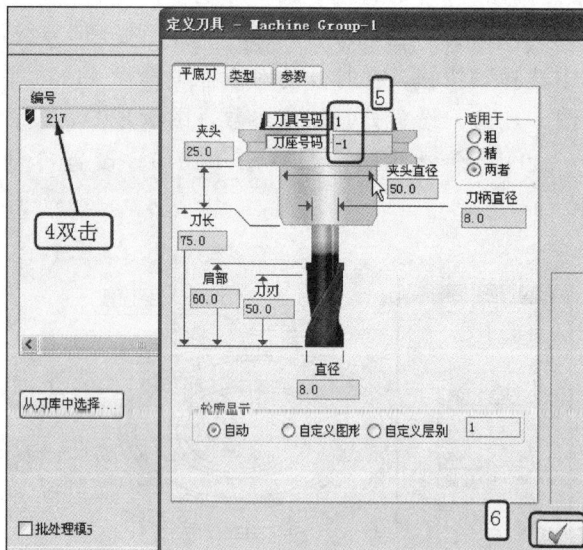

图 1-128　修改刀补

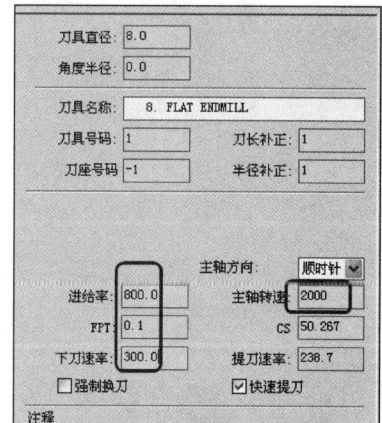

图 1-129　设置刀具切削参数

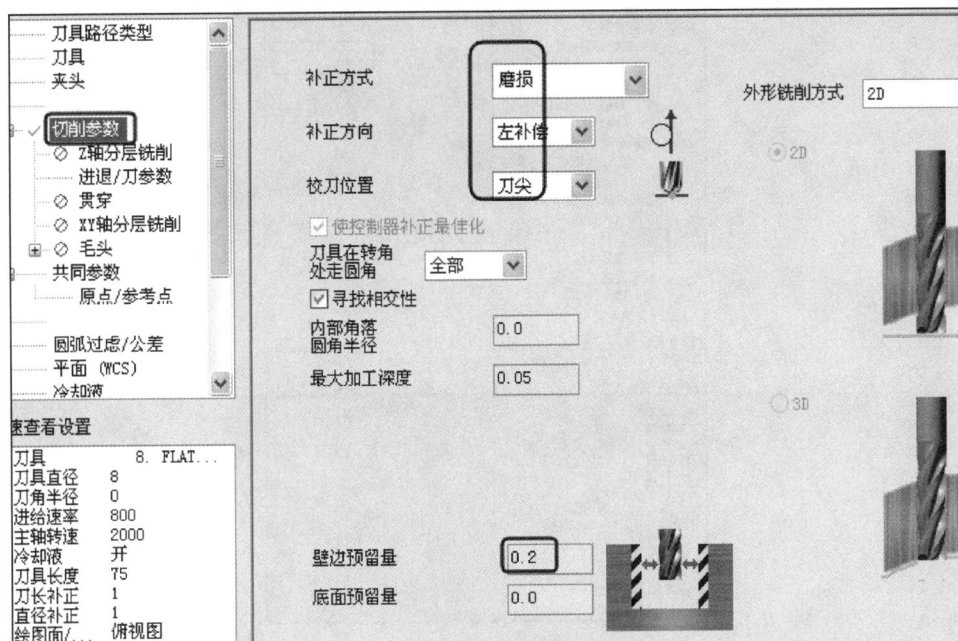

图 1-130　设置切削参数

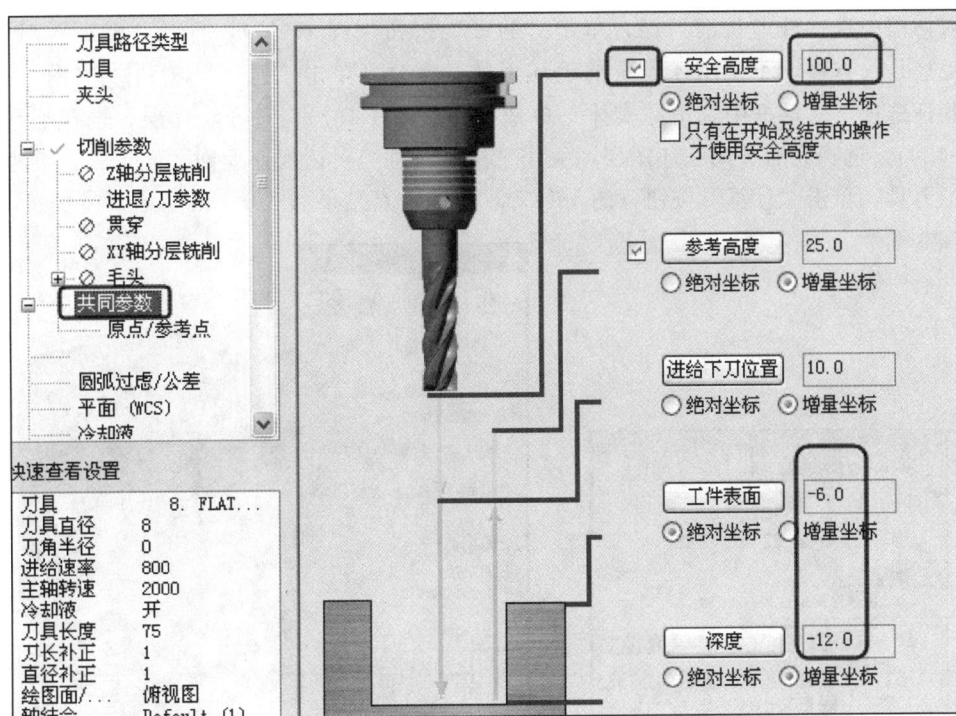

图 1-131　设置共同参数

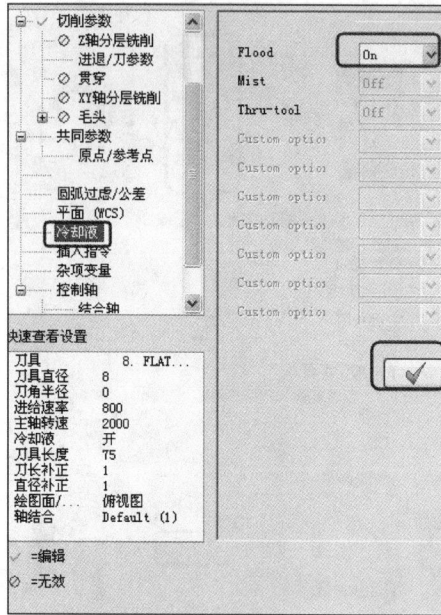

图 1-132　设置冷却液

3）刀路仿真。为检测刀路的正确性，可对刀路进行实体加工验证。在"刀具操作管理器"对话框中选择外形铣削刀路，单击"验证"按钮（图 1-133），打开"验证"对话框，发现毛坯是长方体，不是刚才设置的毛坯形状，这时可单击"选项"按钮（图 1-134），在"验证选项"对话框中选中"实体"单选按钮（图 1-135），打开实体层，选择毛坯实体（图 1-136），选择完后关闭毛坯图层，关闭"层别管理"对话框。返回"验证"对话框，选择模拟刀具，单击"计算"按钮（图 1-137），刀路仿真结果如图 1-138 所示。

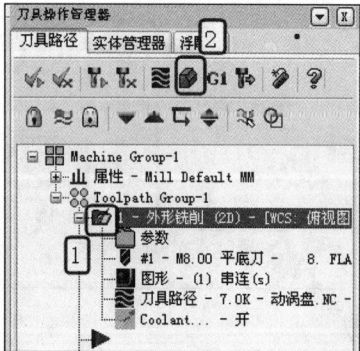

图 1-133　刀具操作管理器

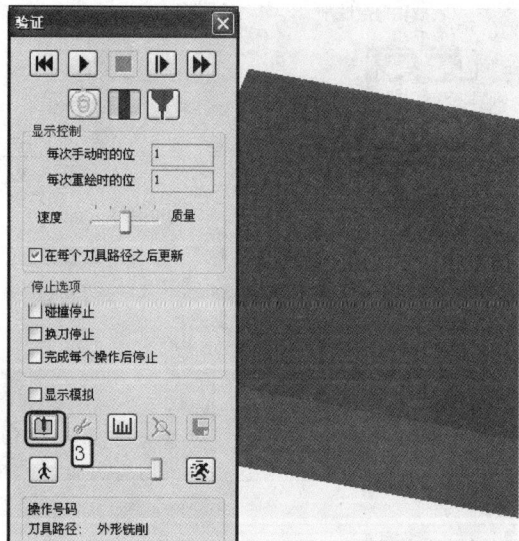

图 1-134　"验证"对话框

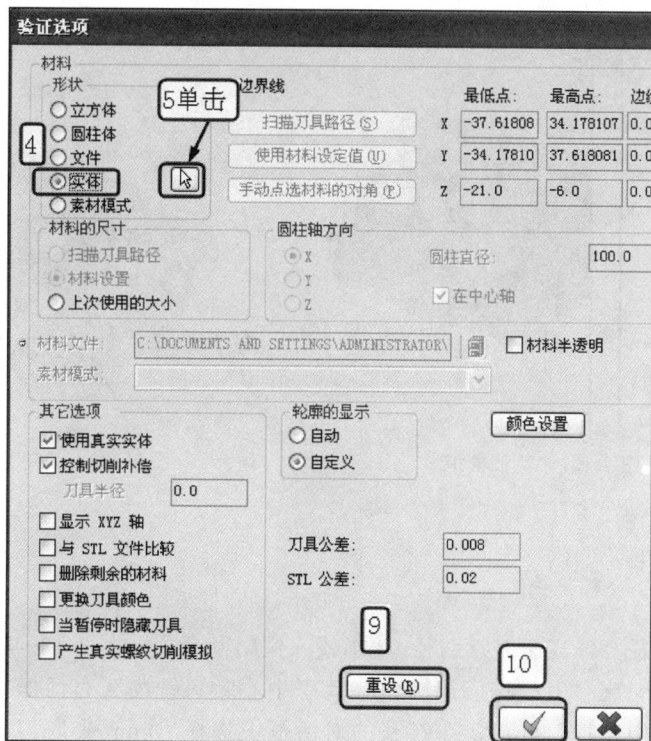

图 1-135 "验证选项"对话框

图 1-136 选择毛坯实体

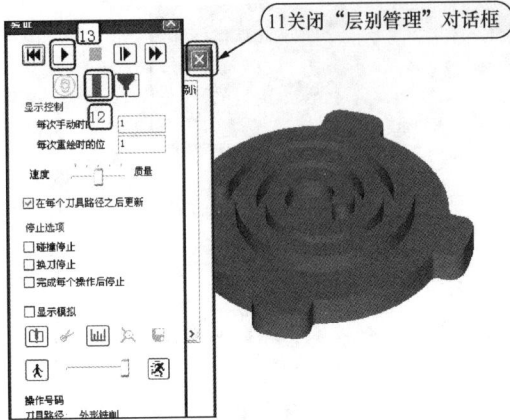

图 1-137　验证模拟

图 1-138　刀路仿真结果

3. 2D 动态中心除料粗铣

选择"刀具路径/2D 高速刀具路径/动态核心铣削"命令（图 1-139），选择外轮廓线和螺旋线（图 1-140），在"2D 高速刀具路径-动态中心除料铣削"对话框中选择"刀具"选项，单击"从刀库中选择"按钮，在打开的对话框中选择 ϕ3mm 平底刀，设置刀具切削参数（图 1-141），设置切削参数（图 1-142），设置共同参数（图 1-143），设置冷却液（图 1-144），完成刀路设置，刀路仿真结果如图 1-145 所示。

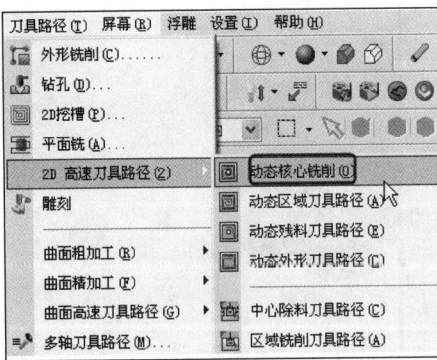

图 1-139　选择刀路

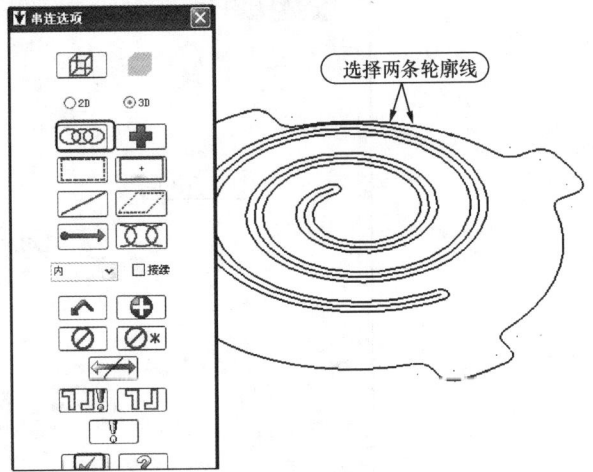

图 1-140　选择轮廓线

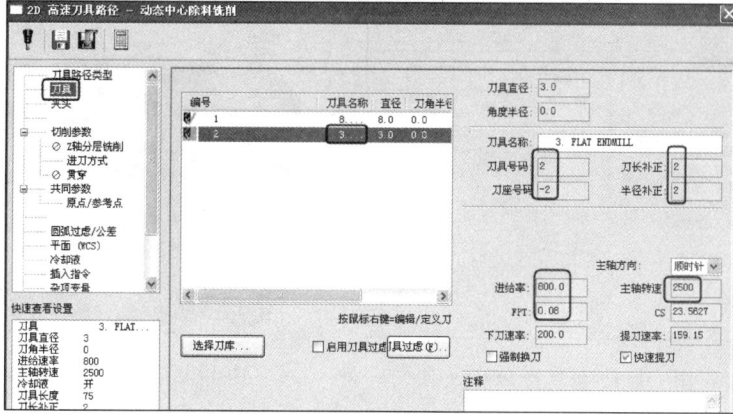

图 1-141 设置刀具切削参数

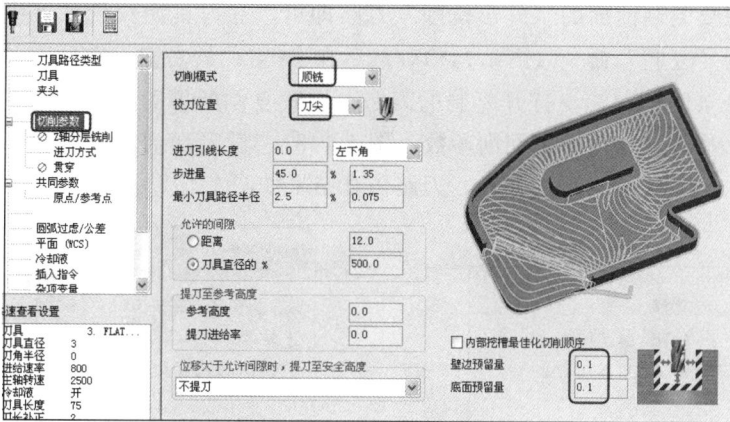

图 1-142 设置切削参数

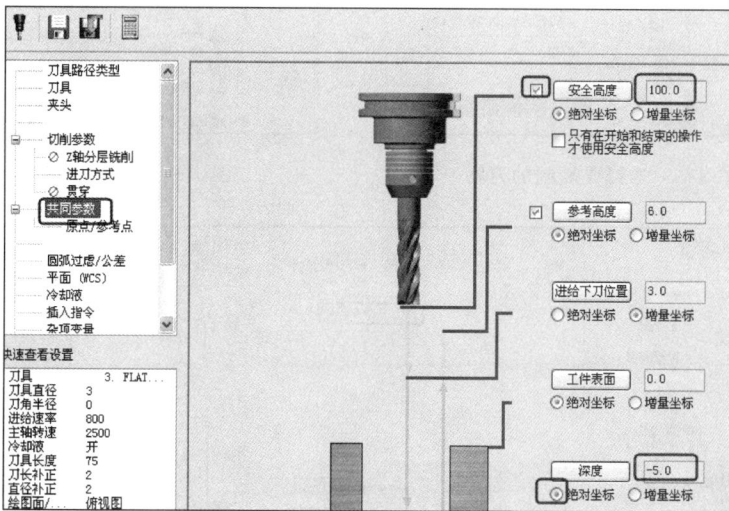

图 1-143 设置共同参数

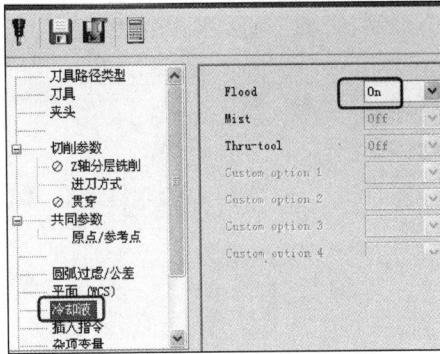

图 1-144　设置冷却液

图 1-145　刀路仿真结果

4. 精铣外形

精铣外形只要复制前面的"外形铣削"刀路即可。在刀具操作管理器中右击"外形铣削"选项，选择"复制"命令（图 1-146），然后在▶空白处右击，在弹出的快捷菜单中选择"粘贴"命令（图 1-147），打开复制的刀路，设置复制的刀路参数，选择刀具，再创建一把 φ3mm 的平底刀，修改刀具切削参数（图 1-148），设置切削参数（图 1-149），重新计算刀路（图 1-150），完成刀路的复制，刀路仿真结果如图 1-151 所示。

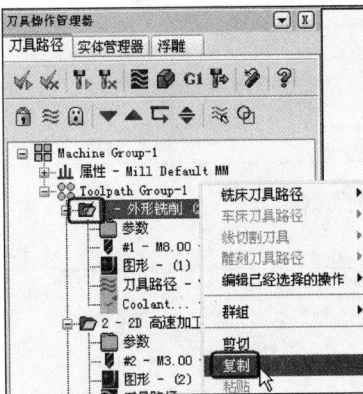

图 1-146　选择要复制的刀路

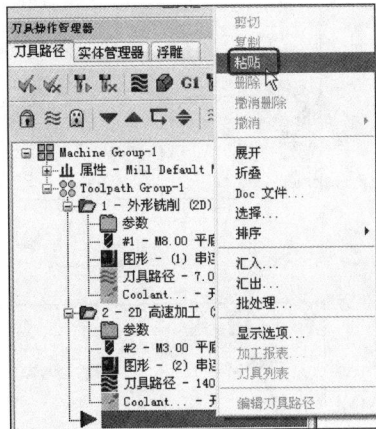

图 1-147　粘贴刀路

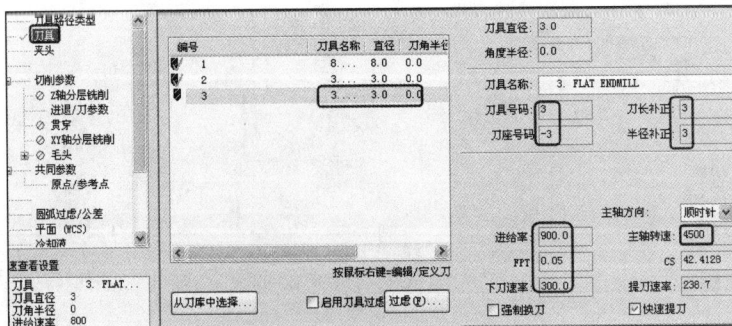

图 1-148　修改刀具切削参数

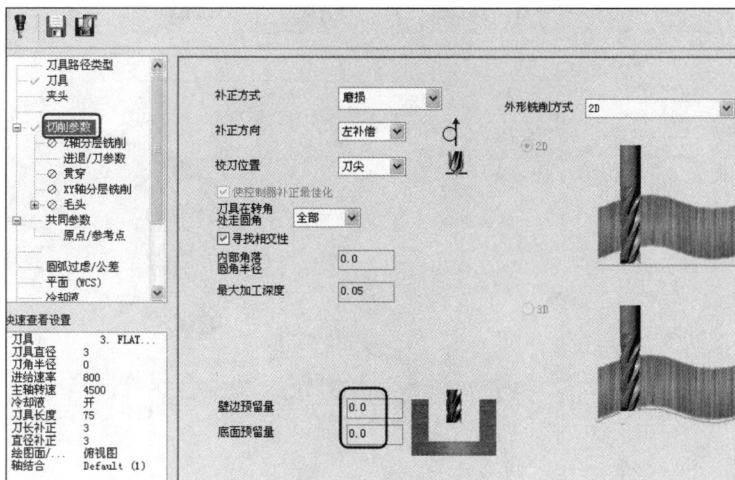

图 1-149 修改切削参数

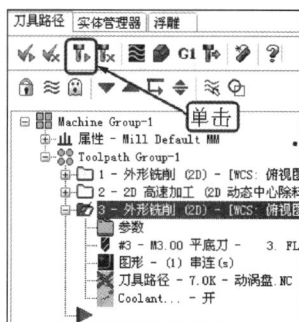

图 1-150 重新计算刀路

图 1-151 刀路仿真结果

5. 2D 动态中心除料精铣

2D 动态中心除料精铣只要复制前面的"2D 动态中心除料粗铣"刀路即可。方法参照前文介绍内容，刀具仍然选择 ϕ3mm 平底刀，刀具切削参数同上，修改切削参数（图 1-152），重新计算刀路，完成刀路的复制，刀路仿真结果如图 1-153 所示。

6. 刀路验证与后处理

（1）刀路验证

在"刀具操作管理器"对话框中单击"选择所有操作"按钮 ，单击"验证"按钮 （图 1-154），在"验证"对话框中勾选"碰撞停止"复选框，单击"选项"按钮 ，在"验证选项"对话框中选中"实体"单选按钮，打开毛坯层，选择毛坯实体，选择刀具、机床（图 1-155），刀路仿真结果如图 1-156 所示。

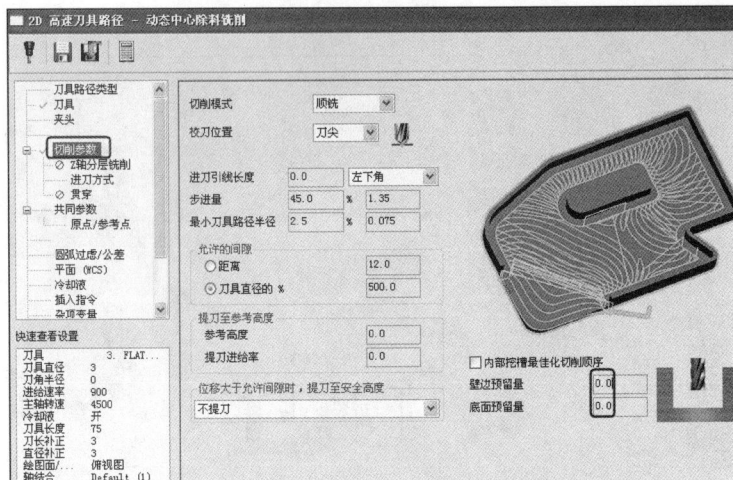

图 1-152　修改切削参数

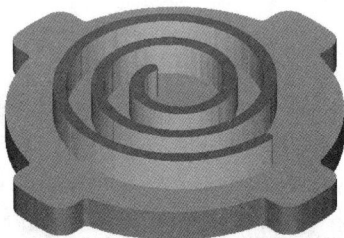

图 1-153　刀路仿真结果

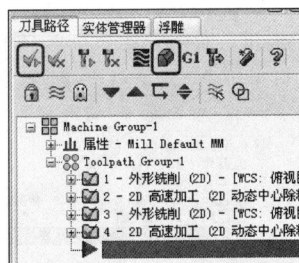

图 1-154　选择所有刀路

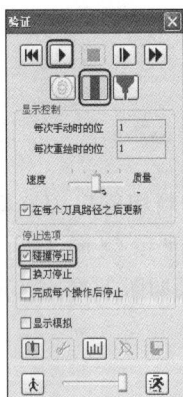

图 1-155　设置实体验证

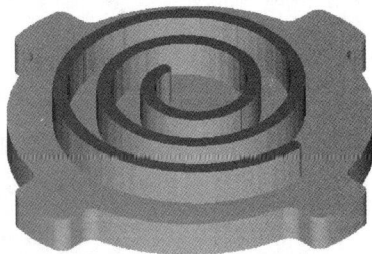

图 1-156　实体仿真结果

（2）执行后处理

在"刀具操作管理器"对话框中选择所有的刀路，单击 G1 按钮（图 1-157），弹出"后处理程序"对话框，系统默认 FANUC 系统（图 1-158）。单击"确定"按钮。设置保存的路径，打开 Mastercam 编辑器，结果如图 1-159 所示。

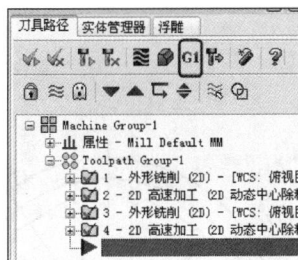

图 1-157 选择要后处理的刀路

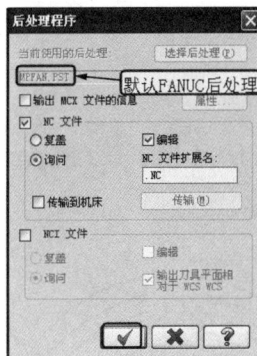

图 1-158 执行后处理

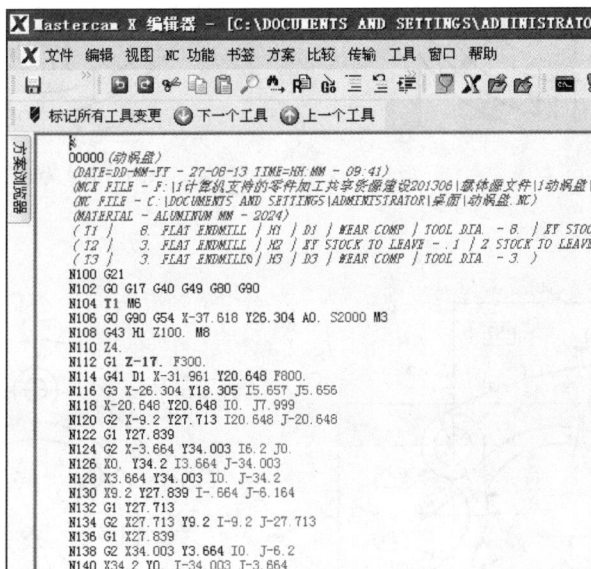

图 1-159 生成后处理的程序

项目小结

本项目以涡旋盖为例，介绍了直接利用轮廓线进行自动编程的方法。在绘制轮廓线部分，既介绍了常用轮廓线的绘制与编辑命令，也介绍了利用参数方程组绘制曲线（如阿基米德螺旋线）的特殊方法。在实际操作部分需要注意以下几点：

1）为减少 CAM 编程时参数设置的失误，要根据工艺要求变换轮廓线的构图深度 Z。

2）毛坯的轮廓线与加工的轮廓线要分层处理。

3）刀路要粗、精加工分开。

4）尽可能用同一把刀具加工的特征，体现工序集中原则，减少辅助加工时间。

❀ **实训练习**

1. 草图绘制训练

绘制如图 1-160～图 1-163 所示的图。

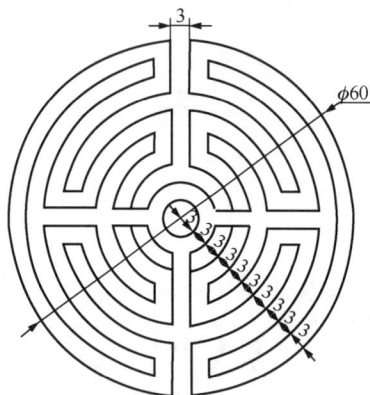

图 1-160　草图（一）

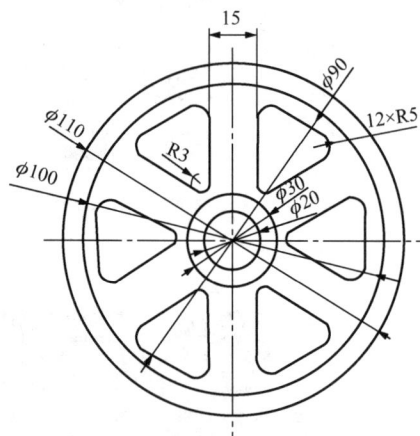

图 1-161　草图（二）

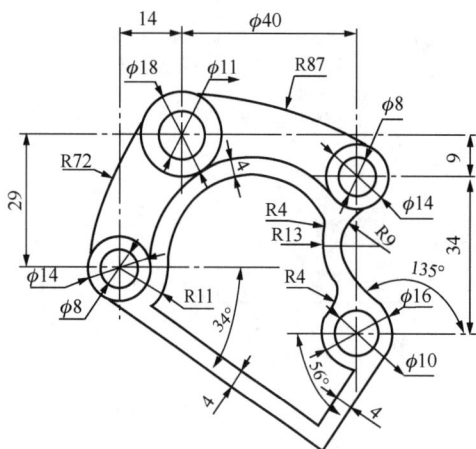

图 1-162　草图（三）

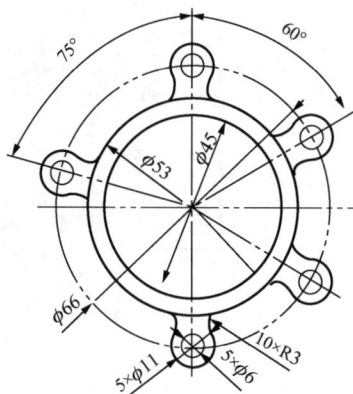

图 1-163　草图（四）

2. 刀路练习

根据所给工程图（图 1-164～图 1-166）完成零件的三维建模，设计数控加工工艺，完成零件的数控加工程序编制。

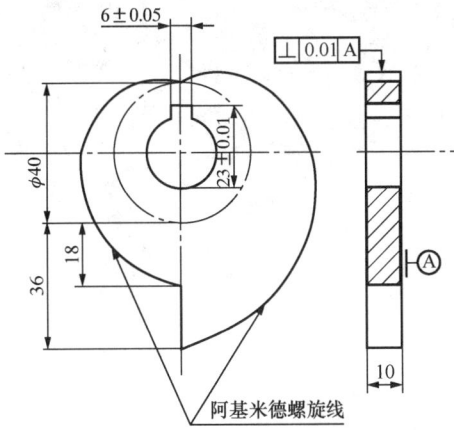

图 1-164　工程图（一）

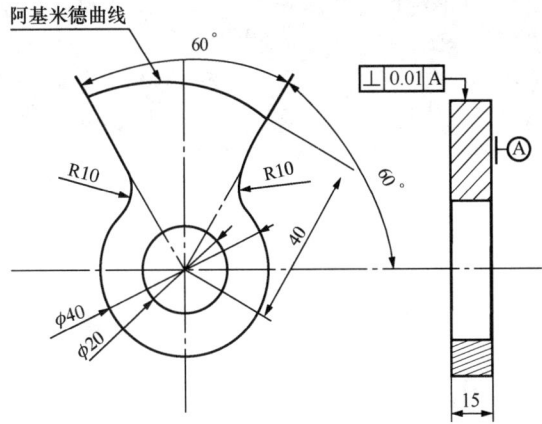

图 1-165　工程图（二）

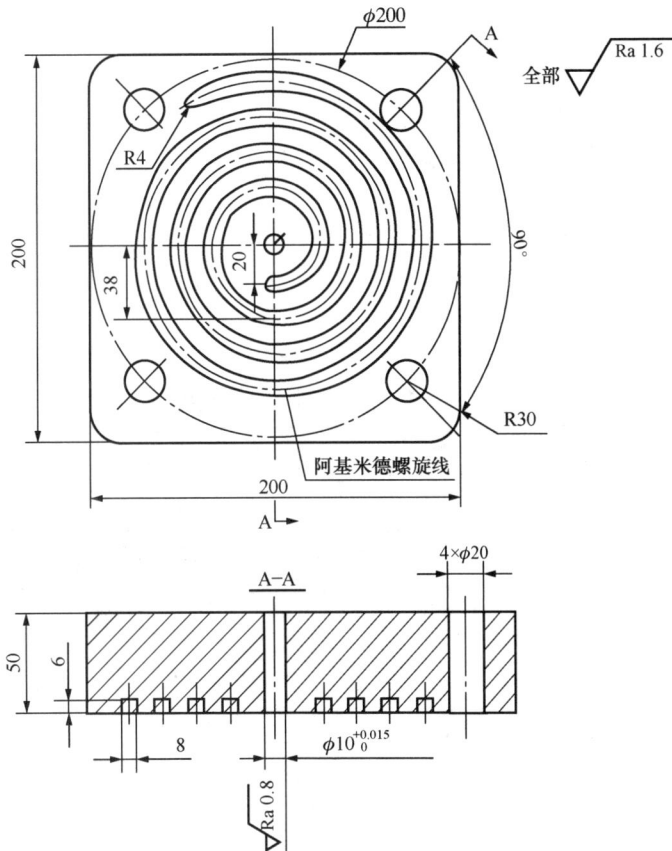

图 1-166　涡旋盖零件图

光通信壳体的工艺设计与制造

❀ 项目简介

　　本项目涉及光通信壳体（图2-1）的加工，其材料为6061，属于批量生产。实体造型部分主要涉及矩形形状设置、圆弧、直线、倒圆角、修剪/实体挤出、实体切割等命令；CAM部分主要涉及2D加工的"平面铣削、2D高速区域铣削、外形铣削、2D动态残料铣削、点钻、钻孔、攻螺纹"等刀路。

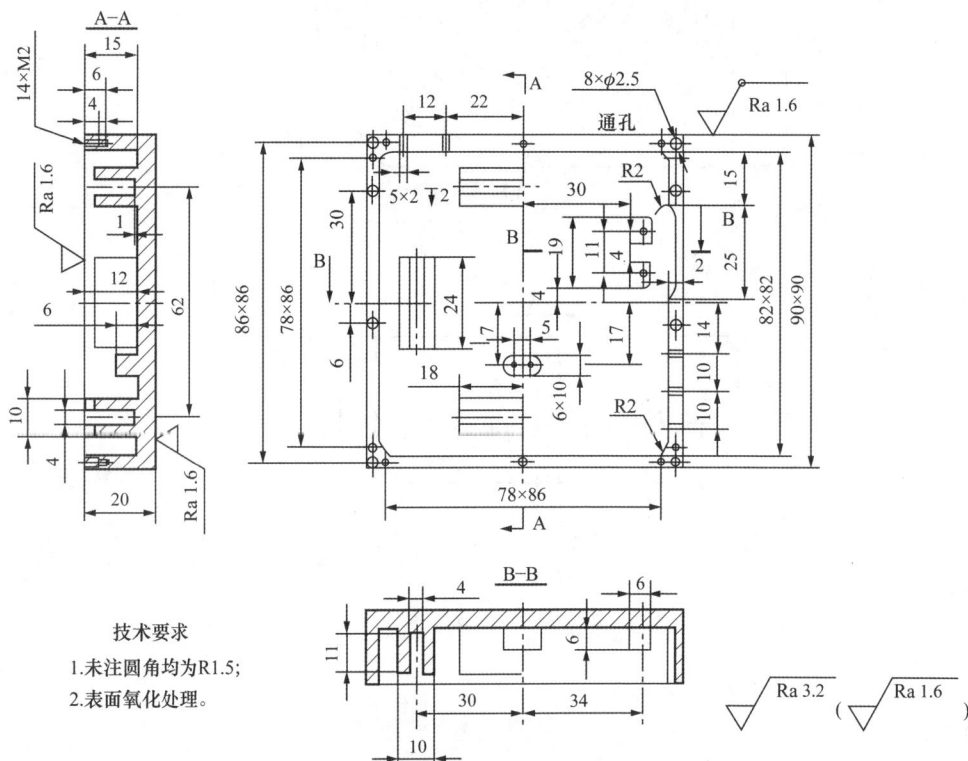

技术要求
1.未注圆角均为R1.5;
2.表面氧化处理。

图 2-1　光通信壳体

项目分析

　　光通信壳体的材料是铝合金，属于有色金属，其切削性能不同于常见的黑色金属。从图样分析看，其尺寸精度及表面质量要求不高，其难点在于腔体的凸台与边框的间距较窄，孔较小。为提高效率，一般先用大刀具快速除料，再用小刀具进行残料加工。对于相同规格的槽，可以组合加工。在刀具、切削参数及冷却液选择方面主要与黑色金属加以区分。其加工工艺过程一般包括：毛坯—铣平面—铣外形—数控铣型腔—钳工修整—检查—阳极氧化—入库。本项目主要工序见表 2-1。

表 2-1　光通信壳体的主要工序

1. 毛坯	2. 铣平面	3. 铣外形	4. 数控铣型腔

任务分解

　　任务 2.1　光通信壳体的实体造型
　　任务 2.2　光通信壳体的 CAM 编程

知识点、技能点

知识点：

◇ 矩形形状设置	◇ 修剪	◇ 2D 动态残料铣削
◇ 单体补正	◇ 镜像	◇ 刀路复制
◇ 清除颜色	◇ 边界盒	◇ 点钻
◇ 修剪	◇ 铣平面	◇ 钻孔
◇ 倒圆角	◇ 铣外形	◇ 攻螺纹
◇ 点	◇ 2D 高速区域铣削	

技能点：

◇ 管理图层	◇ 创建辅助轮廓线	◇ 绘制轮廓线
◇ 合理选择 2D 刀路	◇ 创建实体	◇ 合理选择切削参数

※ 基础知识

1. 绘制矩形

绘制矩形的工具栏如图 2-2 所示。

（1）矩形的绘制

通过确定矩形基准点或者对角线两点绘制直角矩形。"矩形"操作栏如图 2-3 所示，"矩形"操作栏说明见表 2-2。

图 2-2　绘制矩形的工具栏

图 2-3　"矩形"操作栏

表 2-2　"矩形"操作栏说明

操作栏按钮	说　明
+1	编辑第 1 点
+2	编辑第 2 点
宽度图标	宽度：用于设置矩形的宽度
高度图标	高度：用于设置矩形的高度
中心图标	设置基准点为中心点：指定一点作为矩形中心点
曲面图标	创建曲面

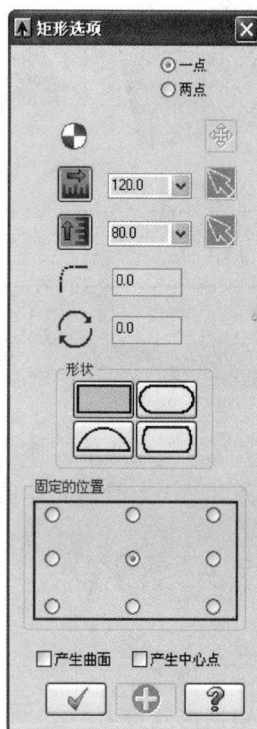
图 2-4　"矩形选项"对话框

（2）矩形形状的设置

可以绘制多种特殊矩形，如倒圆角、旋转、键槽形、D 形、双 D 形矩形等。矩形形状可在"矩形选项"对话框设置，如图 2-4 所示。"矩形选项"对话框相关选项说明见表 2-3。

表 2-3　"矩形选项"对话框相关选项说明

选项	说　明
一点	选择该选项时，采用基准点法绘制矩形
两点	选择该选项时，通过指定两个对角点的方式绘制矩形
编辑基准点图标	编辑基准点：用于修改矩形的定位点，单击按钮可重新指定基准点
宽度图标	用于设置矩形的宽度。可以在文本框中直接输入宽度，也可以单击按钮在绘图区选定位置来确定新的宽度

续表

选项	说　明
🔢	用于设置矩形的高度。可以在文本框中直接输入高度，也可以单击🔍按钮在绘图区选定位置来确定新的高度
⌐	圆角半径
↻	旋转
形状	设置创建矩形的形状，主要有 4 种：长方形、键槽形、D 形、双 D 形
固定的位置	设置矩形基准点的定位方式
产生曲面	选中此复选框，绘制矩形时产生矩形曲面
产生中心点	选中此复选框，绘制矩形时创建矩形的中心点

2. 镜像

"镜像"是指将选定的图素相对于指定的镜像轴做对称处理。"镜像选项"对话框及图例分别如图 2-5 和图 2-6 所示。

操作步骤：

① 执行"镜像"命令；

② 选择要镜像的图素；

③ 根据要求设置镜像参数。

3. 边界盒

"边界盒"是一个根据图形尺寸及其扩展量来确定的包含选定图素在内的边界图形，既可以是长方体也可以是圆柱体。这个边界图形好像一个完全包围图素的"盒子"，故被形象地称为"边界盒"。在设计中绘制边界盒是非常有用的，它可确定工件坯件的加工边界，以及辅助确定工件中心和重量等。"边界盒选项"对话框及图例分别如图 2-7 和图 2-8 所示。

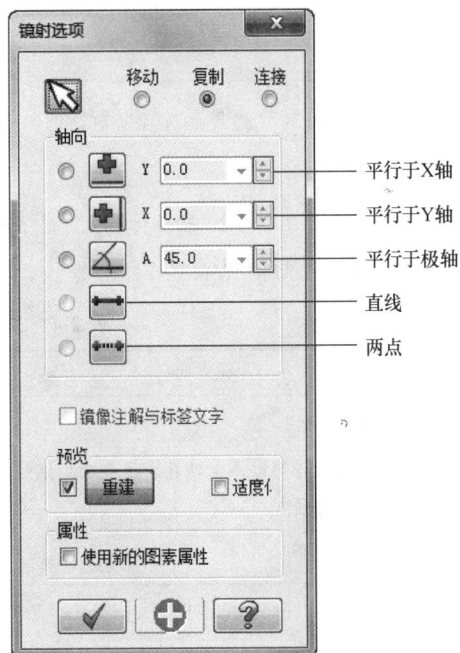

图 2-5　"镜像选项"对话框

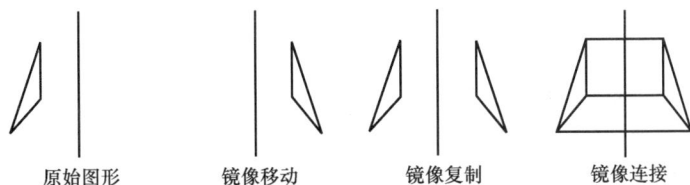

图 2-6　镜像图例

图 2-7　"边界盒选项"对话框　　　　　　图 2-8　边界盒图例

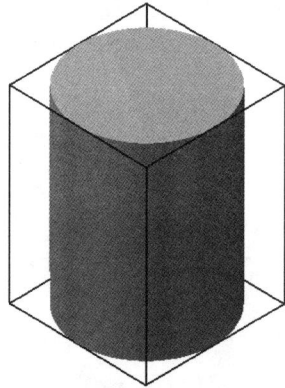

4. 二维刀具路径

二维刀具路径命令见表 2-4。

表 2-4　二维刀具路径命令

命　令	说　明	图　例
钻孔	钻孔加工可以产生钻孔、镗孔和攻螺纹的刀具路径	
标准挖槽	利用挖槽加工可以移除封闭区域里的材料，其定义方式由外轮廓与岛屿组成，槽与岛屿必须在同一个构图平面内	
面铣	利用面铣加工命令可以铣削串连选取指定的区域，也可以铣削整个工件表面。在设置参数时，应注意使切削方向的重叠量至少大于刀具直径的 50%，以保证工件的周围没有残留量	

任务 2.1 光通信壳体的实体造型

任务分析

本任务主要学习利用实体造型的建模方法,建议按表 2-5 进行实体建模。

表 2-5 光通信壳体的实体建模过程

1. 创建基本实体	 2. 切割实体	 3. 创建矩形凸台
 4. 切割矩形凸台	 5. 创建矩形小凸台	 6. 切割矩形小凸台
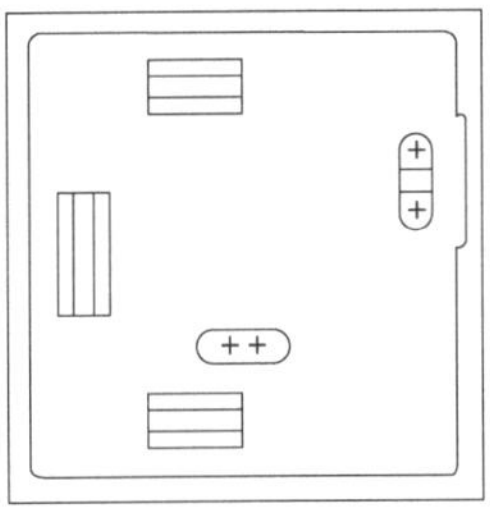 7. 创建小凸台钻孔用点	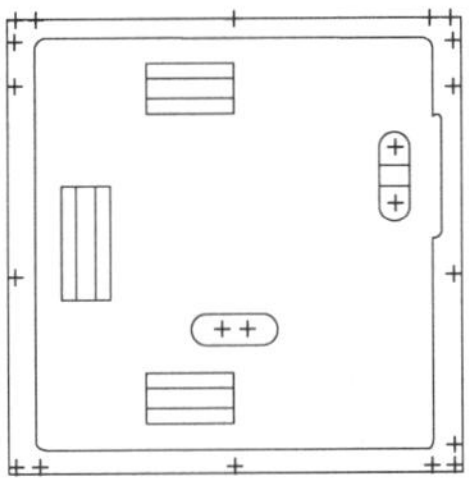 8. 创建基本实体面钻孔用点	 9. 切割凹槽

操作过程

(1) 创建基本实体

1) 初始绘图环境设置。将绘图平面及屏幕视角均设为"俯视图","2D"状态,按 F9 键,显示坐标原点,创建图层 1,按图 2-9 进行设置。

屏幕视角 俯视图 WCS:俯视图 刀具/绘图平面 俯视图   公制

2D 屏幕视角 平面z Z 0.0 ∨ 10 ▾ 层别 1:轮廓线 ∨ 属性 * ∨ ── ∨ ▭ ∨ WCS

图 2-9 初始绘图环境设置

2）矩形的绘制。选择"矩形形状设置"命令 （图 2-10），设置矩形选项参数（图 2-11），绘制 90×90 的矩形，结果如图 2-12 所示。

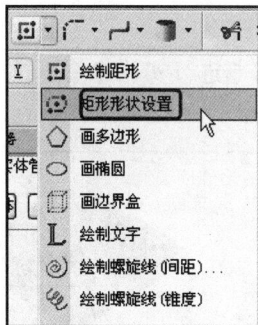

图 2-10　选择"矩形形状设置"命令　　　　图 2-11　设置矩形选项参数

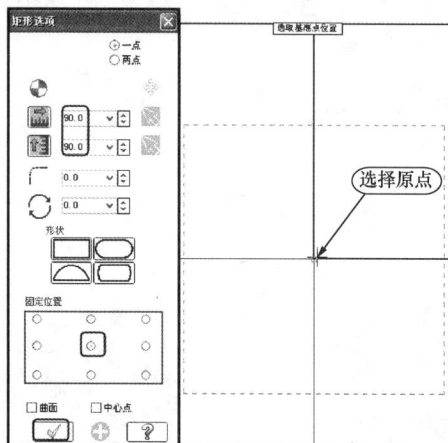

3）创建基本实体。利用"挤出实体"命令 创建基本实体。将屏幕视角设为"等角视图"，选择"挤出实体"命令，选择矩形轮廓线（图 2-13），设置挤出参数（图 2-14），结果如图 2-15 所示。

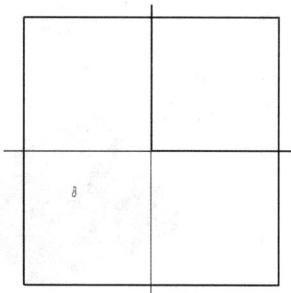

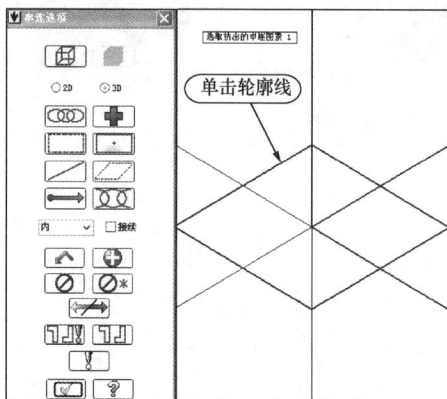

图 2-12　绘制矩形　　　　　　　　　图 2-13　选择矩形轮廓线

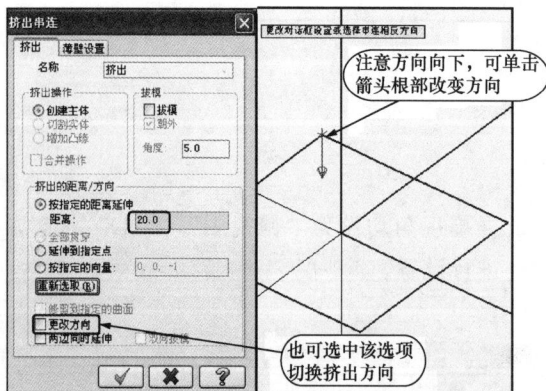

图 2-14　设置挤出参数　　　　　　　图 2-15　基本实体

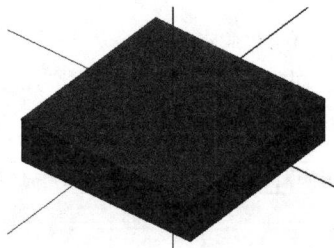

（2）切割实体

1）切割轮廓线的绘制。将绘图平面及屏幕视角均设为"俯视图"，选择"矩形形状设置"命令 ⊡，设置矩形选项参数（图 2-16），绘制 82×82 的矩形。利用"单体补正"命令 ⊢，设置补正选项，偏移距离为 2（图 2-17），单击"应用"按钮，结果如图 2-18 所示。继续使用该命令，设置偏移距离分别为 15 和 25，并清除颜色 ⊟，结果如图 2-19 所示。

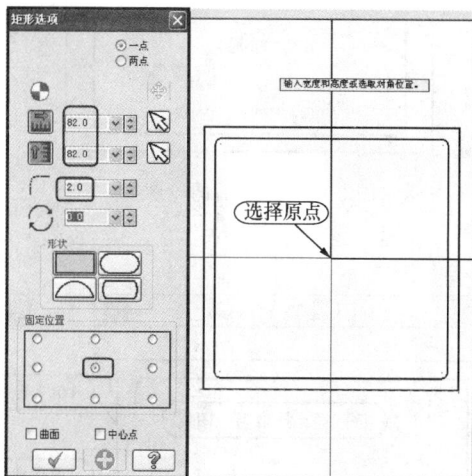

图 2-16　设置矩形选项参数

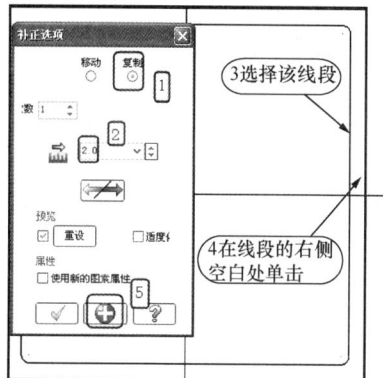

图 2-17　设置补正选项

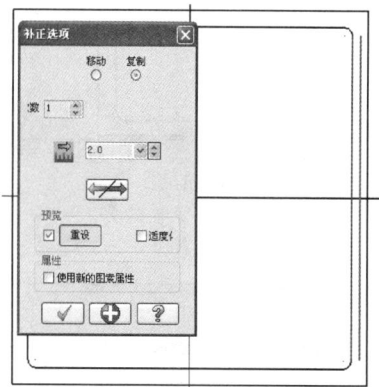

图 2-18　偏移后的线段

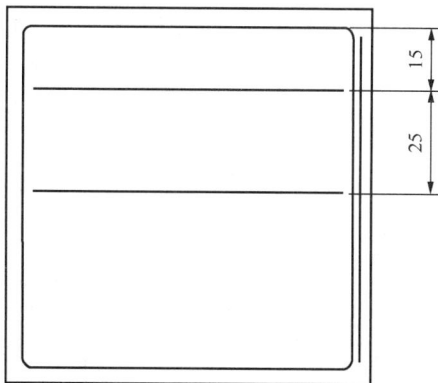

图 2-19　偏移后的线段

2）切割轮廓线的修剪。利用"修剪/三个物体修剪"命令，修剪圆弧轮廓线（图 2-20），结果如图 2-21 所示。选择"分割物体"命令，单击不需要的线段，结束修剪命令，结果如图 2-22 所示。

3）轮廓线倒圆角。利用"倒圆角"命令 ⌐ 倒 R2 的圆角，依次选择线段（图 2-23），结果如图 2-24 所示。

4）切割实体。利用"挤出实体"命令 ⬆ 切割基本实体。将屏幕视角设为"等角视图"，关闭着色显示，选择"挤出实体"命令，选择轮廓线（图 2-25），设置挤出切割参数（图 2-26），并着色，结果如图 2-27 所示。

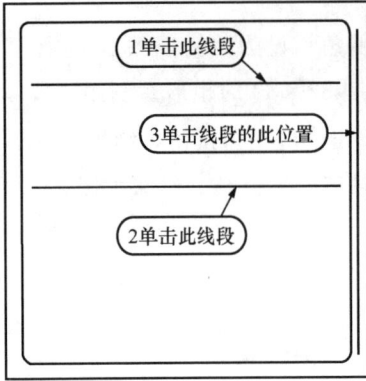

图 2-20　修剪轮廓线

图 2-21　修剪后的轮廓线

图 2-22　修剪后的轮廓线

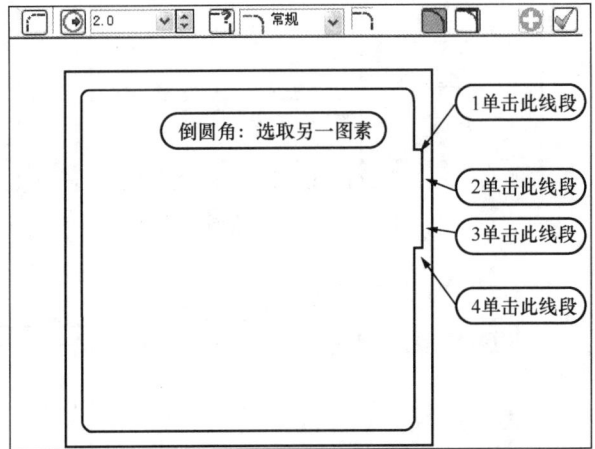

图 2-23　倒圆角的步骤

图 2-24　倒圆角的结果

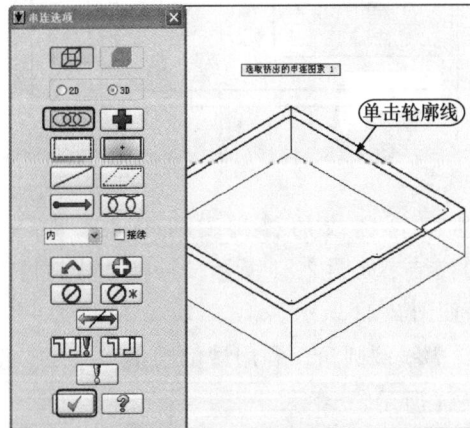

图 2-25　选择轮廓线

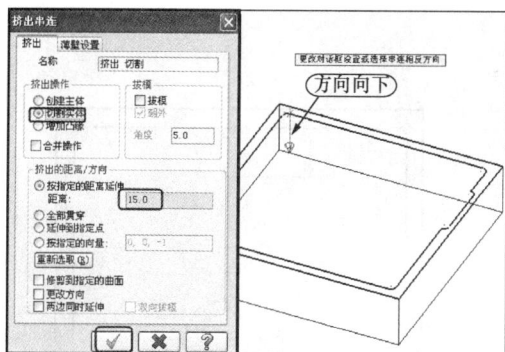

图 2-26　设置切割参数

图 2-27　切割的实体

（3）创建矩形凸台

1）设置构图深度 Z。将绘图平面及屏幕视角均设为"俯视图"，"2D"状态，构图深度 Z 设为－3，按图 2-28 进行设置，按 Alt＋S 组合键，使实体线架显示。

图 2-28　设置构图深度 Z

2）绘制矩形坐标点。利用"绘制点"命令 ➕ 绘制矩形放置的点。分别输入第一个点的坐标（0，31，－3）（图 2-29）、第二点坐标（0，－31，－3）和第三点坐标（－30，0，－3），结果如图 2-30 所示。

图 2-29　绘制第一点

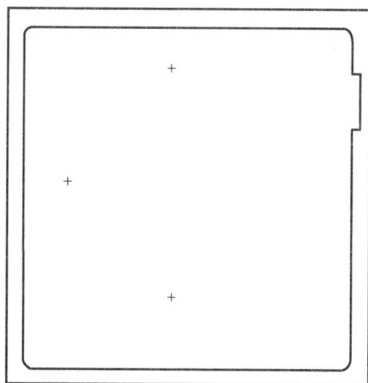

图 2-30　绘制的三个点

3）矩形的绘制。选择"矩形形状设置"命令 ，设置矩形选项参数（图 2-31），绘制 18×10 的矩形，单击"应用"按钮，结果如图 2-32 所示。用同样的方法完成 10×24 矩形的绘制（图 2-33），结果如图 2-34 所示。

4）挤出实体。利用"挤出实体"命令 创建矩形凸台实体。将屏幕视角设为"等角视图"，选择"挤出实体"命令 ，选择三串轮廓线（图 2-35），设置挤出参数（图 2-36），按 Alt＋S 组合键，为实体着色，结果如图 2-37 所示。

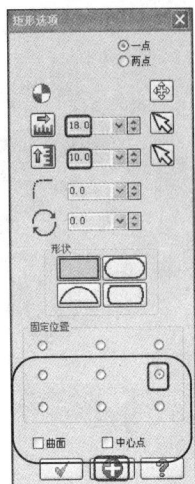

图 2-31　设置矩形选项参数

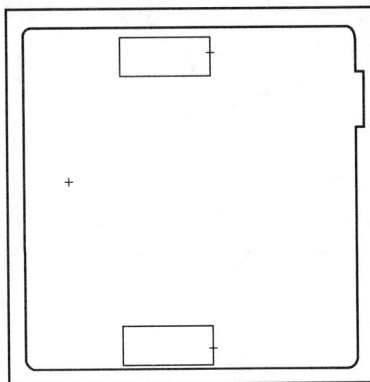

图 2-32　绘制的矩形

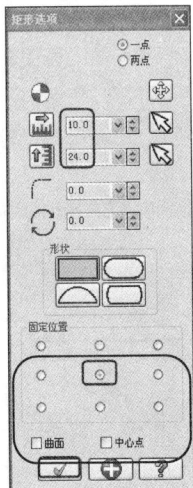

图 2-33　设置矩形选项参数

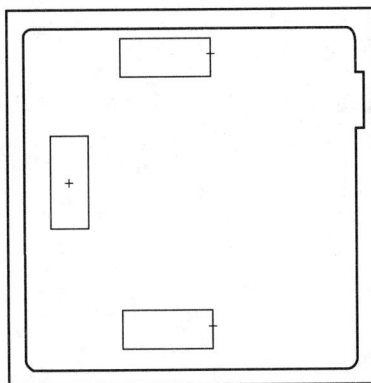

图 2-34　绘制的矩形

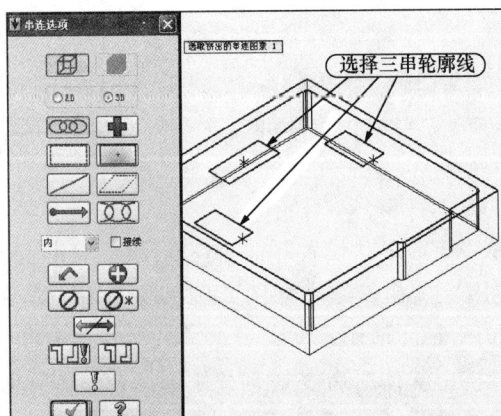

图 2-35　选择轮廓线

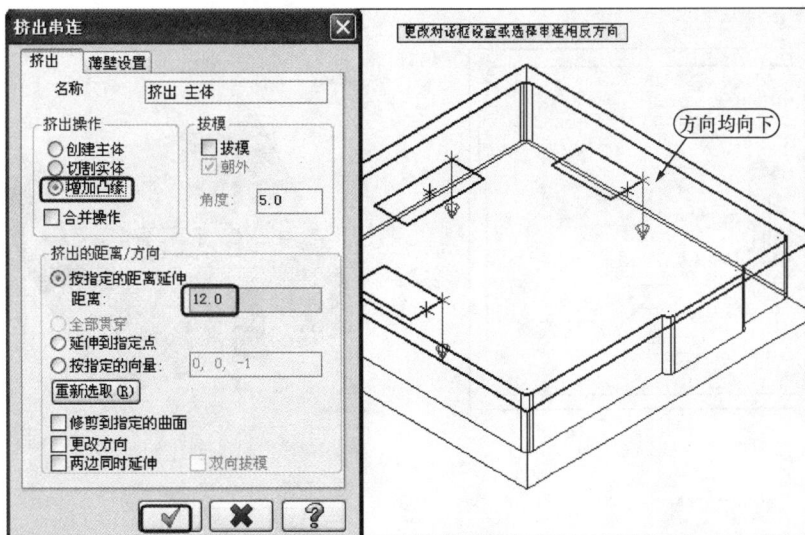

图 2-36　设置挤出参数

（4）切割矩形凸台

1）绘制切割的矩形轮廓线。将屏幕视角设为"俯视图"，选择"矩形形状设置"命令 ⬚，绘制两个 18×4 的矩形和一个 24×4 的矩形，结果如图 2-38 所示。

2）切割矩形凸台。利用"挤出实体"命令 ⬚ 切割矩形凸台。切割深度为 11，结果如图 2-39 所示。

图 2-37　挤出的实体

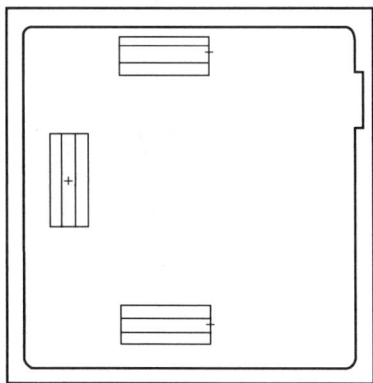

图 2-38　绘制矩形轮廓线

图 2-39　切割矩形凸台

（5）创建矩形小凸台

1）设置构图深度 Z。将绘图平面及屏幕视角均设为"俯视图"，"2D"状态，构图深度 Z 设为 -9，按 Alt＋S 组合键，使实体线架显示。

2）创建矩形小凸台。用同样的方法，先绘制点（30，4，-9）和（0，-17，-9），然后绘制 6×19 和 16×6 的矩形，圆角半径 R1.5，结果如图 2-40 所示，最后完成 6mm 凸台实体的创建，结果如图 2-41 所示。

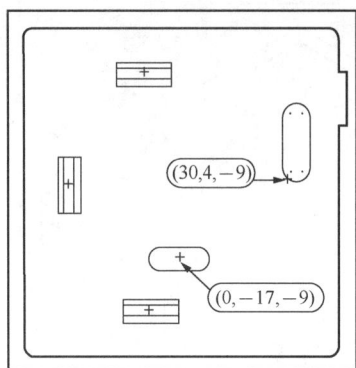

图 2-40　绘制矩形轮廓线

图 2-41　创建矩形小凸台

（6）切割矩形小凸台

绘制矩形轮廓线切割小凸台。用同样的方法绘制 6×4 的矩形，生成深度为 6mm 的切割槽，结果如图 2-42 所示。

（7）创建实体层

在以上的建模过程中，由于实体与轮廓线在同一层，不便于后续的操作管理，必须分层管理。先选中实体，右击"层别"按钮（图 2-43），打开"更改层别"对话框，选中"移动"单选按钮，单击"选择"按钮（图 2-44），打开"层别"对

图 2-42　切割矩形小凸台

话框，设置实体层（图 2-45），完成实体层的创建。再次单击"层别"按钮，打开"层别管理"对话框（图 2-46），查看实体层，关闭实体层，结果如图 2-47 所示。

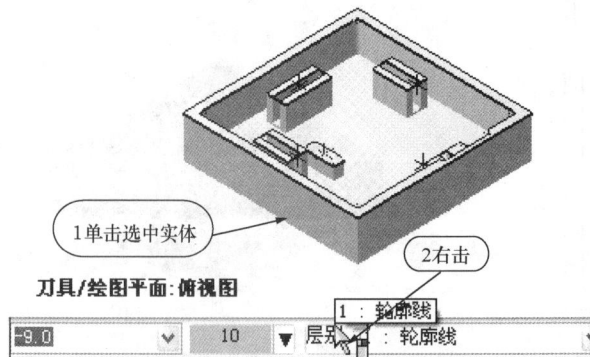

图 2-43　选择层别

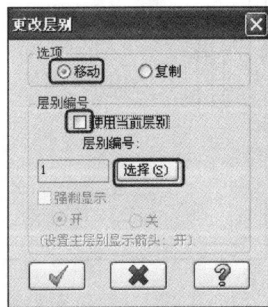

图 2-44　"更改层别"对话框

（8）创建辅助点层

在上面建模过程中，创建了一些辅助点，为避免与后面钻孔用的点混淆，使用同样的方法，创建辅助点层 2，并关闭第 2 层，结果如图 2-48 所示。

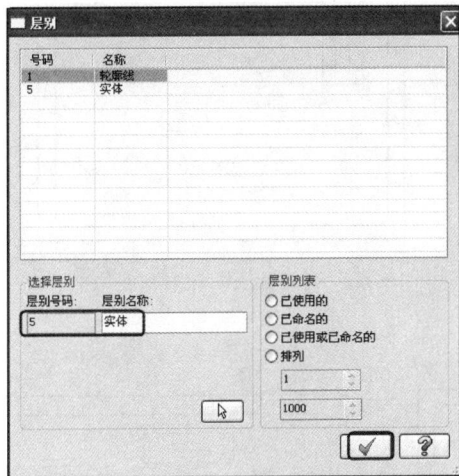

图 2-45　设置实体层

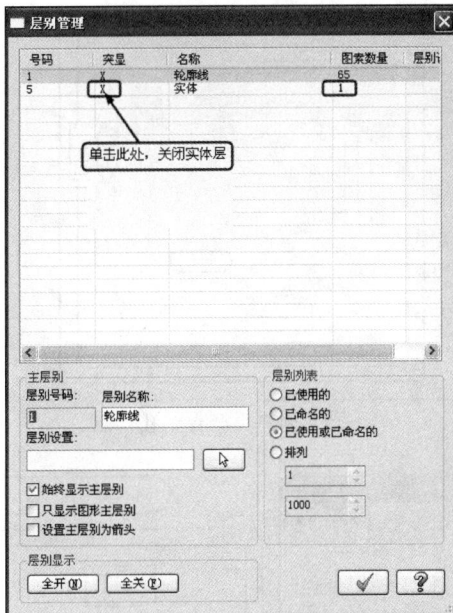

图 2-46　查看、关闭实体层

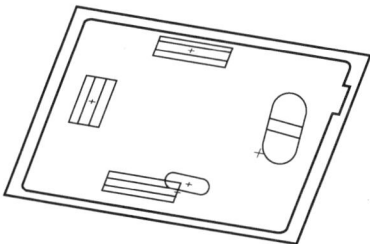

图 2-47　关闭实体层

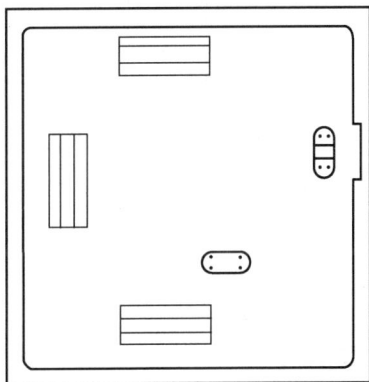

图 2-48　关闭辅助点层

（9）创建小凸台钻孔用点

由于孔加工的精度只与刀具和位置有关，与绘制孔的形状无关，所以只要绘制孔的坐标点即可。小凸台上点的坐标分别是（-2.5，-17，-9）、（2.5，-17，-9）、（34，8，-9）和（34，19，-9），结果如图 2-49 所示。

（10）创建基本实体面钻孔用点

将构图深度 Z 设为 0，创建基本实体面上的点，由于孔呈对称结构分布，所以只需绘制部分点，其坐标分别是（-43，43，0）、（-39，43，0）、（0，43，0）、（0，-43，0）、（-43，39，0）、（-43，30，0）和（-43，-6，0），结果如图 2-50 所示。利用"镜像"命令 ，复制其他的点。先选择矩形框内的点，结束选择，选择"镜像"命令，打开"镜像选项"对话框，选中"复制"单选按钮，关于 X 轴对称（图 2-51），单击"应用"按钮。用同样的方法，选择左边所有的点，关于 Y 轴对称，完成其他点的镜像，结果如图 2-52 所示。

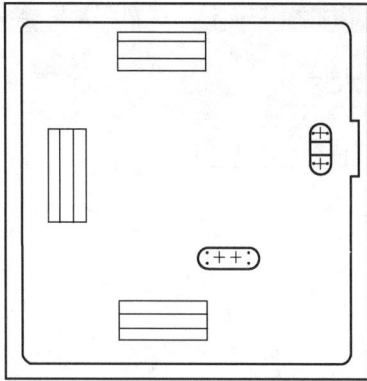

图 2-49　创建小凸台钻孔用点

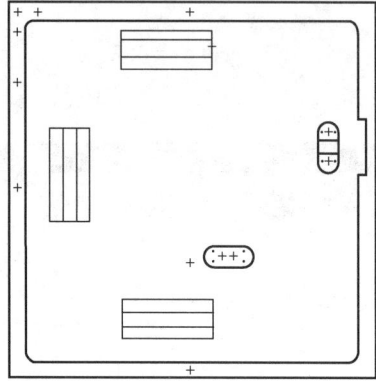

图 2-50　创建基本实体面钻孔用部分点

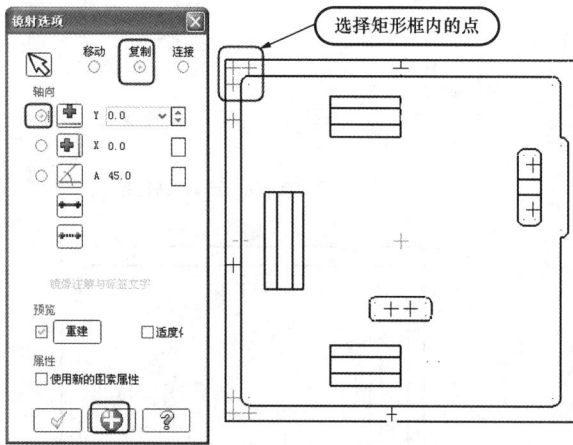

图 2-51　创建关于 X 轴镜像的点

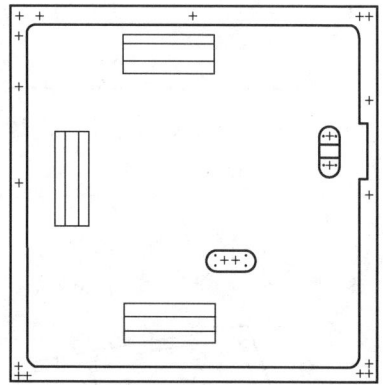

图 2-52　创建基本实体面钻孔用点

（11）切割凹槽

1）绘制切割的矩形轮廓线。选择"矩形形状设置"命令 ，绘制两个 2×4 的矩形和三个 4×2 的矩形，定位尺寸见零件图，结果如图 2-53 所示。

2）切割矩形凸台。打开实体层 5，利用"挤出实体"命令 切割矩形凸台。切割深度为 2，结果如图 2-54 所示。

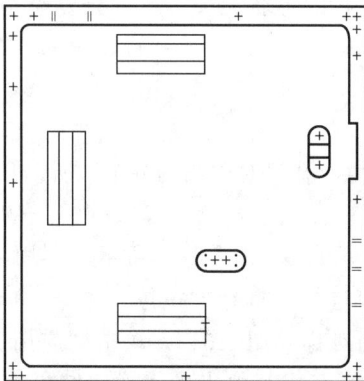

图 2-53　绘制矩形

图 2-54　切割矩形槽

任务 2.2　光通信壳体的 CAM 编程

本任务针对数控铣型腔的内容进一步细化，主要内容及参数见表 2-6 和表 2-7。

表 2-6　数控铣型腔包含的工步内容

1. 铣平面	2. 挖槽加工	3. 挖槽残料加工
4. 铣外形	5. 铣凸台凹槽	6. 铣嵌线槽
7. 点钻	8. 钻 $\phi2.5mm$ 孔	9. 钻 $\phi1.6mm$ 孔
10. 攻螺纹		

表 2-7   具体工步的参数清单

工步	工步内容	刀号	刀具规格	主轴转速 /(r/min)	进给速度 /(mm/min)
1	铣基准面	T1	φ150mm 面铣刀	1500	600
2	挖槽加工	T2	φ12mm 平底刀	2000	1600
3	挖槽残料加工	T3	φ4mm 平底刀	2000	1600
4	铣外形	T3	φ4mm 平底刀	3500	1400
5	铣凸台凹槽	T3	φ4mm 平底刀	2000	1600
6	铣嵌线槽	T4	φ2mm 平底刀	3500	700
7	点钻	T5	φ5mm 点钻	2000	200
8	钻 φ2.5mm 孔	T6	φ2.5mm 麻花钻	3500	700
9	钻 φ1.6mm 孔	T7	φ1.6mm 麻花钻	4500	450
10	攻螺纹	T8	M2 丝锥	800	320

操作过程

1. 铣基准面

1）选择机床。选择"机床类型/铣床/默认"命令。

2）设置毛坯。在"刀具路径操作管理器"对话框的"刀具路径"选项卡中选择"属性/素材设置"选项（图 2-55），打开的"机器群组属性"对话框，单击"边界盒"按钮（图 2-56），在打开的"边界盒选项"对话框中设置相关参数（图 2-57），单击"确定"按钮，结果如图 2-58 所示。确认，完成毛坯的设置。

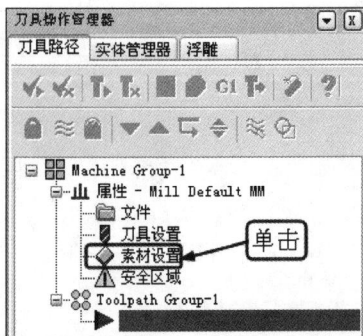

图 2-55   单击素材设置   图 2-56   选择边界盒

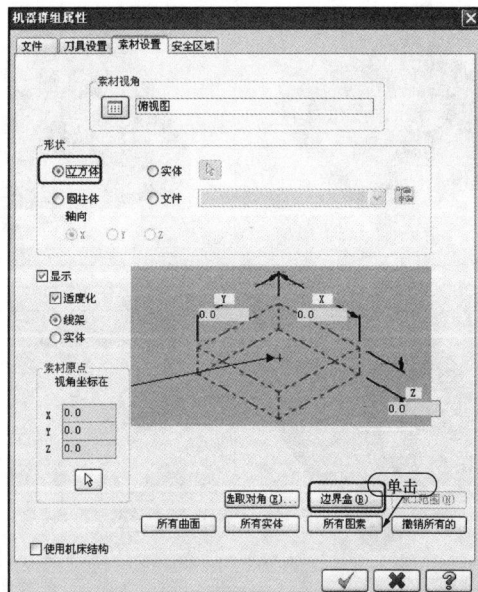

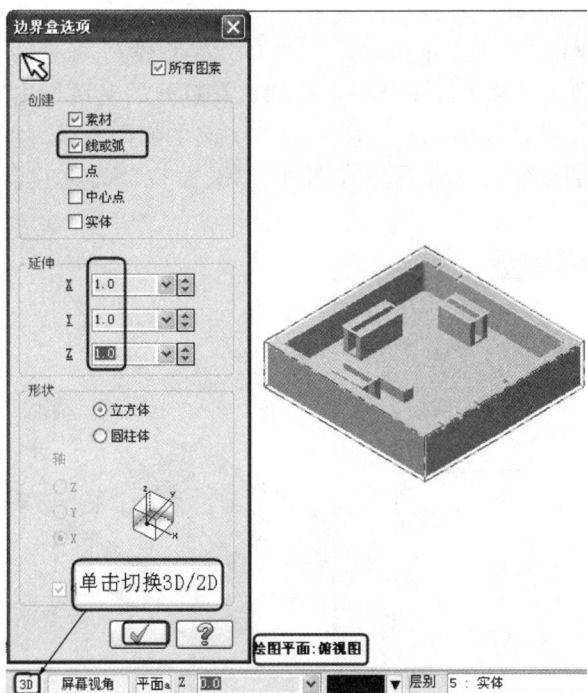

图 2-57　设置边界盒选项

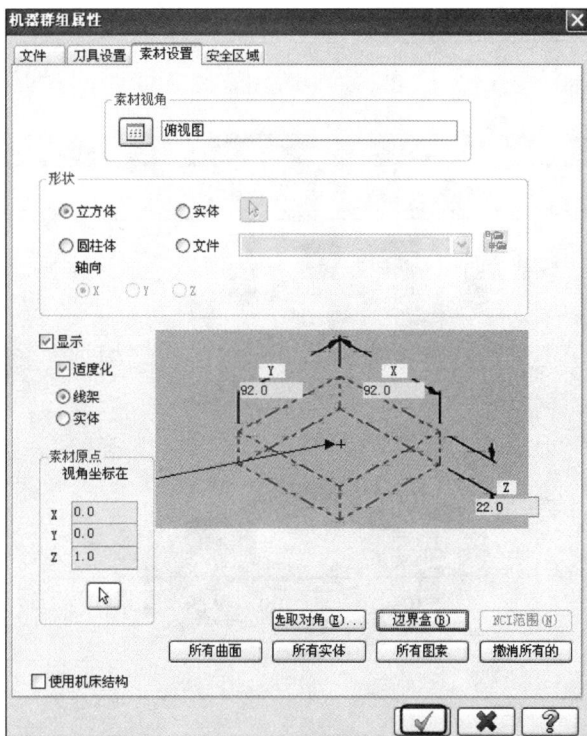

图 2-58　设置好的边界盒

3）选择"平面铣"刀路。选择"刀具路径/平面铣"命令，确认 NC 名称，选择串连四条边（图 2-59），单击"确定"按钮，打开"2D 刀具路径-平面铣削"对话框（图 2-60），选择"刀具"选项，单击"从刀库中选择"按钮，在打开的对话框中选择 ϕ150mm 面铣刀（图 2-61），双击选中，修改刀补（图 2-62），设置刀具的切削参数（图 2-63），设置切削参数（图 2-64），设置共同参数（图 2-65），完成"平面铣"刀路设置，刀路仿真结果如图 2-66所示。

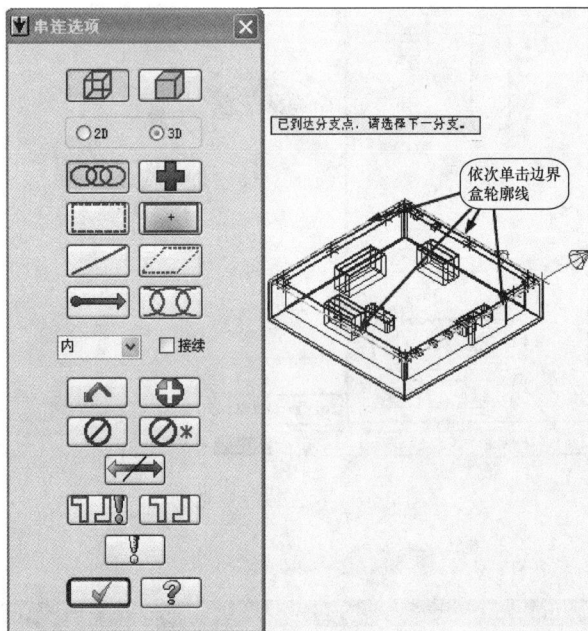

图 2-59　串连轮廓线

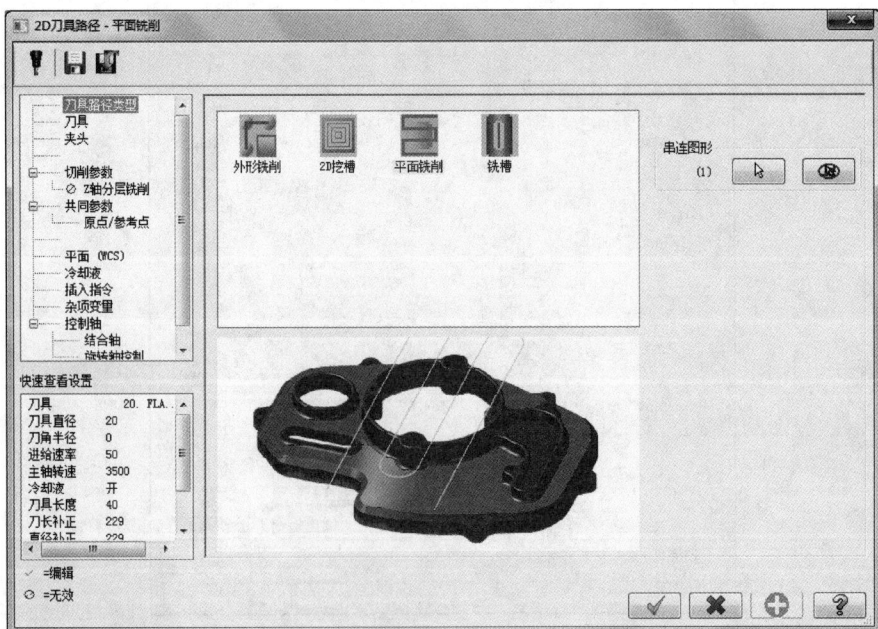

图 2-60　"2D 刀具路径-平面铣削"对话框

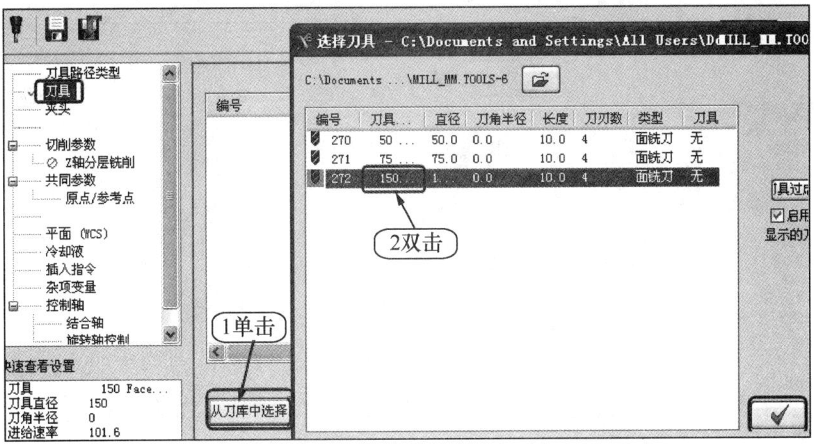

图 2-61　选择刀具

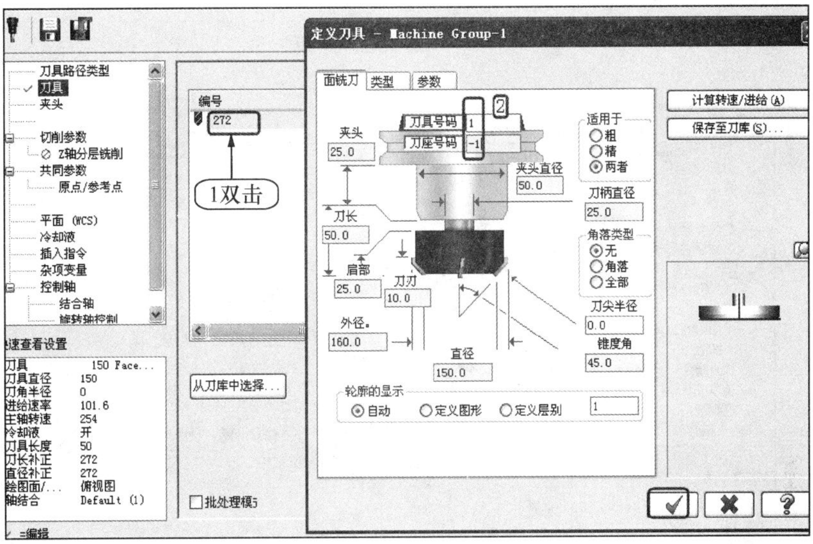

图 2-62　修改刀补

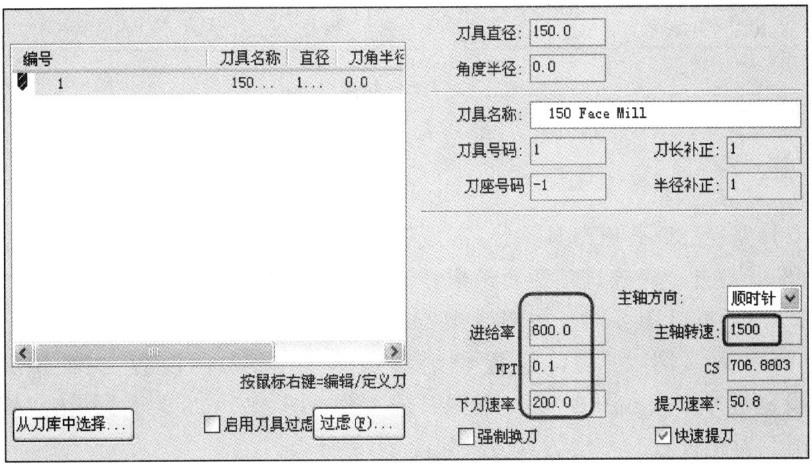

图 2-63　设置刀具切削参数

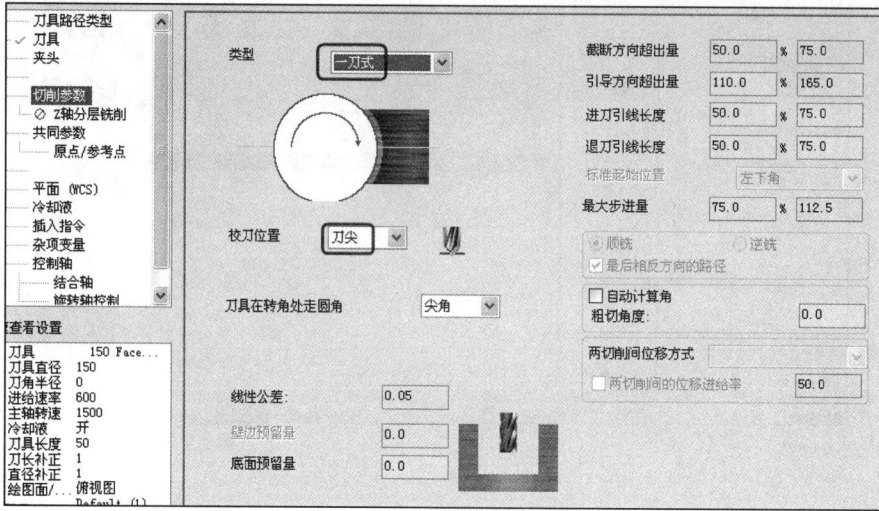

图 2-64　设置切削参数

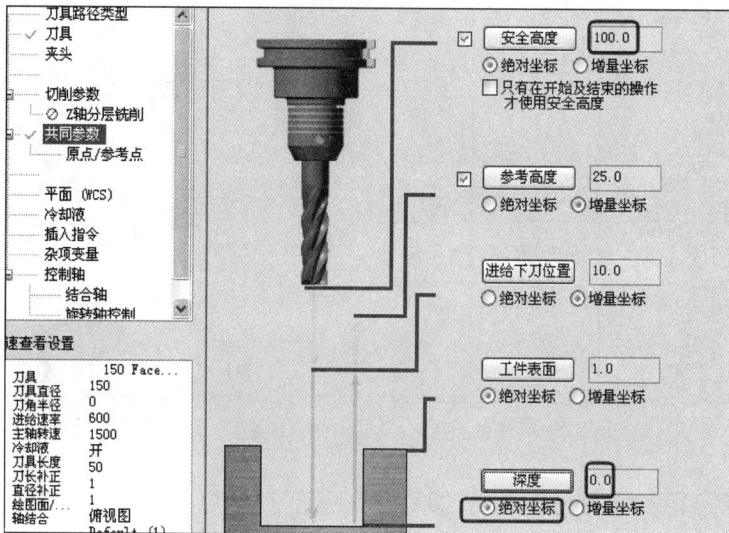

图 2-65　设置共同参数

2. 挖槽加工

选择"刀具路径/2D 高速刀具路径/区域铣削刀具路径"命令（图 2-67），选择 6 串轮廓线（图 2-68），打开"串连选项"对话框，设置相关选项（图 2-69），在"2D 高速刀具路径-区域铣削"对话框（图 2-70）中选择 ϕ12mm 平底刀（图 2-71），设置刀具号（图 2-72），设置刀具切削参数（图 2-73），设置切削参数（图 2-74），设置 Z 轴分层铣削参数（图 2-75），设置进刀方式（图 2-76），设置共同参数（图 2-77），设置冷却液（图 2-78），完成"区域铣削"刀路设置。刀路仿真结果如图 2-79 所示。

图 2-66　刀路仿真结果

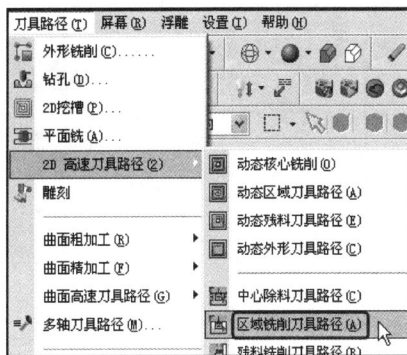

图 2-67　选择区域铣削刀路

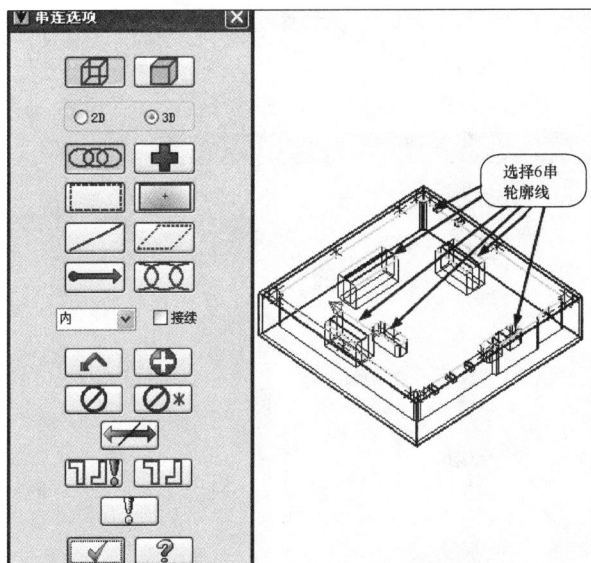

图 2-68　选择 6 串轮廓线

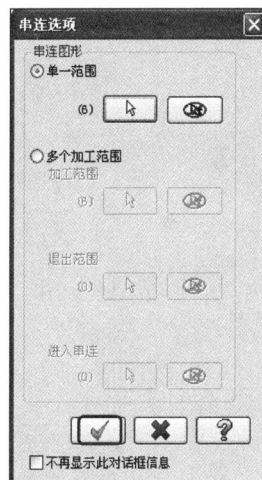

图 2-69　"串连选项"对话框

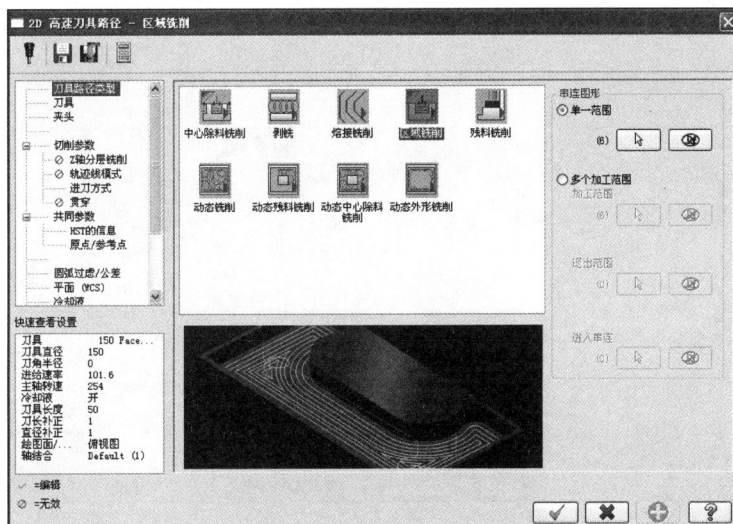

图 2-70　"2D 高速刀具路径-区域铣削"对话框

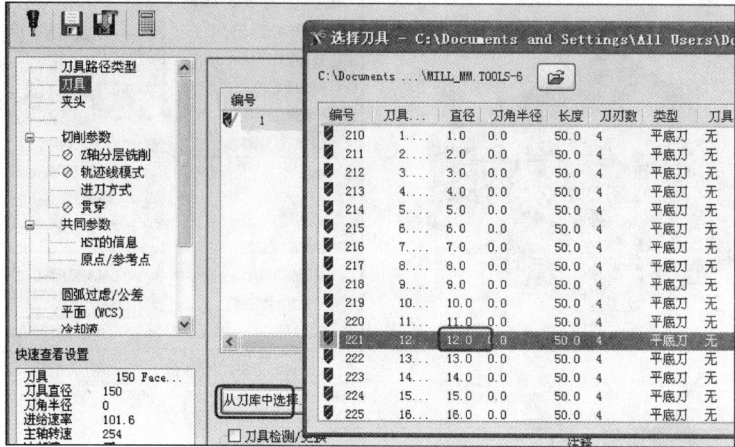

图 2-71　选择刀具

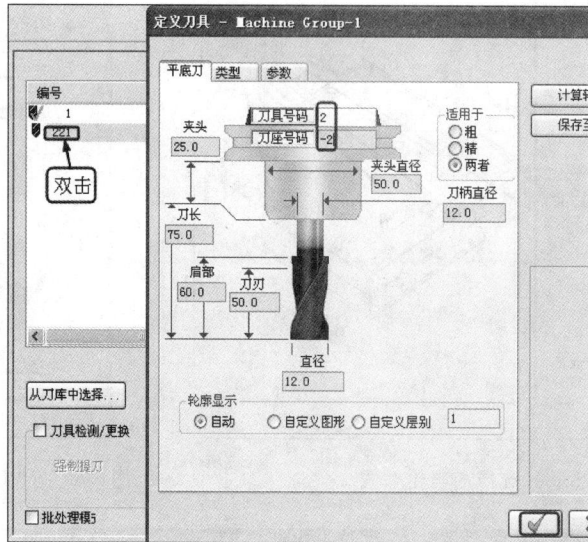

图 2-72　设置刀具号

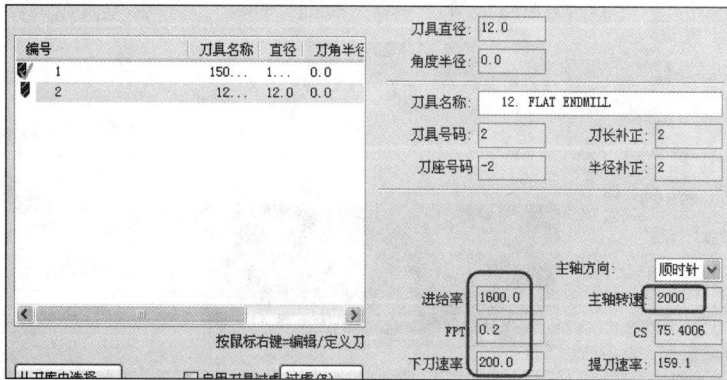

图 2-73　设置刀具切削参数

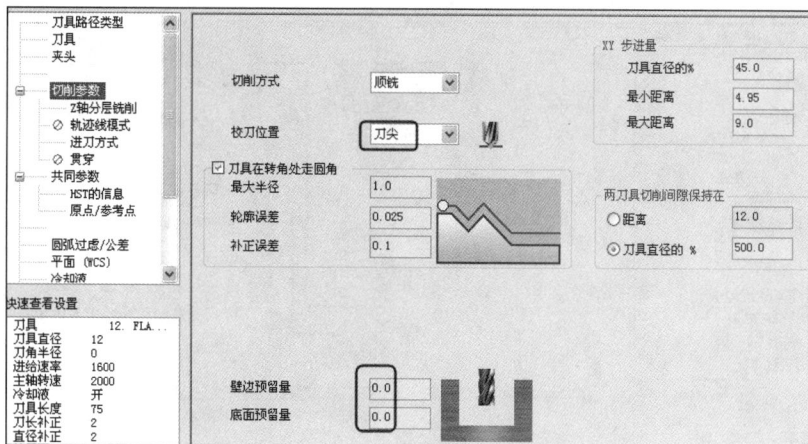

图 2-74　设置切削参数

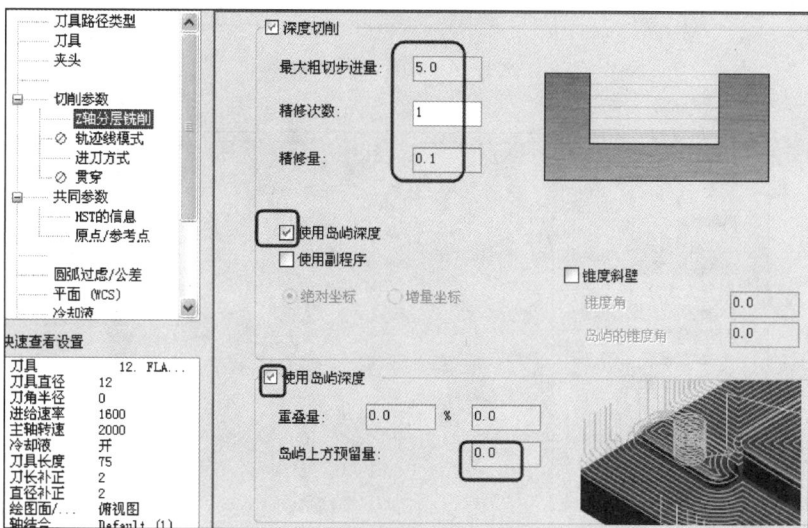

图 2-75　设置 Z 轴分层铣削参数

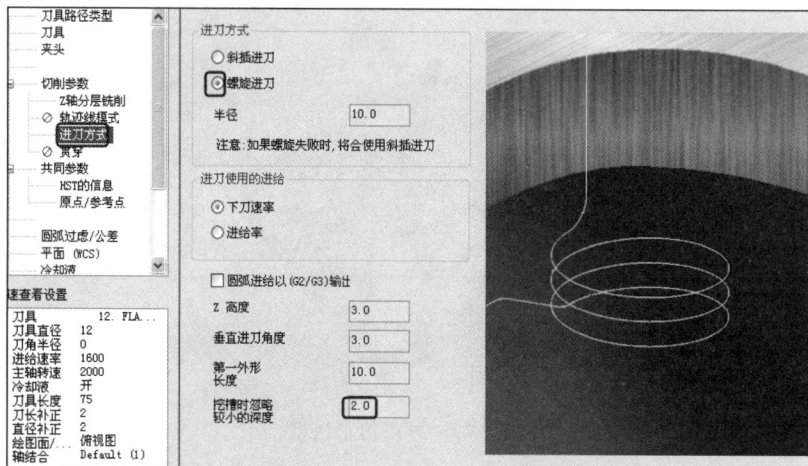

图 2-76　设置进刀方式

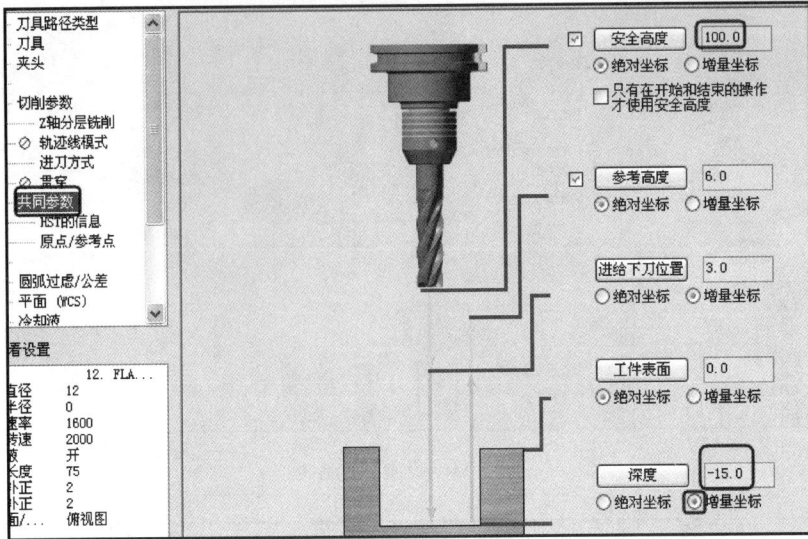

图 2-77　设置共同参数

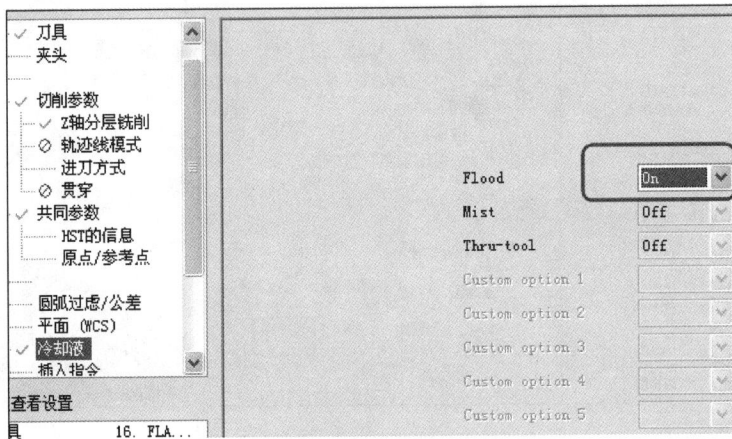

图 2-78　设置冷却液

图 2-79　刀路仿真结果

3. 挖槽残料加工

大刀具加工完毕后会发现部分凸台没有完全分开，必须用小刀具再加工，但又不想让小刀具重复已经切削完成的区域，这时就要选择残料加工刀路。

1）在"刀具操作管理器"对话框中选择刀路 2，右击，在弹出的快捷菜单中选择"复制"命令（图 2-80），在刀路红色箭头空白处右击，在弹出的快捷菜单中选择"粘贴"命令（图 2-81），完成刀路的复制，双击刀路 3 的"参数"选项（图 2-82）。打开"区域铣削"对话框，选择"动态残料铣削"选项（图 2-83），选择 ϕ4mm 平底刀，设置刀具切削参数（图 2-84），设置切削参数（图 2-85），设置 Z 轴分层铣削参数（图 2-86），设置进刀方式（图 2-87），设置剩余残料（图 2-88），重新计算刀路（图 2-89），完成刀路的设置。

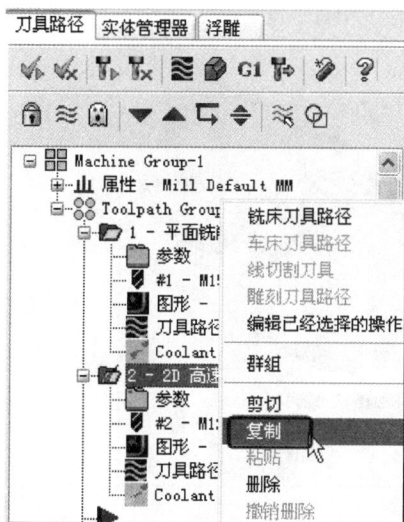

图 2-80　复制刀路

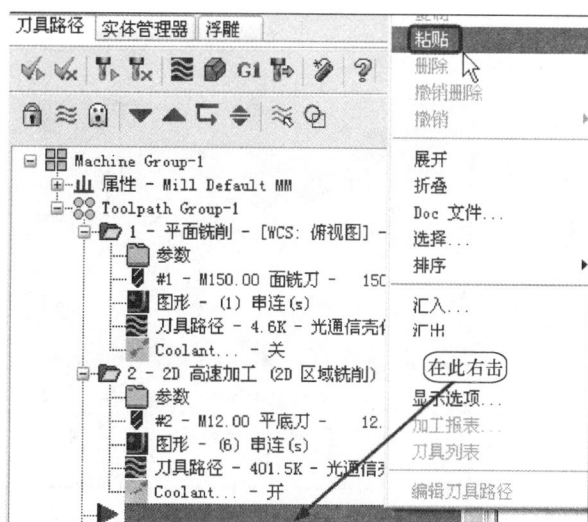

图 2-81　粘贴刀路

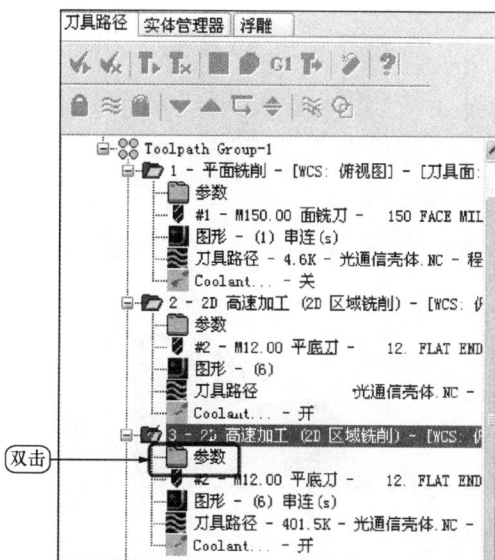

图 2-82　修改参数

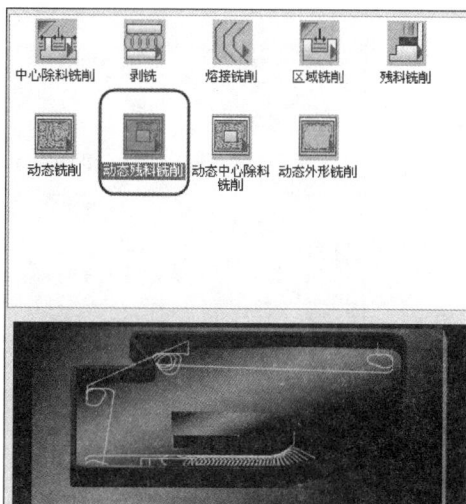

图 2-83　选择动态残料铣削刀路

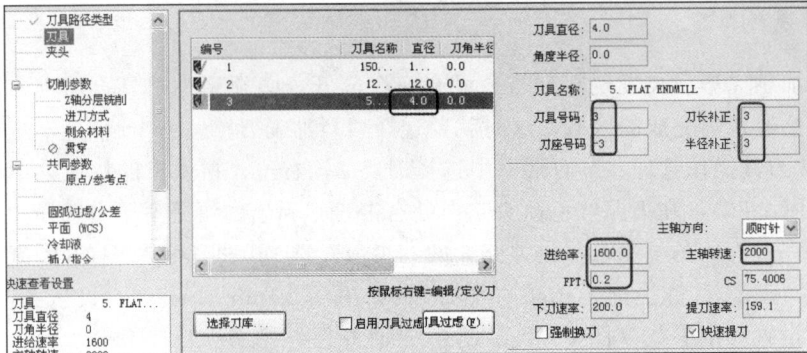

图 2-84　设置刀具切削参数

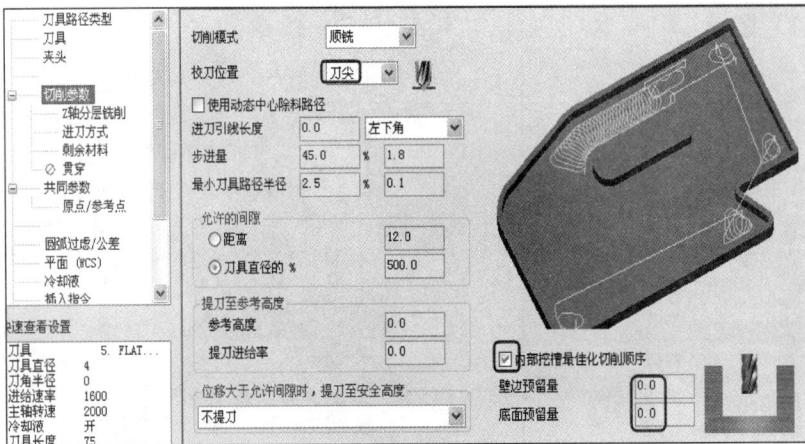

图 2-85　设置切削参数

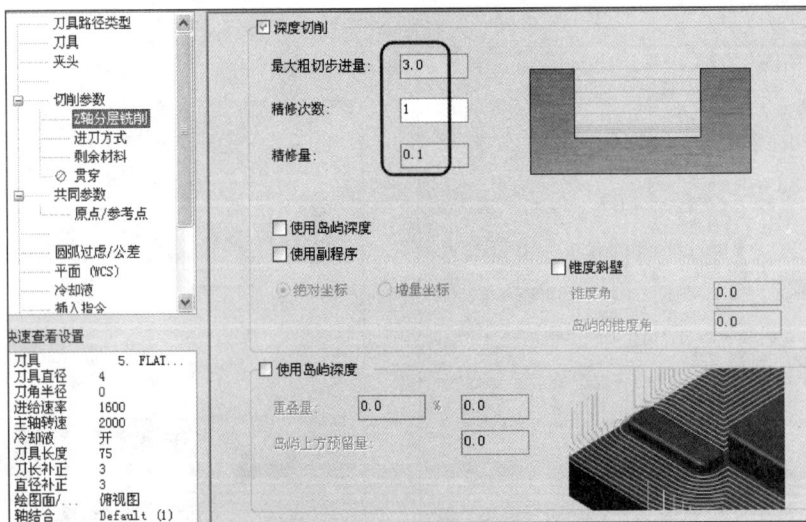

图 2-86　设置 Z 轴分层铣削参数

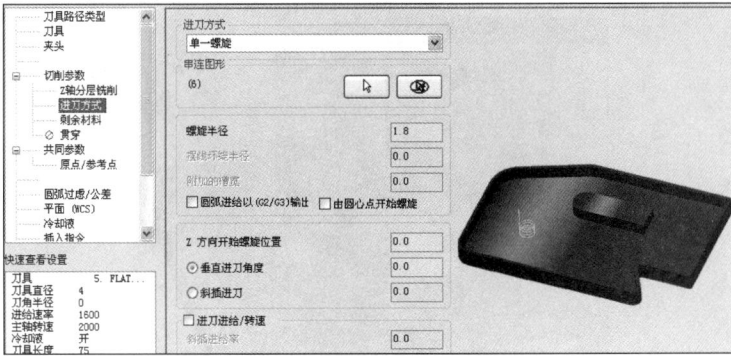

图 2-87 设置进刀方式

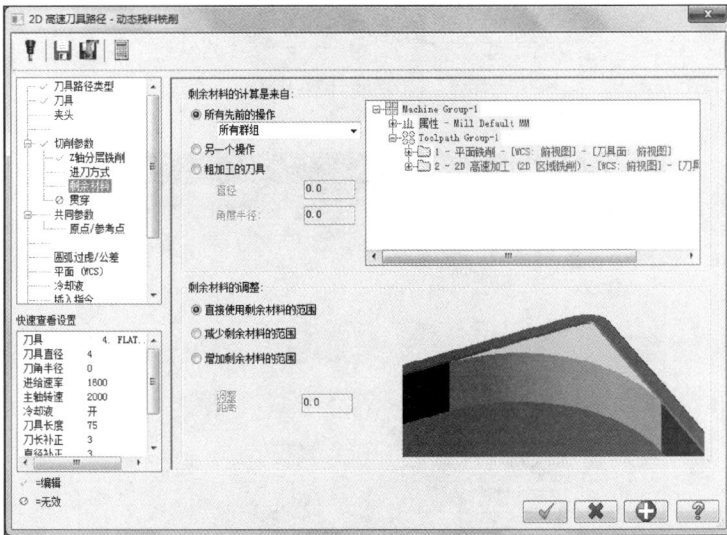

图 2-88 设置剩余材料

2）刀路仿真。为较真实地显示残料加工的刀路，先将前面两个刀路的仿真结果保留为
STL，然后选择残料铣削刀路仿真。具体操作过程如图 2-90～图 2-96 所示。

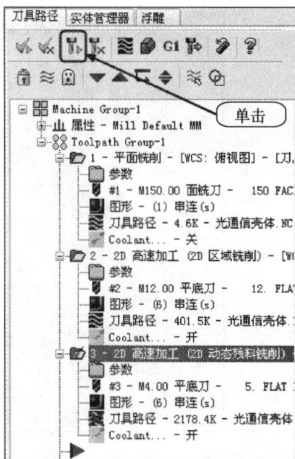

图 2-89 重新计算刀路

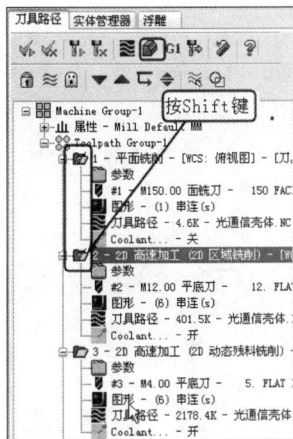

图 2-90 选择两刀路

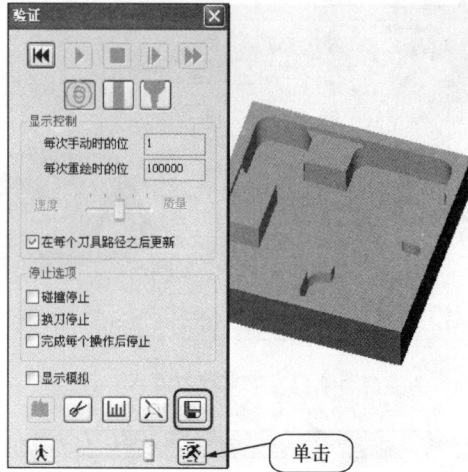

图 2-91　重新计算刀路

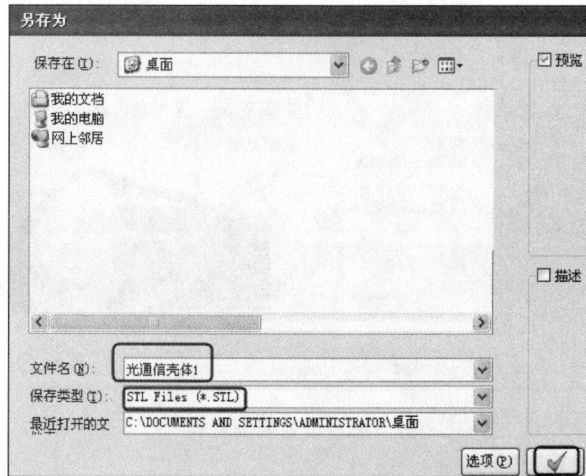

图 2-92　保存为 STL 文档

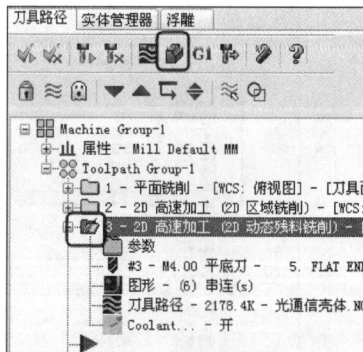

图 2-93　重新计算刀路

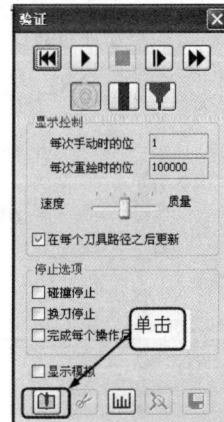

图 2-94　仿真结果

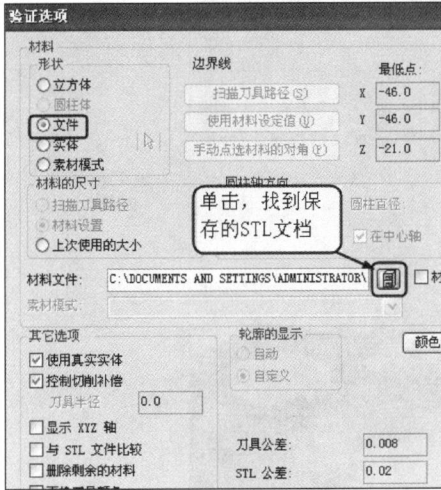

图 2-95　选择文件

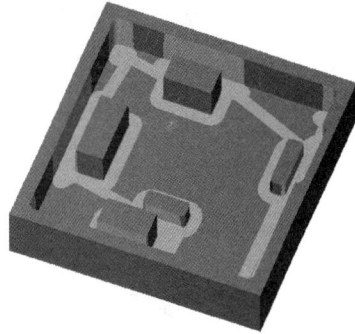

图 2-96　仿真结果

4. 铣外形

在残料加工完毕，会发现壳体内壁边界的接刀印较多，可以选择"外形铣削"刀路去除。选择"刀具路径/外形铣削"命令，选择串连轮廓线（图 2-97）。打开"2D 刀具路径-外形铣削"对话框（图 2-98），继续选择 φ4mm 平底刀，重新设置刀具切削参数（图 2-99），设置切削参数（图 2-100），设置进/退刀参数（图 2-101），设置共同参数（图 2-102），设置冷却液（图 2-103），完成"外形铣削"刀路设置，刀路仿真结果如图 2-104 所示。

图 2-97　选择轮廓线

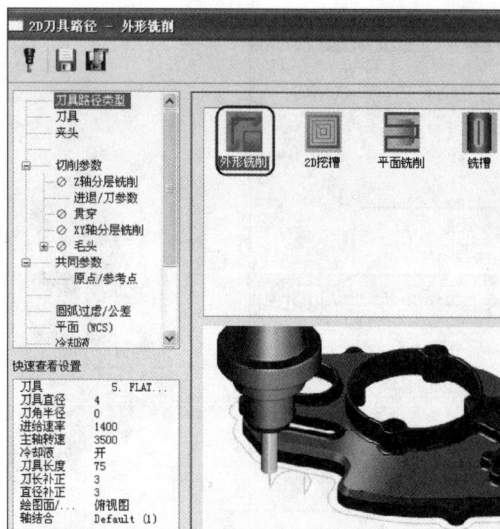

图 2-98　"2D 刀具路径-外形铣削"对话框

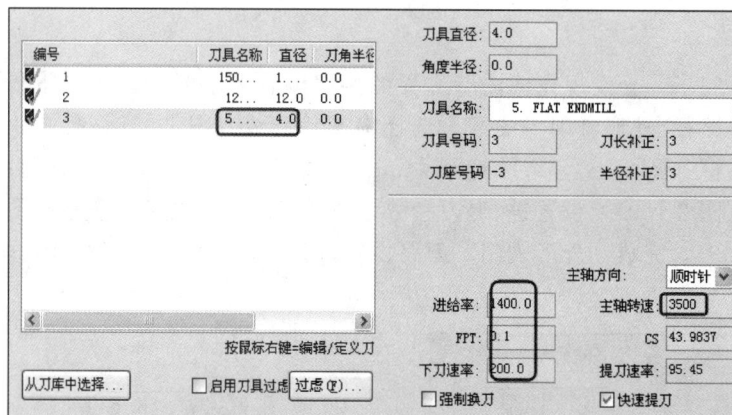

图 2-99　设置刀具切削参数

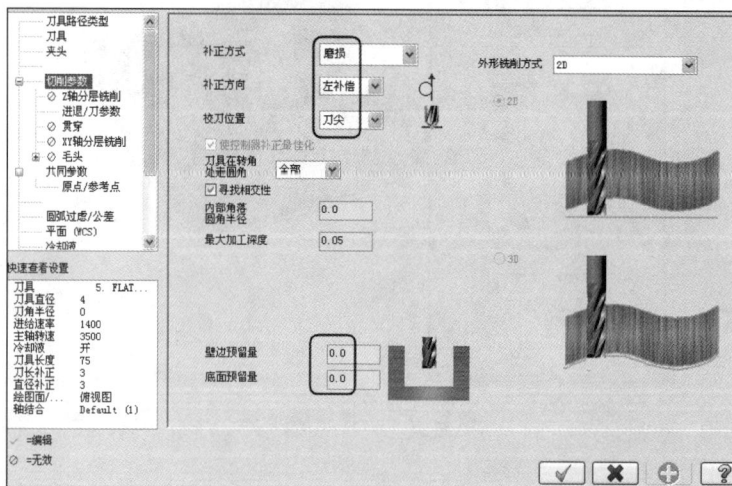

图 2-100　设置切削参数

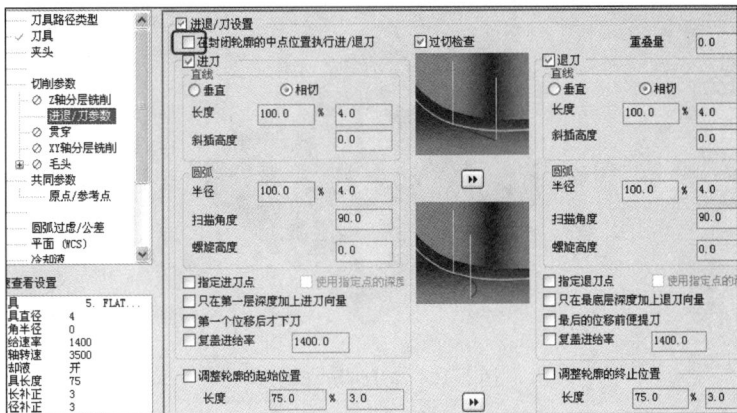

图 2-101　设置进/退刀参数

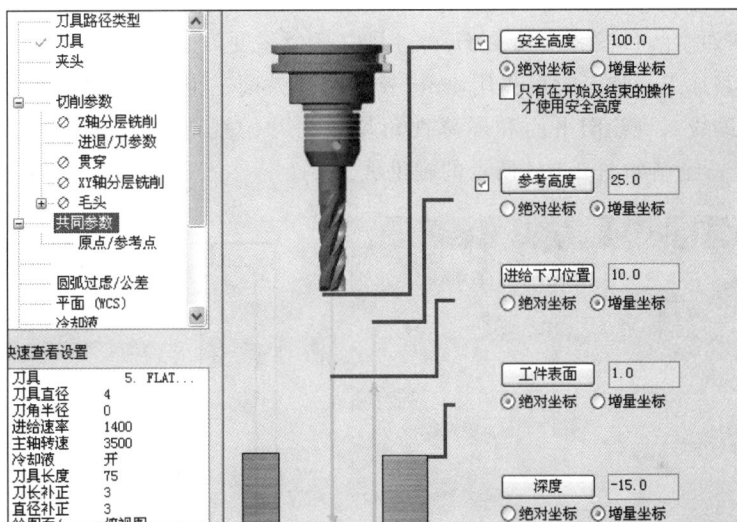

图 2-102　设置共同参数

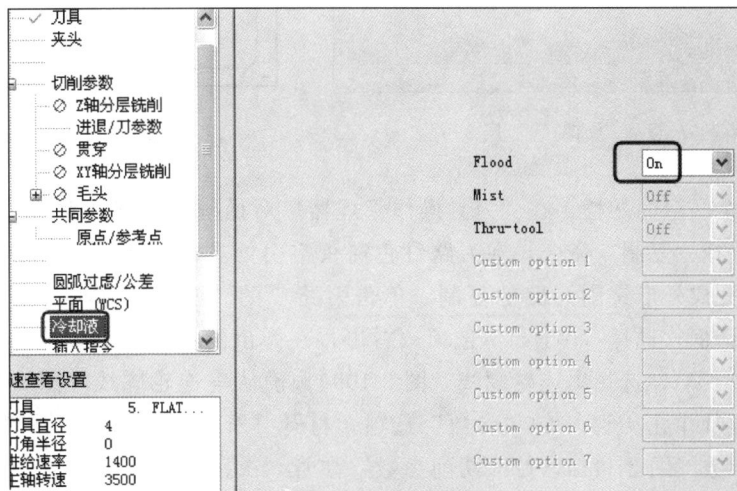

图 2-103　设置冷却液

图 2-104　刀路仿真结果

5. 铣凸台凹槽

由于壳体内四个凸台槽宽度均为 4mm，其中三个深度为 11mm，一个为 6mm。可采用"外形铣削"刀路加工，加工时可先用 4mm 铣刀直接铣削三个槽，再铣削另一个槽。

1）绘制辅助线。将绘图平面和屏幕视角均设为"俯视图"，当前图层设为"辅助线"层 3（图 2-105），绘制如图 2-106 所示的辅助线。

图 2-105　设置"辅助线"层

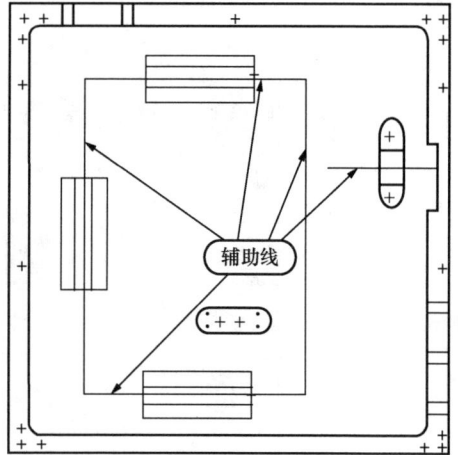

图 2-106　绘制辅助线

2）铣削三个凸台的凹槽。在"刀具操作管理器"对话框中选择刀路 4，右击，在弹出的快捷菜单中选择"复制"命令，在刀路红色箭头空白处右击，在弹出的快捷菜单中选择"粘贴"命令，完成外形铣削刀路的复制，单击刀路 5 的"图形"选项（图 2-107），打开"串连管理"对话框，选择"串连 1"选项，右击，在弹出的快捷菜单中选择"全部重新串连"命令（图 2-108），选择串连轮廓线（图 2-109），确认串连轮廓线（图 2-110），完成轮廓线的替换。再次单击刀路 5 的"参数"选项，打开"2D 刀具路径-外形铣削"对话框，修改刀具切削参数（图 2-111），修改切削参数，注意"关闭"补正方式（图 2-112），设置 Z 轴分层铣削参数（图 2-113），设置进/退刀参数（图 2-114），设置共同参数（图 2-115），完成刀路的修改，重新计算刀路，刀路仿真结果如图 2-116 所示。

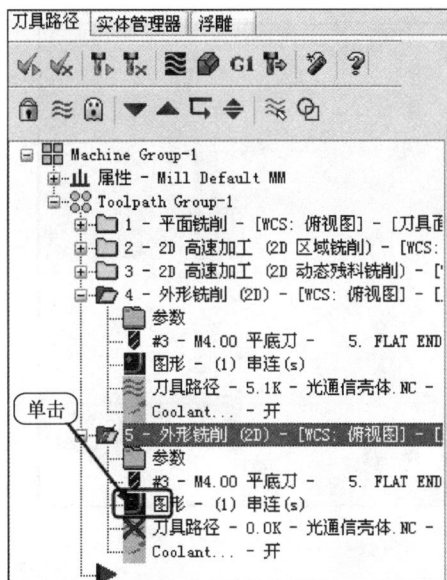

图 2-107　单击图形

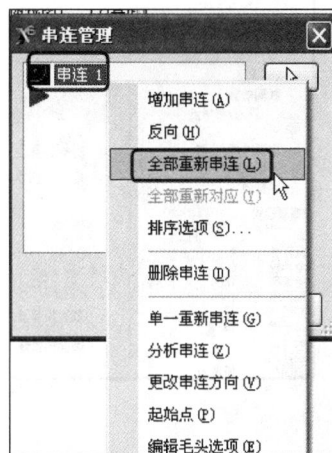

图 2-108　重新串连轮廓线

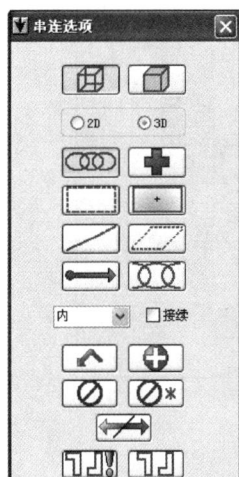

图 2-109　串连轮廓线

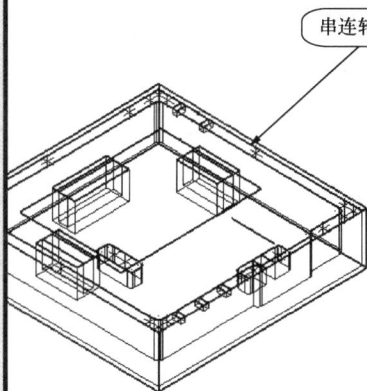

图 2-110　确认串连轮廓线

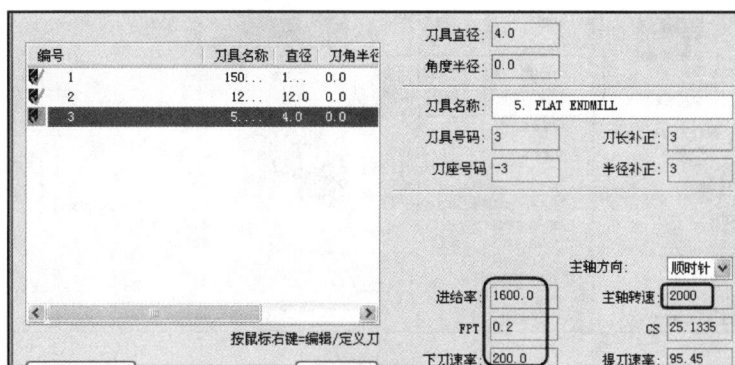

图 2-111　修改刀具切削参数

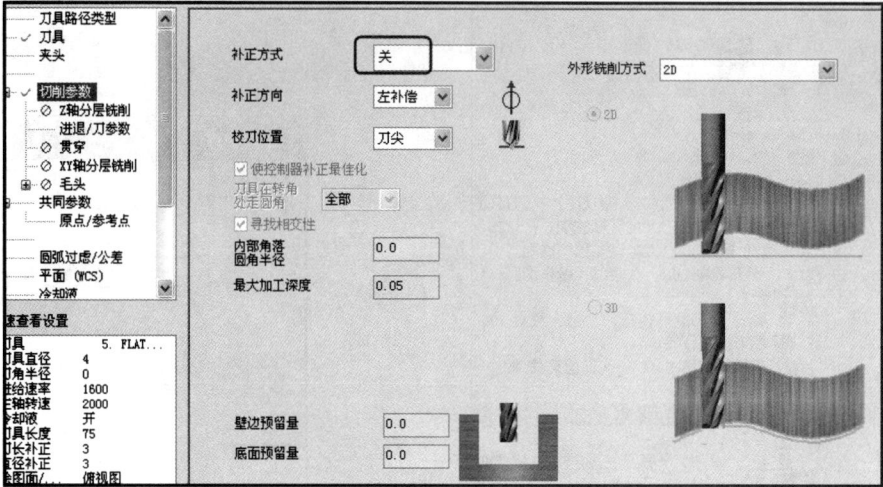

图 2-112　修改切削参数

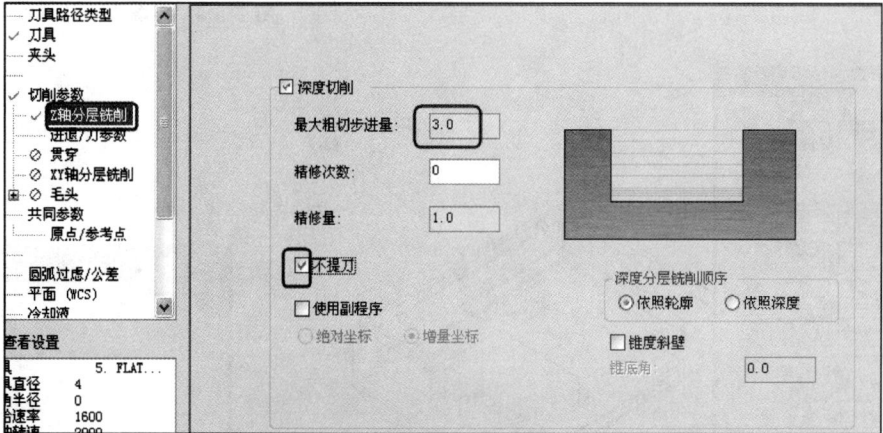

图 2-113　设置 Z 轴分层铣削参数

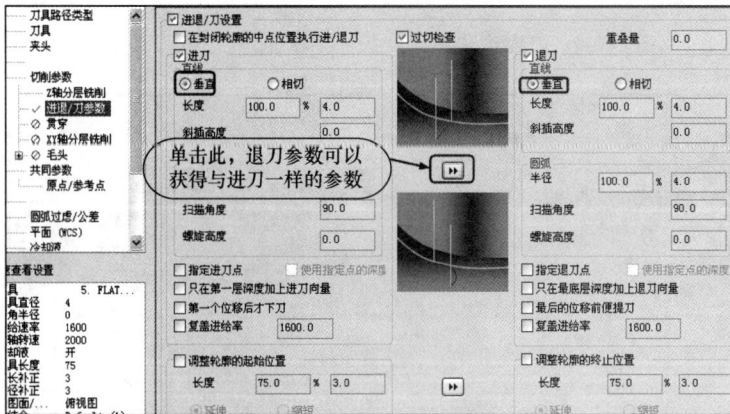

图 2-114　设置进/退刀参数

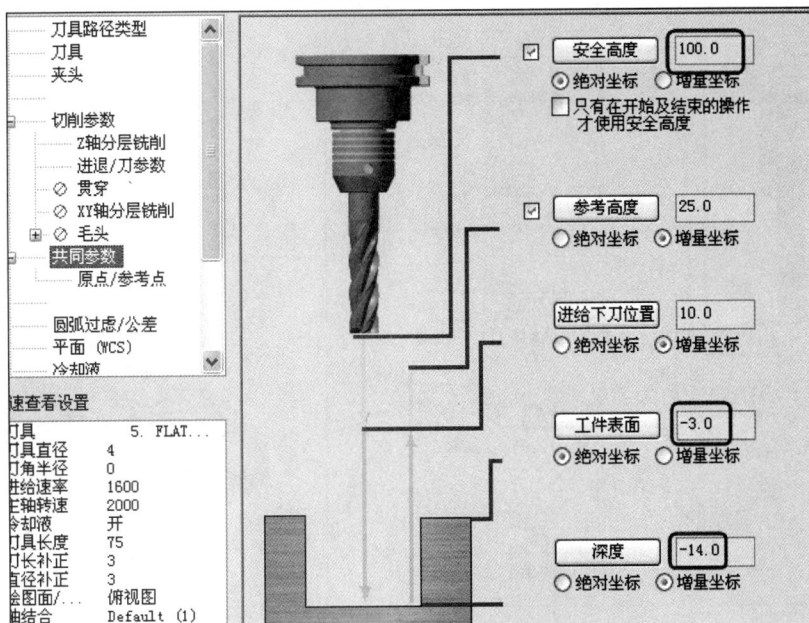

图 2-115 设置共同参数

3）铣削一个凸台的凹槽。只需复制上面的刀路，选择单线，修改 Z 轴分层铣削参数（图 2-117），修改共同参数（图 2-118），仿真结果如图 2-119 所示。

图 2-116 刀路仿真结果

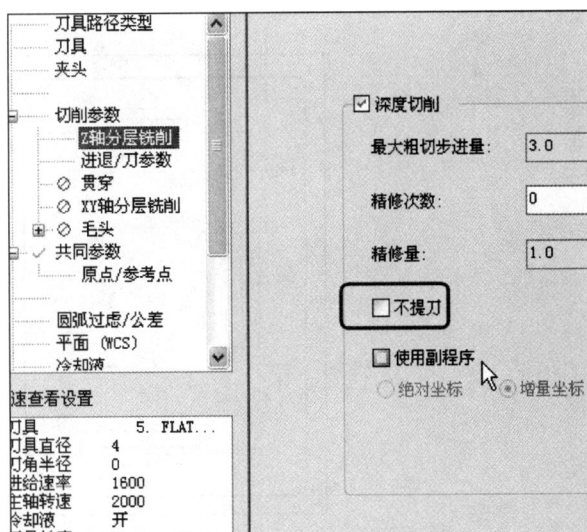

图 2-117 修改 Z 轴分层铣削参数

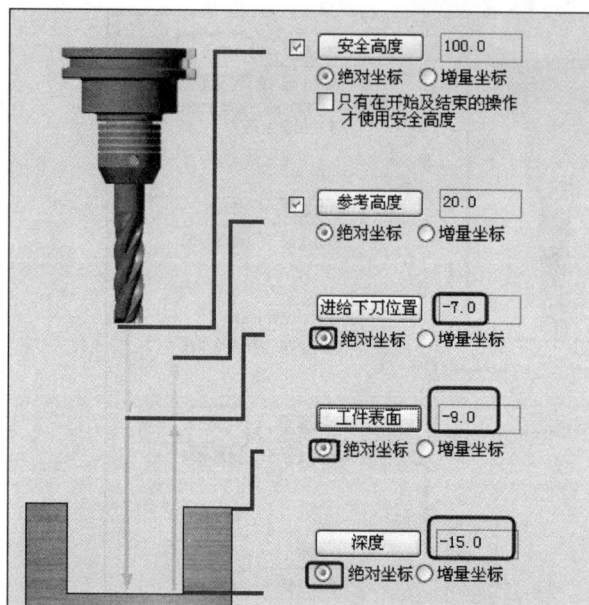

图 2-118　修改共同参数

图 2-119　刀路仿真结果

6. 铣嵌线槽

1）绘制辅助线。将屏幕视角和绘图平面均设为"俯视图"，绘制如图 2-120 所示的辅助线。

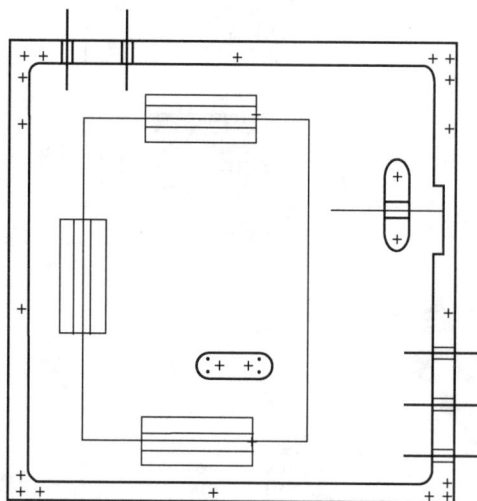

图 2-120　绘制辅助线

2）铣嵌线槽。在"刀具操作管理器"对话框中复制刀路 6，修改轮廓线为刚刚绘制的 5 条轮廓线，选择 ϕ2mm 平底刀，设置其切削参数（图 2-121），修改 Z 轴分层铣削参数（图 2-122），修改共同参数（图 2-123），完成刀路的修改，重新计算刀路，刀路仿真结果如图 2-124 所示。

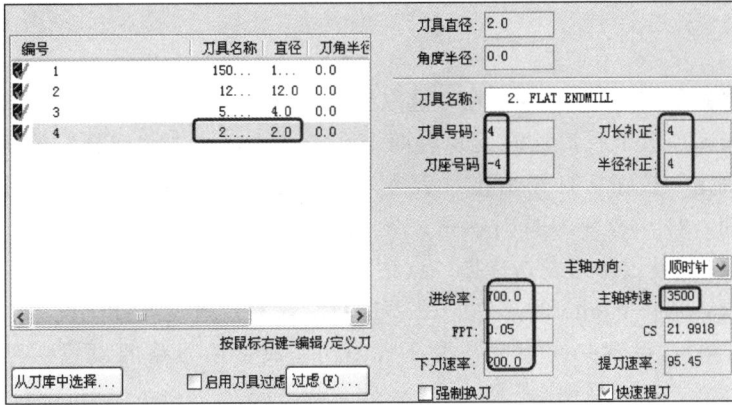

图 2-121　设置刀具切削参数

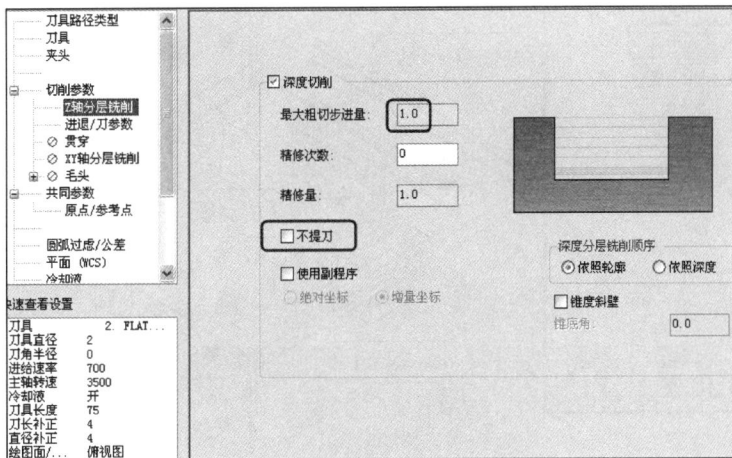

图 2-122　修改 Z 轴分层铣削参数

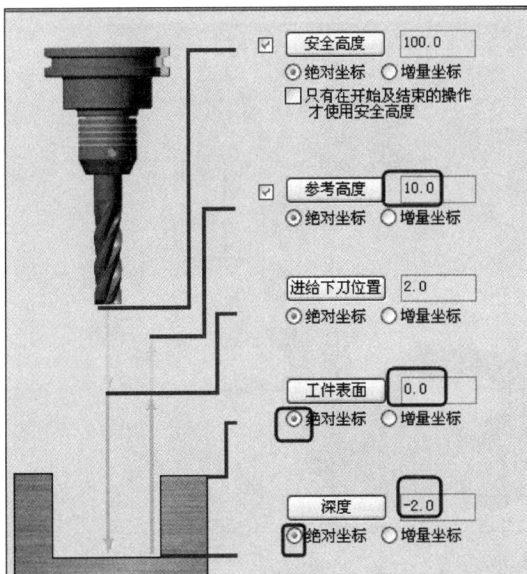

图 2-123　修改共同参数

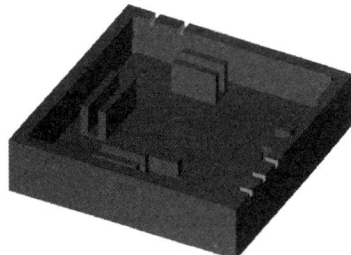

图 2-124　刀路仿真结果

7. 点钻

选择"刀具路径/钻孔"命令，在"选取钻孔的点"对话框中，单击"自动"按钮，按照图 2-125 步骤选择三个孔，这时发现有两个孔未选中，单击"选择"按钮，选择剩余两个孔，单击"确定"按钮，打开钻孔对话框（图 2-126），选择"刀具"选项，单击"从刀库中选择"按钮，打开选择刀具对话框，发现没有所需的刀具，单击"刀具过滤"按钮（图 2-127），打开刀具过滤列表，选择"点钻"选项（图 2-128），单击"确定"按钮，返回选择工具对话框，选择 ϕ5mm 的点钻（图 2-129），双击，修改刀补，设置点钻及其切削参数设置（图 2-130），设置共同参数（图 2-131），完成点钻刀路的设置，刀路仿真结果如图 2-132所示。

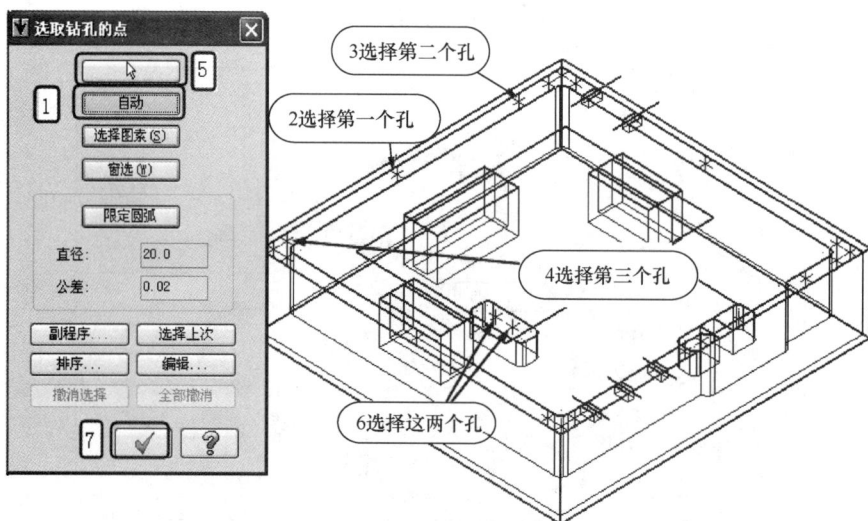

图 2-125　选择孔的位置

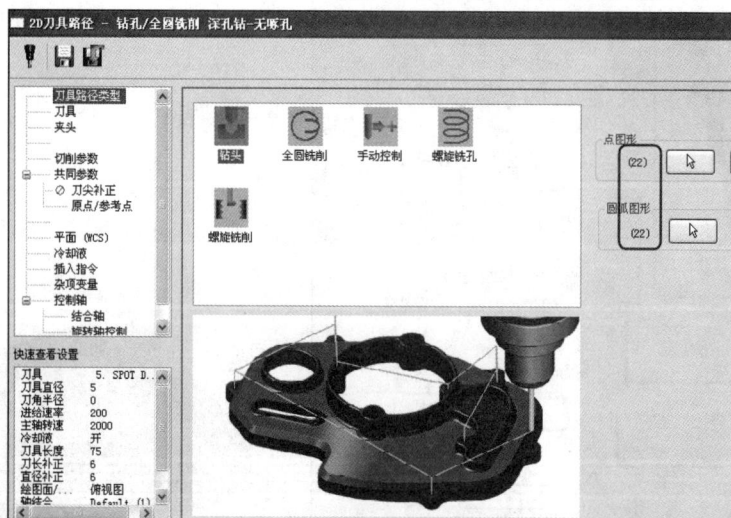

图 2-126　钻孔对话框

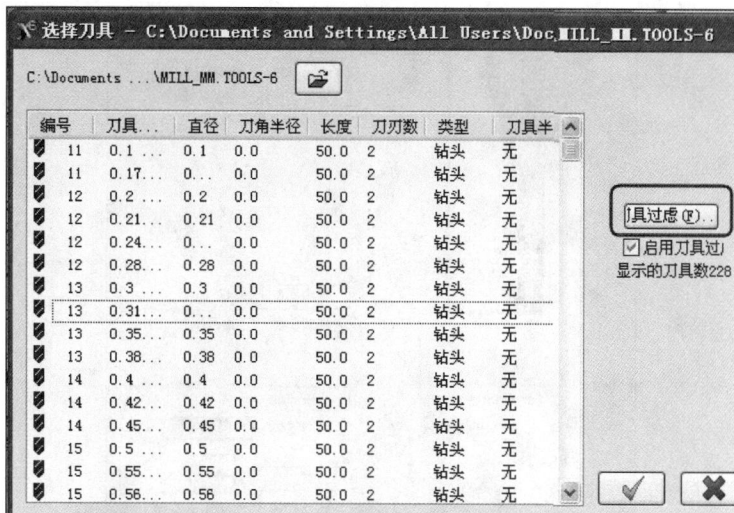

图 2-127　选择刀具对话框

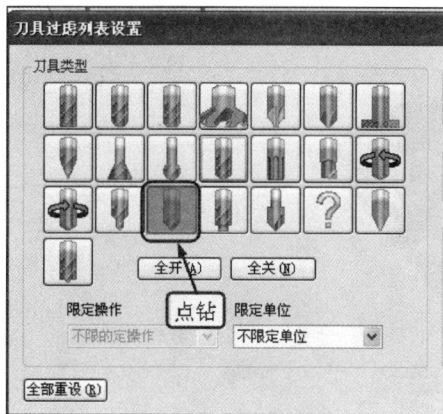

图 2-128　选择点钻

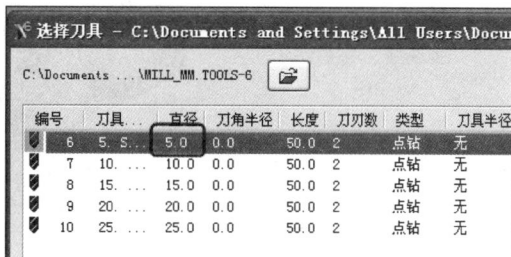

图 2-129　选择 ϕ5mm 点钻

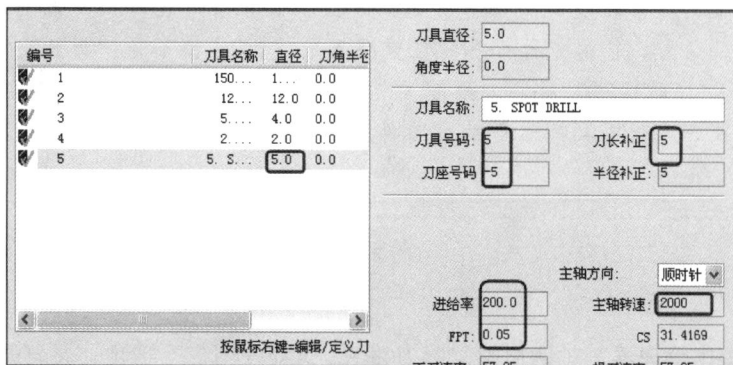

图 2-130　设置点钻及其切削参数

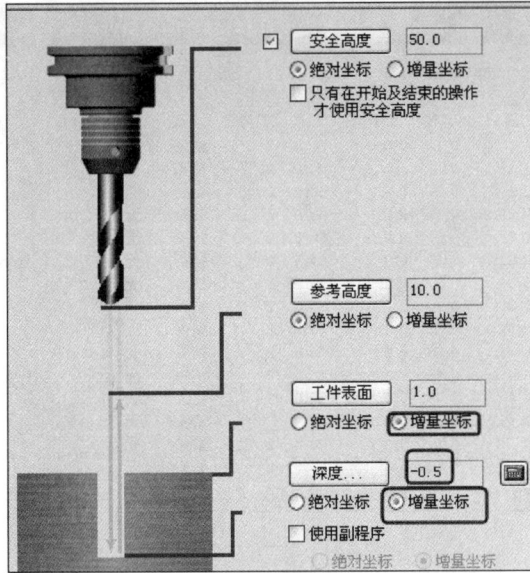

图 2-131　设置共同参数

图 2-132　刀路仿真结果

技能小秘密

1. 在钻孔时，如果需要钻孔的个数较少时，一般采用手动选择的方法，逐个地选。但如果需要钻孔的数量较多，采用手动选择方法会很麻烦，这时一般采用"自动"选择的方法选择孔的位置，前提是选择孔的位置必须是"点"，而不是"圆弧"。

2. 在选择"自动钻孔"时，如果需要钻的孔大小、深度一致，但不在同一个平面，要想一次钻出来，在设置共同参数的"工件表面"和"钻孔深度"参数时必须选中"增量坐标"选项。

8. 钻 ϕ2.5mm 孔

在"刀具操作管理器"对话框中复制刀路 8，选择"图形"选项，在打开的"钻孔点管理器"对话框中选择删除不需要的点，单击"确定"按钮。选择 ϕ2.5mm 的麻花钻，设置其切削参数（图 2-133），修改切削参数（图 2-134），修改共同参数（图 2-135），设置刀尖补正（图 2-136），设置冷却液，确认，完成刀路的修改，重新计算刀路，刀路仿真结果如图 2-137 所示。

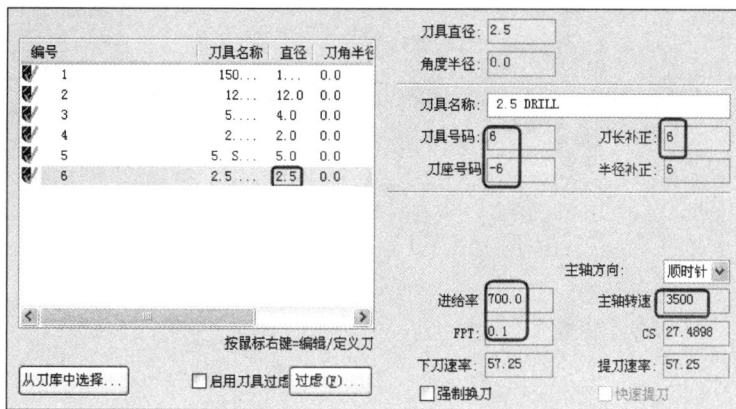

图 2-133　设置刀具切削参数

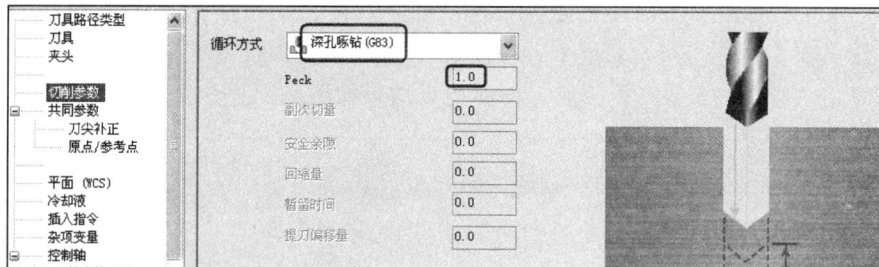

图 2-134　修改切削参数

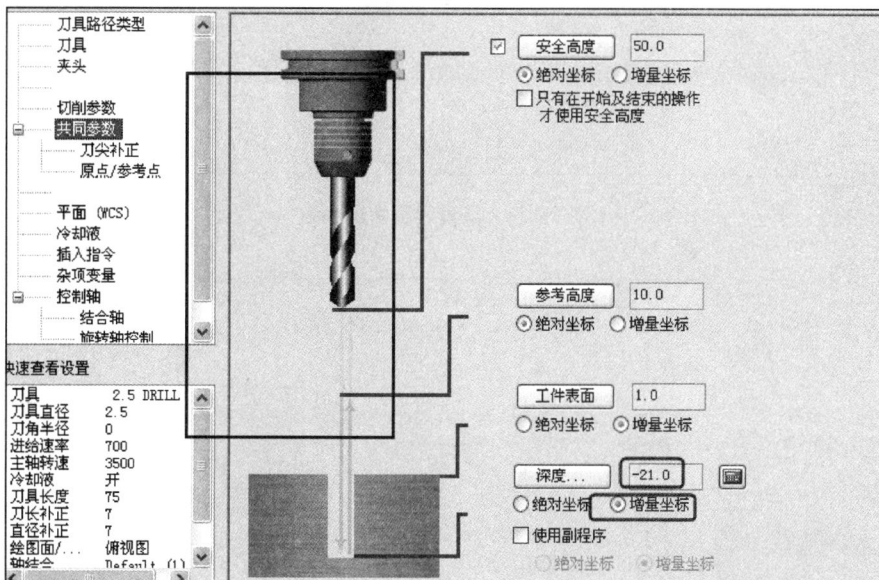

图 2-135　修改共同参数

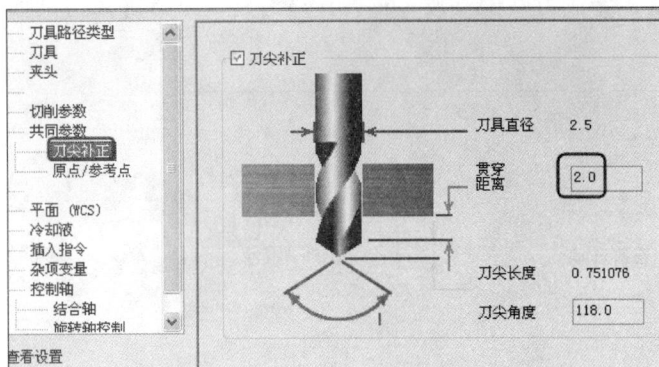

图 2-136　设置刀尖补正

图 2-137　仿真结果

9. 钻 ϕ1.6mm 的孔

在"刀具操作管理器"对话框中复制刀路 8，选择"图形"选项，在打开的"钻孔点管理器"对话框中选择删除不需要的点，单击"确定"按钮，选择 ϕ1.6mm 的麻花钻，设置其切削参数（图 2-138），修改切削参数（图 2-139），修改共同参数（图 2-140），设置冷却液，完成刀路的修改，重新计算刀路，刀路仿真结果如图 2-141 所示。

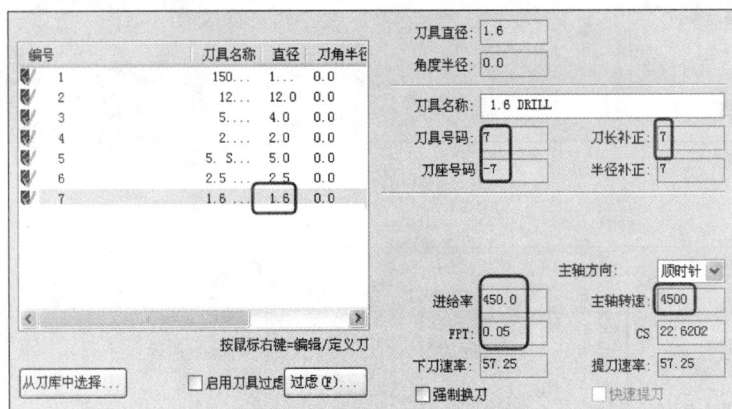

图 2-138　设置刀具切削参数

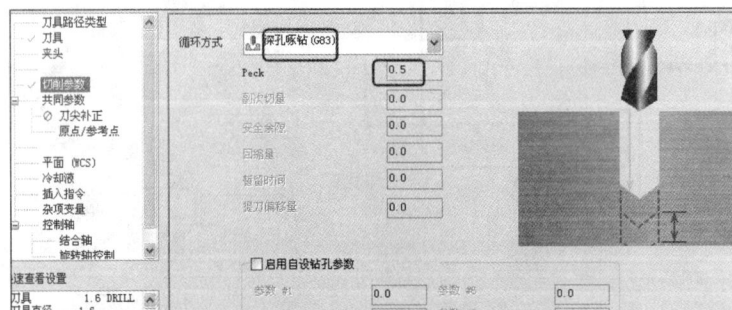

图 2-139　修改切削参数

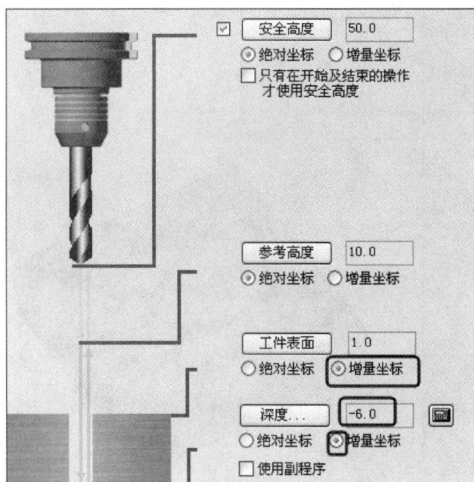

图 2-140　修改共同参数　　　　　　　　图 2-141　仿真结果

10. 攻螺纹

用同样的方法，复制刀路 10，选择 M2 丝锥，设置其切削参数（图 2-142），修改切削参数（图 2-143），修改共同参数（图 2-144），完成刀路的修改，重新计算刀路，刀路仿真结果如图 2-145 所示。

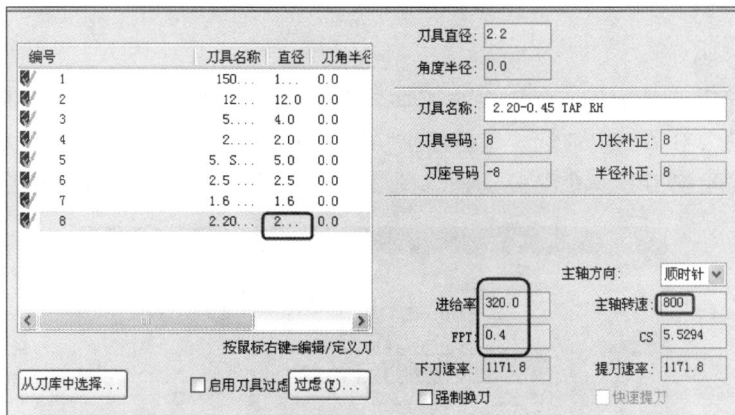

图 2-142　设置刀具切削参数

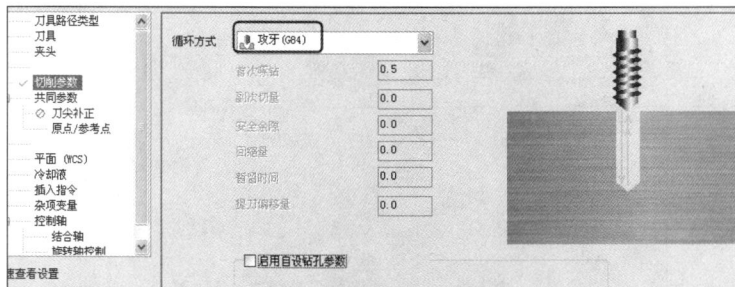

图 2-143　修改切削参数

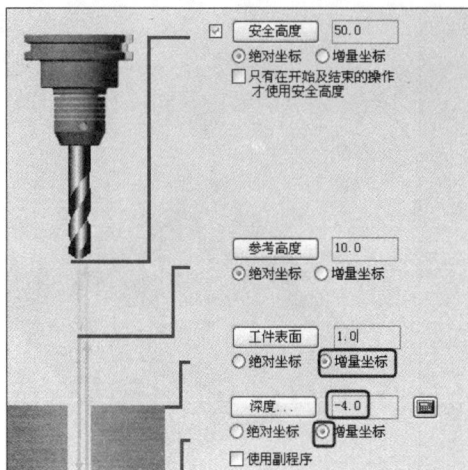

图 2-144　修改共同参数　　　　　　　　图 2-145　仿真结果

技能小秘密

在设置攻螺纹参数时，要注意：丝锥的进给速度＝丝锥的转速×螺距。

11. 刀路验证与后处理

（1）刀路验证

在"刀具操作管理"对话框中单击"选择所有操作"按钮 ，单击"验证"按钮 ，在弹出的"验证"对话框中勾选"碰撞停止"复选框，单击"选项"按钮，在"验证选项"对话框中勾选"更换刀具颜色"复选框（图 2-146），可看到不同刀具的加工状态，仿真结

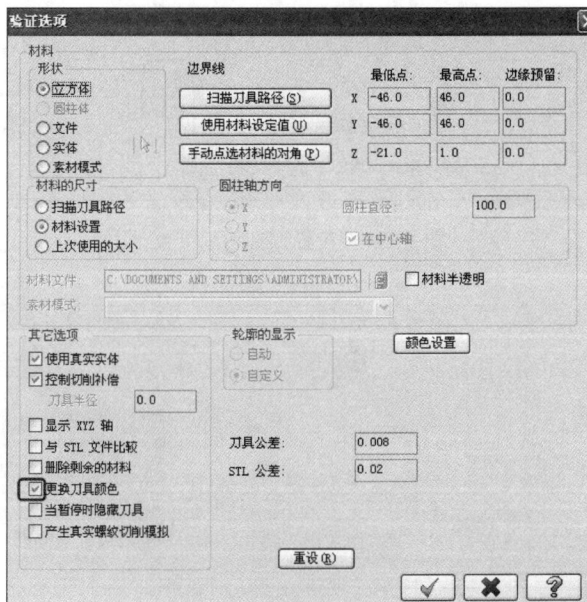

图 2-146　"验证选项"对话框

果如图 2-147 所示。

（2）后处理

后处理结果如图 2-148 所示。

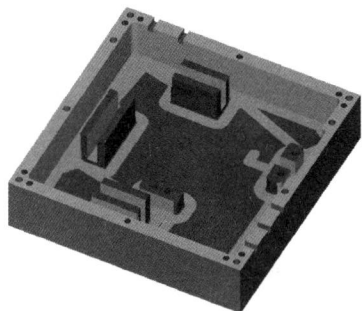

图 2-147　实体仿真结果

图 2-148　后处理生成的程序

❋ 项目小结

本项目以光通信壳体为例，介绍了实体造型的方法及 2D 刀路的设置方法，在实际操作过程中需要注意以下几点：

1）建议参照搭积木的方法进行实体建模。

2）实体建模时要考虑后面的加工要求。

3）为提高加工效率，应考虑创建辅助线。

4）建模过程中要注意层别管理。

5）合理选择刀路。

6）针对有色金属合理设置切削参数。

❋ 实训练习

根据所给工程图（图 2-149～图 2-152）完成零件的三维建模，设计数控加工工艺，完成零件的数控加工程序编制。

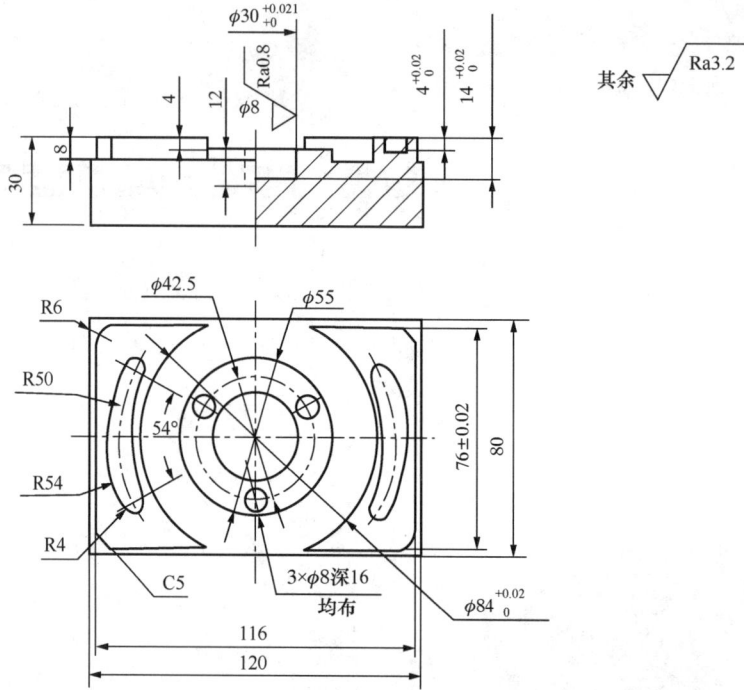

图 2-149　工程图（一）

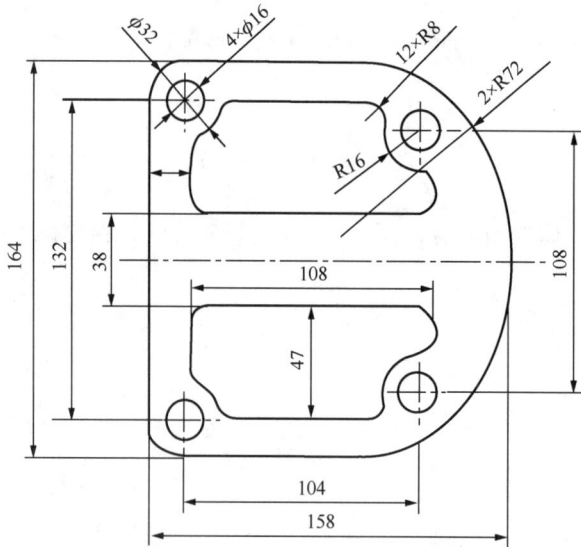

图 2-150　工程图（二）

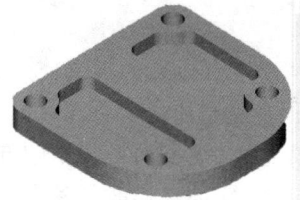

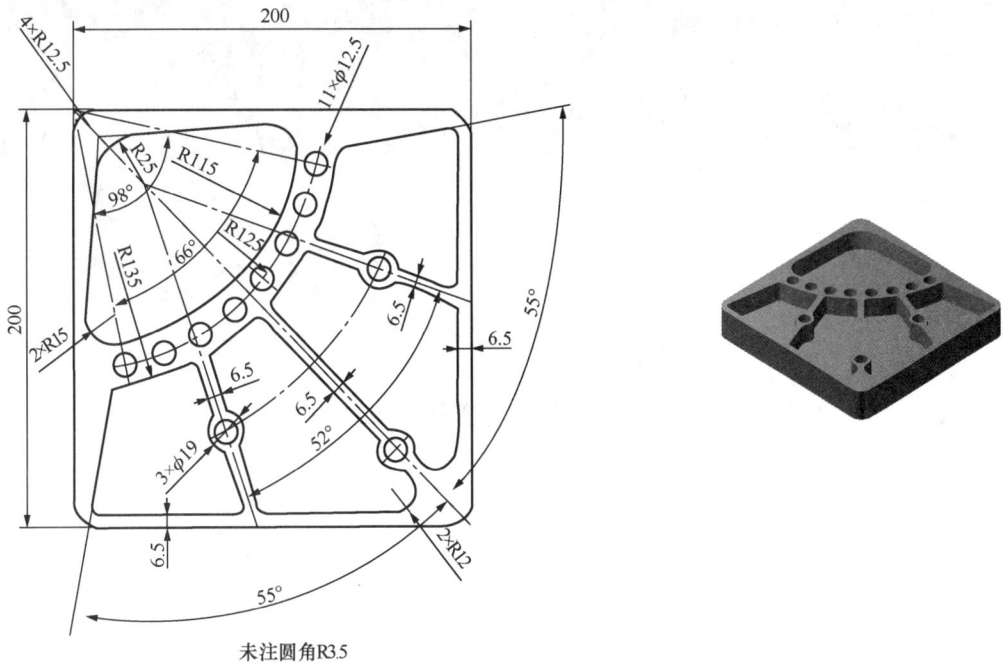

图 2-151　工程图（三）

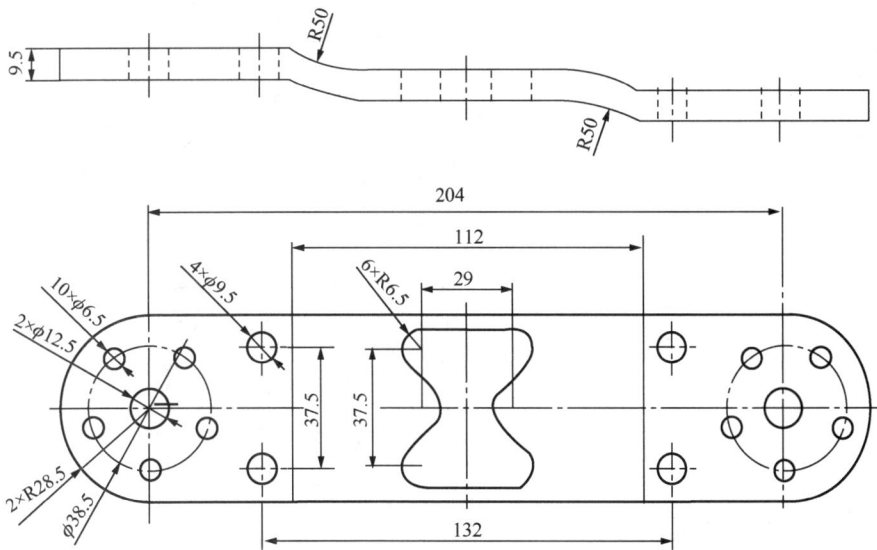

图 2-152　工程图（四）

瓶底模具的工艺设计与制造

✴ 项目简介

本项目要求完成矿泉水瓶底塑料模具的加工，具体要求如图 3-1～图 3-4 所示。模具造型部分主要涉及轮廓线、文字的绘制、旋转曲面、牵引曲面、扫描曲面及曲线的镜像、曲线的旋转、曲面的旋转复制、曲面倒圆角、比例缩放等命令；CAM 部分主要涉及 2D 加工的"平面铣削、钻孔、全圆铣削、挖槽加工"等刀路，曲面加工的"螺旋挖槽粗加工、环绕等距精加工、放射状曲面精加工、交线清角曲面精加工、投影曲面精加工"等刀路。

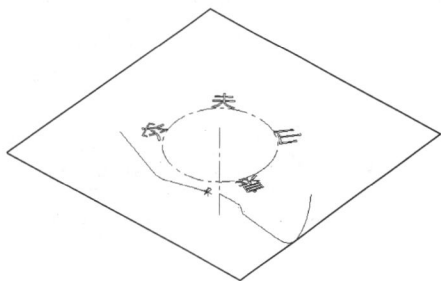

图 3-1　瓶底模具线框图

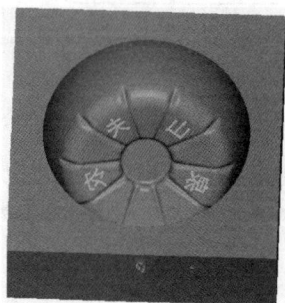

图 3-2　瓶底模具实物图

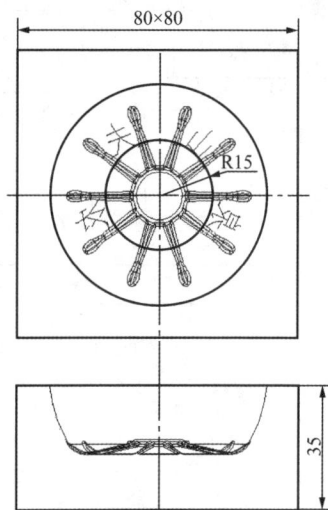

10 条加强筋均布，底部倒圆角均为R1；
瓶底文字：华文细黑，字高7，深0.2，空心，按位置中间放置

图 3-3　瓶底模具图

瓶底轮廓线

加强筋截面轮廓线

加强筋轮廓线

A:(−2,0,5)
B:(0,0,−14)
C:(8,0,−14)
D:(8,4,0,−17)
E:(−21,0,−20)
F:(−4,0,−16.5)
F:(−4,0,−16.5)

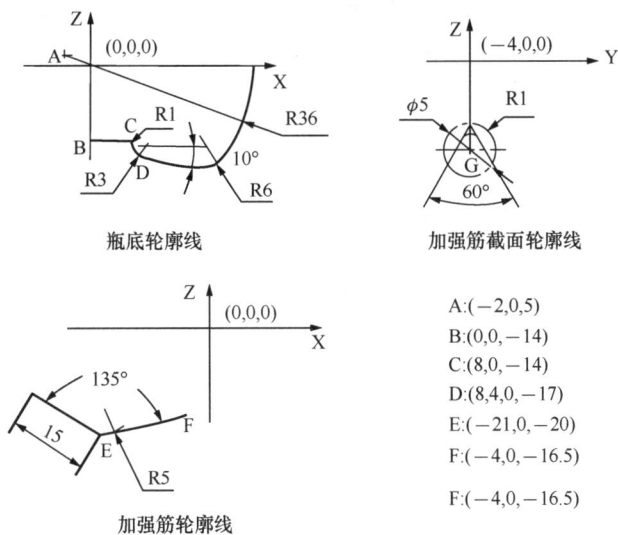

图 3-4　瓶底线框图

项目分析

　　瓶底模具属于单件生产，其工艺过程一般包括：毛坯—粗铣—调质—精铣—钳工修整—表面硬化处理—钳工抛光—装配。本项目主要工序见表 3-1。

表 3-1　瓶底模具的主要工序

| 1. 毛坯 | 2. 粗铣 | 3. 调质 | 4. 精铣 |

任务分解

　　任务 3.1　瓶底模具的曲面造型
　　任务 3.2　瓶底模具的 CAM 编程

知识点、技能点

　　知识点：

◇ 点	◇ 牵引曲面	◇ 全圆铣削
◇ 多边形	◇ 曲面的旋转复制	◇ 曲面挖槽粗加工
◇ 文字	◇ 曲面倒圆角	◇ 环绕等距精加工

◇ 镜像　　　　　　◇ 比例缩放　　　　◇ 放射状精加工
◇ 旋转　　　　　　◇ 铣平面　　　　　◇ 交线清角精加工
◇ 扫描曲面　　　　◇ 铣外形　　　　　◇ 投影精加工

技能点：

◇ 创建绘图平面　　◇ 修剪曲面　　　　◇ 创建辅助曲线
◇ 绘制文字　　　　◇ 合理规划刀路　　◇ 合理选择曲面加工刀路
◇ 创建曲面　　　　◇ 设置干涉曲面　　◇ 优化切削参数

❋ 基础知识

1. 绘制正多边形

绘制正多边形时可通过"多边形选项"对话框设置相关参数，如图 3-5 和图 3-6 所示。"多边形选项"对话框的相关选项见表 3-2。

图 3-5　"多边形选项"对话框　　　图 3-6　展开的"多边形选项"对话框

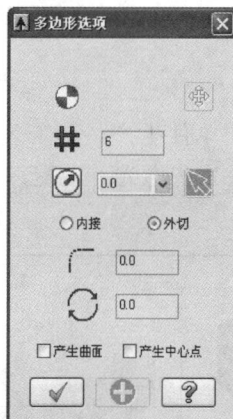

表 3-2　"多边形选项"对话框说明

项目	说　明
⊕	编辑基准点：用于修改正多边形的基准点，单击⊕按钮可重新指定基准点
#	设置多边形的边数
⊘	用于设置正多边形内切圆或外接圆的直径，既可以在文本框中输入，也可以单击按钮使用鼠标在绘图区指定
⌐	用于设置正多边形的圆角半径
↻	用于设置正多边形旋转角度
内接/外切	用于设置正多边形与圆相接的方式
产生曲面	勾选此复选框，绘制矩形时产生正多边形曲面
产生中心点	勾选此复选框，绘制矩形时创建正多边形的中心点

2. 绘制文字

在 Mastercam 中，文字常用于产品的外观表面装饰，如产品名称、生产企业名称、产品标记等，该功能可以绘制字母符号作为图形，是图样中的几何图素。

绘制文字步骤如下：

① 执行"绘图/绘制文字"命令；

② 弹出"绘制文字"对话框，如图 3-7 所示；

③ 设置字型，也可选择真实字型，如图 3-8 所示；

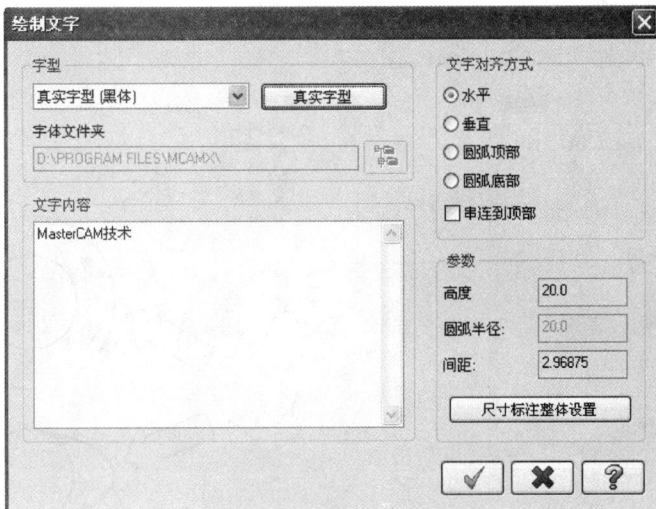

图 3-7　"绘制文字"对话框

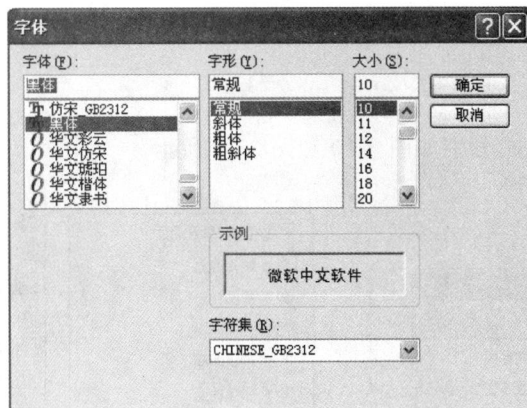

图 3-8　选择字体

④ 输入文字内容；

⑤ 设置文字对齐方式；

⑥ 设置"高度"选项等参数；

⑦ 单击"确定"按钮，系统提示"输入文字的起点位置"，在绘图区拾取一点，完成文字绘制。

3. 比例缩放

在模具设计中经常需要设置产品的收缩率等，这时需要用到比例缩放命令。比例缩放（图 3-9）就是将选定对象按照指定的基点和比例因子来整体放大或缩小，从而获得新的图形效果。

操作步骤：

① 执行"比例缩放"命令；

② 选择比例缩放图素；

③ 设置比例缩放参数；

④ 设置参考点。

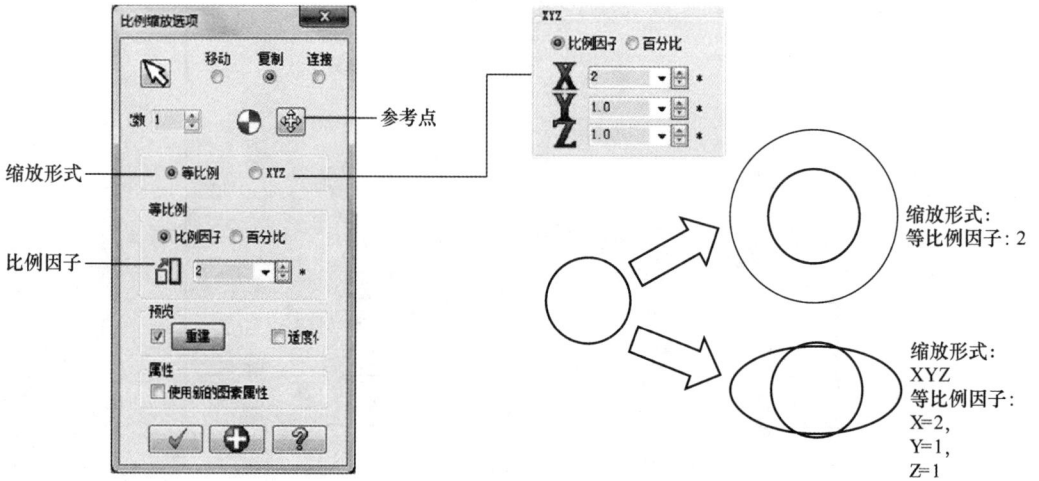

图 3-9　比例缩放

4. 构建曲面

"曲面"工具栏及菜单分别如图 3-10 和图 3-11 所示。

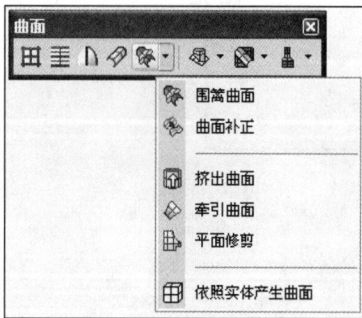

图 3-10　"曲面"工具栏　　　　　　　图 3-11　"曲面"菜单

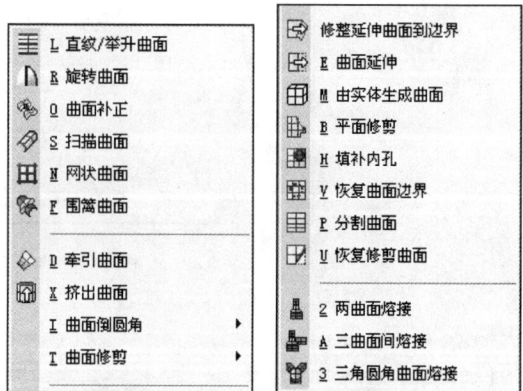

曲面形式见表 3-3。

表 3-3　曲面形式

曲面形式	说　明		图　例
直纹/举升曲面	在两个或两个以上的外形轮廓间使用线性或平滑的熔接方式连接而形成的曲面		
旋转曲面	断面绕着轴或某一直线旋转而形成的曲面		
扫描曲面	截断方向外形沿着引导方向外形平移、旋转创建的曲面	一个截断方向外形和一个引导方向外形	
		两个截断方向外形和一个引导方向外形	
		一个截断方向外形和两个引导方向外形	
网状曲面	由一些相交的边界线（直线、曲线、圆弧等）构建而成的曲面，用于创建变化多样、形状复杂的自由曲面。网状曲面至少由 3 条边界组成，分成引导方向和截断方向两个方向		
围篱曲面	通过在曲面上的指定边，构建与原曲面垂直或成指定角度的曲面，同时它的高度可以是两端相同的，也可以是变化的		
牵引曲面	以当前的构图面为牵引平面，将一条或多条外形轮廓按指定的长度和角度牵引出曲面或牵引到指定平面		
挤出曲面	将一个封闭的线框沿着与之垂直的轴线移动而生成的曲面，该曲面包含前后两个封闭的平面曲面		

5. 编辑曲面

编辑曲面命令见表 3-4。

表 3-4 编辑曲面命令

编辑形式	说明	应用	图例
曲面倒圆角	可以把所选取的两组曲面通过圆角进行过渡	主要用于将两组曲面平滑过渡及把物体的端部进行倒圆角处理的情况	平面/曲面：在曲面和指定的平面之间构建倒圆角，所构建的倒圆角曲面与选取的曲面和指定的平面相切	
			曲线/曲面：在曲面和指定的曲线之间构建倒圆角曲面。使用该方式构建的倒圆角曲面有一个定义的圆角半径，且位于指定的曲线上并与曲面相切	
			曲面/曲面：在两个或多个曲面之间构建倒圆角曲面，构建的倒圆角曲面正切于原曲面	
曲面补正		可以将每一个所选取的曲面沿着其法线方向偏移指定的距离，从而产生一个新的曲面。 用于将原始曲面偏移得到新的曲面的情况	

编辑形式	说明	应用		图例
曲面修整	利用"修整/延伸"命令可以对已有的一个或多个曲面进行修整、恢复修整和延伸以构建新的曲面	用于重新定义边界曲面的情况	至曲线：用曲线修整曲面，若曲线不在曲面上，则先投影到曲面上再进行修整	
			至平面：用平面修整曲面，平面与曲面必须相交	
			至曲面：将两个相交曲面相互修整	
			平面修整：通过由串连曲线或曲面边界定义的平面边界构建一个 NURBS 曲面	
			曲面分割：将一个曲面沿曲面方向在固定位置打断，以生成两个新的曲面并隐藏原曲面	
			恢复曲面边界：通过选取带孔曲面的一个边界，构建一个新的曲面以补齐该边界定义的孔洞	

续表

编辑形式	说明	应用		图例
曲面修整	利用"修整/延伸"命令可以对已有的一个或多个曲面进行修整、恢复修整和延伸以构建新的曲面	用于重新定义边界曲面的情况	填补内孔：补齐带孔曲面的孔洞，但不生成新的曲面	
			曲面延伸：延伸曲面一定的长度或延伸曲面至指定平面	
曲面熔接	两曲面熔接	在待熔接的两个曲面的选定位置构建一个熔接曲面，而且熔接曲面与待熔接的两个曲面相切		
	三曲面熔接	在三个曲面选定的位置之间构建一个与三个曲面都相切的熔接曲面，将三个曲面光滑地连接起来		
	圆角熔接	将三个相交的曲面用一个或多个曲面光滑连接，构建的曲面与原曲面相切。在对立方体倒圆角时多用该命令，其操作与三曲面熔接类似，但不需指定熔接位置，系统会自动计算		

6. 全圆铣削路径

全圆铣削路径命令见表 3-5。

表 3-5 全圆铣削路径命令

命令	说　　明	图　　例
全圆铣削	全圆铣削的刀具路径是从圆心移动到轮廓然后绕圆轮廓移动而形成的,一般用于采用铣刀扩孔的场合	
螺旋铣削	螺旋铣削的刀具路径具有螺旋形的特点,主要用来加工零件中的外螺纹和内螺纹	
自动钻孔	自动钻孔是指用户指定好相应的加工孔后,由系统自动选择相应的刀具和加工参数,从而自动生成刀具路径。用户也可以根据设计需要等因素自行修改自动钻孔的相关参数	
钻起始孔	当要加工一些直径较大的孔或深度较深的空,在无法使用刀具一次加工成形的情况下,可以预先切削一些材料,如钻起始孔,从而保证后续加工能够实现。钻起始孔首先需要创建好所需的铣削操作	
铣键槽	铣键槽是专门用来加工键槽的	
螺旋钻孔	使用螺旋钻孔的方式同样可以加工出比刀具直接大的孔,螺旋钻孔主要用于创建精度较高的空,或用于孔的精加工	

7. 曲面粗加工和曲面精加工

粗加工功能主要应用于成形结构零件或普通机床难于成形的结构零件，如模具中的型芯、型腔、滑块等结构。粗加工时，为提高效率，在保证刀具、夹具和机床强度、刚性足够的条件下，切削用量的选择顺序是：首先把切削深度选大一些，其次选取较大的进给量，然后选择适当的切削速度。当加工余量小，切削深度不可能大时，可适当增加进给量。当铣削材料表面有硬质的材料（如铸铁）时，一次切削深度应超越硬皮层厚度，使刀具在首次切削时刀刃不易磨损，避免刀具与材料硬皮层直接接触时产生崩刀现象。曲面粗加工菜单界面如图 3-12 所示。

曲面精加工就是把粗加工后的 3D 模型精修到工件的几何形状并达到尺寸精度，其目的是精确地将 3D 模型结构表现出来，其切削方式是根据 3D 模型结构进行单层、单次切削（沿着曲面表面进行切削，一刀过）。精加工要求加工余量要小，同时为了保证工件的表面粗糙度，应尽可能增加切削速度，适当减少进给量。精加工时，应根据曲面造型特点来选择相应的精加工刀路进行加工。曲面精加工菜单界面如图 3-13 所示。

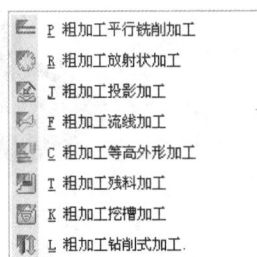

图 3-12   曲面粗加工菜单   图 3-13   曲面精加工菜单

在 Mastercam X6 中，曲面粗加工提供了 8 种加工方式来适应不同的工件结构，曲面精加工提供了 11 种加工方式。

（1）曲面挖槽粗加工

挖槽粗加工是依据曲面形状，于 Z 方向下降产生逐层梯田状粗切削刀具路径。

挖槽粗加工即通过对型芯、型腔等模具结构进行粗加工，粗加工的目的是减少工件的余量，以及达到半精加工和精加工的要求。挖槽粗加工的刀路计算时间短，刀具负荷均匀，加工效率高，适合大多数模具结构的加工。

（2）环绕等距精加工

按照加工曲面的轮廓生成环绕工件曲面而且等距的刀具路径。在加工多曲面零件时保持较固定的残脊高度，允许沿一系列不相连的曲面产生加工路径。

环绕等距精加工产生的刀具路径在平缓的曲面上及陡峭的曲面上的刀间距相对较为均匀，适用于曲面的斜度变化较多的零件半精加工和精加工。

（3）放射状精加工

放射状精加工生成中心向外扩散的刀轨，这种方式生成的刀具路径在平面上是呈离散变化的，即越靠近轴原点刀间距越小，越远离轴原点刀间距越大。因此这种方式适用于球形的工件，另外对本身具有放射特征的、离放射中心距离较远的曲面加工也适用。

（4）交线清角精加工

如果两个曲面是以相交方式连接（不是相切），那么交线清角精加工就会在两个曲面相交处产生一刀式刀具路径，供用户清除曲面间交角处的残料

（5）投影精加工

将已有的刀具路径或几何图形投影到曲面上生成精加工刀具路径。

任务 3.1　瓶底模具的曲面造型

任务分析

本任务主要学习曲面的建模方法，建议按表 3-6 进行曲面的建模。

表 3-6　瓶底模具的曲面建模过程

| 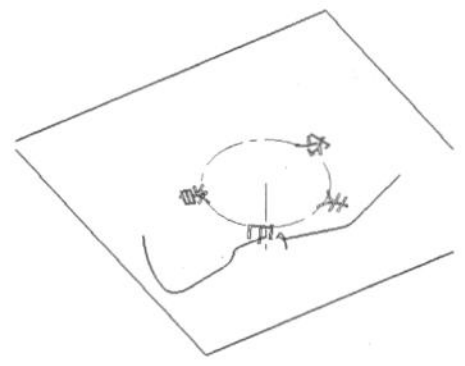 1. 绘制轮廓线及文字 |  2. 曲面旋转 |  3. 曲面扫描 |  4. 曲面旋转复制 |
|  5. 曲面倒圆角 |  6. 比例缩放 | 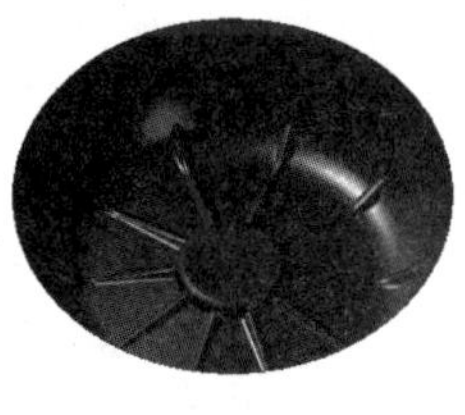 7. 平面修剪 |  8. 创建牵引曲面 |

操作过程

1. 绘制瓶底轮廓线

1）初始绘图环境设置。将绘图平面及屏幕视角均设为"前视图"，"2D"状态，按 F9 键，显示坐标原点，按图 3-14 进行设置。

图 3-14　初始绘图环境设置

2）轮廓线绘制和修剪。利用"直线"命令 ✎ 和"圆弧"命令 ⊙，绘制轮廓线，结果如图 3-15 所示。利用"倒圆角"命令 ⌐ 和"修剪"命令 ✄，修剪轮廓线，结果如图 3-16 所示。

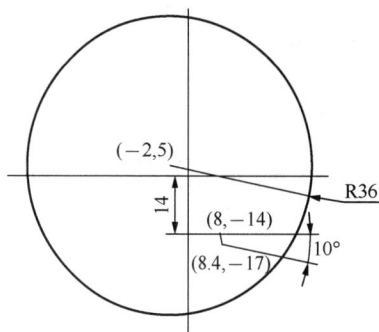

图 3-15   轮廓线的绘制

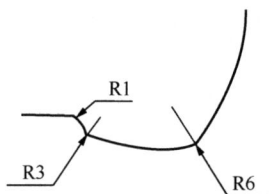

图 3-16   轮廓线的修剪

3）绘制旋转轴。按图 3-17 设置图层，利用"直线"命令 ✎，绘制回转轴，结果如图 3-18 所示。

图 3-17   设置回转轴图层

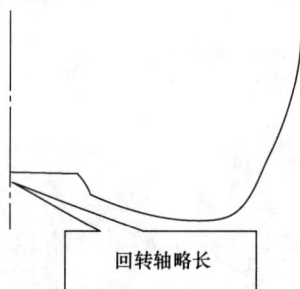

图 3-18   回转轴的绘制

技能小秘密

1. 创建曲面的轮廓线要求是开放状态，这与创建实体的轮廓线必须是封闭的不同。本任务中的瓶底轮廓线和加强筋截面轮廓线就是基于这样的要求的。

2. 回转轴一般不与轮廓线形成首位相连的状态，以便于后面的串连轮廓线的选择。

2. 绘制加强筋轮廓线

按图 3-19 设置图层。先利用"直线"命令 ✎，绘制轮廓线，然后利用"倒圆角"命令 ⌐，修剪轮廓线，结果如图 3-20 所示。

图 3-19　设置加强筋图层

3. 绘制加强筋截面轮廓线

将绘图平面设为"右视图"，工作深度 Z 设置为－4。先利用"画多边形"命令 ⬡
（图 3-21），绘制内接三角形轮廓线（图 3-22 和图 3-23），然后利用"倒圆角"命令 ⌐，修
剪轮廓线（图 3-24），删除三角形底边，结果如图 3-25 所示。

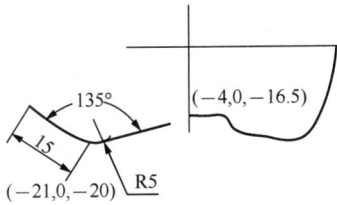

图 3-20　加强筋轮廓线的绘制

图 3-21　"画多边形"命令

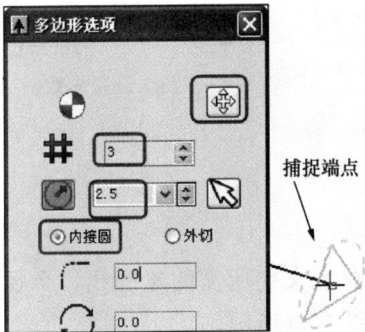

图 3-22　设置等边三角形参数

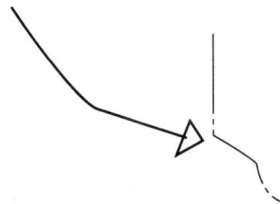

图 3-23　三角形的绘制

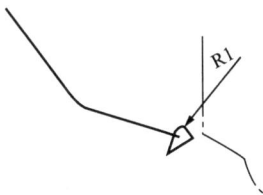

图 3-24　三角形的顶角倒圆角

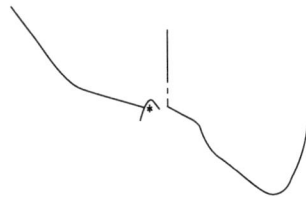

图 3-25　删除底边的截面轮廓线

4. 绘制模具外轮廓线

将绘图平面设为"俯视图"，图层"4"，工作深度 Z 设置为 0，按图 3-26 设置图层。先
利用"矩形形状设置"命令 ▦（图 3-27），绘制 80×80 矩形轮廓线（图 3-28），结果如
图 3-29所示。

图 3-26 设置模具轮廓线图层

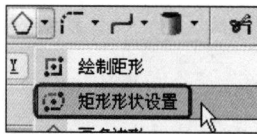

图 3-27 选择"矩形形状设置"命令

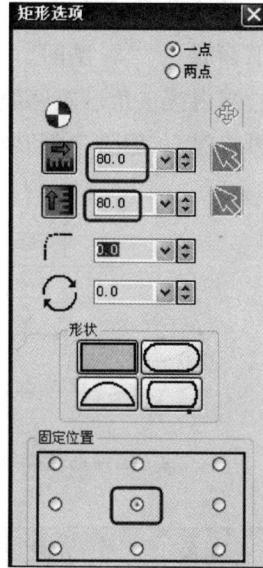

图 3-28 设置参数

5. 绘制文字轮廓线

1）设置图层。将图层设置为"5"。

2）绘制圆弧，利用"圆弧"命令 ，绘制放置文字所需的轮廓线，半径为 R14，轮廓线的线型设置为点划线，线宽为细线，结果如图 3-30 所示。

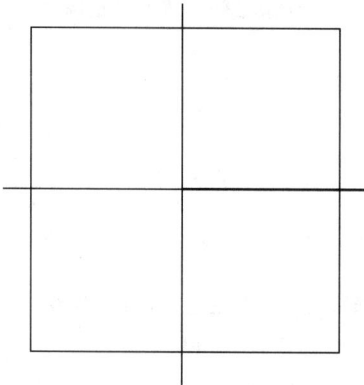

图 3-29 绘制模具轮廓线

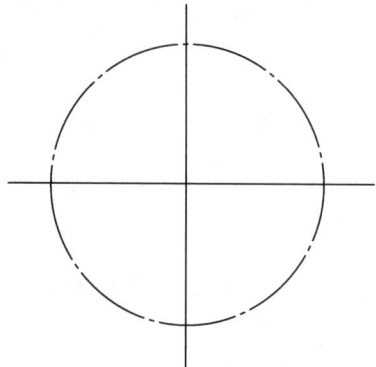

图 3-30 绘制圆弧

3）绘制文字，利用"绘制文字"命令 （图 3-31），输入"农夫山泉"字样，在"绘制文字"对话框设置相关参数（图 3-32），单击"真实字型"按钮，在打开的"字体"对话框中设置"华文细黑"字体（图 3-33），结果如图 3-34 所示。

图 3-31　选择"绘制文字"命令　　　　图 3-32　设置字体参数

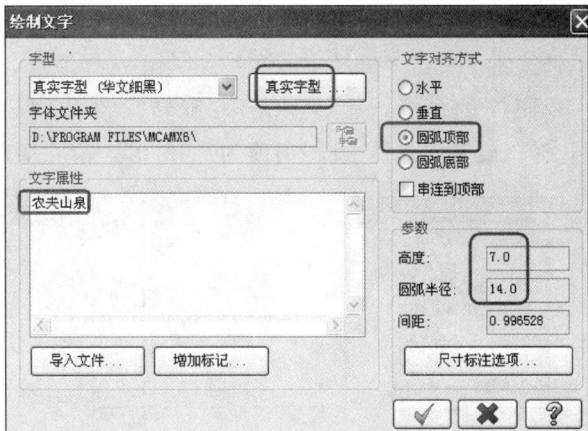

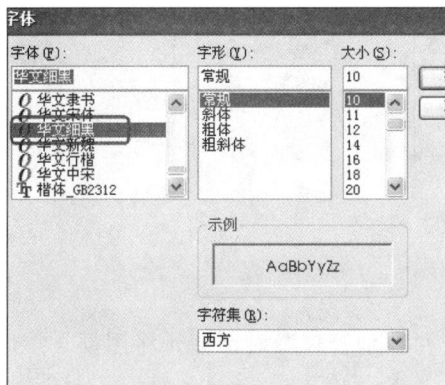

图 3-33　选择字体　　　　　　　　图 3-34　绘制文字

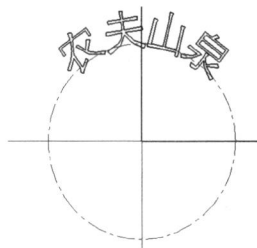

4）镜像文字，利用"镜像"命令，窗选所有字体，在"镜像选项"对话框中选中"**移动**"单选按钮，结果如图 3-35 所示。

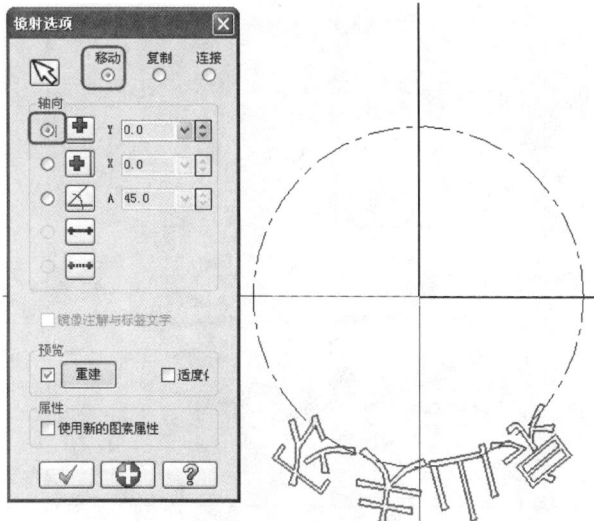

图 3-35　镜像文字

5）旋转文字，利用"旋转"命令，窗选"农"，在"旋转选项"对话框中选中"移动"单选按钮。单击"旋转中心"按钮，选择原点，输入旋转角度"－35.0"，如图3-36所示。用同样的命令，旋转"夫"，旋转角度为"－134.0"；旋转"山"，旋转角度为"－231.0"；旋转"泉"，旋转角度为"32.0"，清除颜色，结果如图3-37所示。

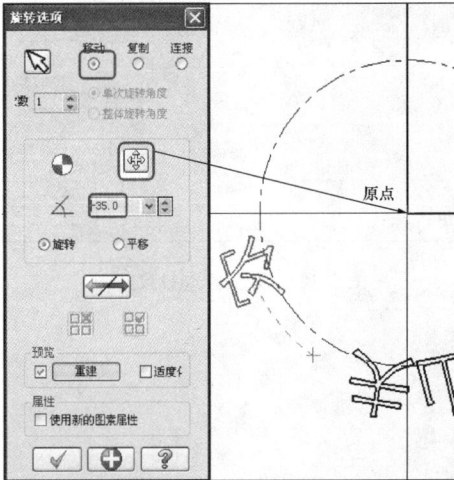

图 3-36　"旋转选项"对话框　　　　　　　图 3-37　旋转文字

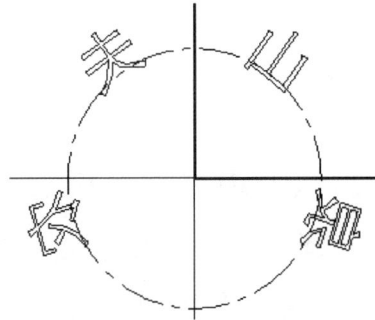

6. 创建瓶底曲面

1）设置图层。将图层设置为"6"，打开"层别管理"对话框，将图层1、2打开，关闭其他图层，结果如图3-38所示。

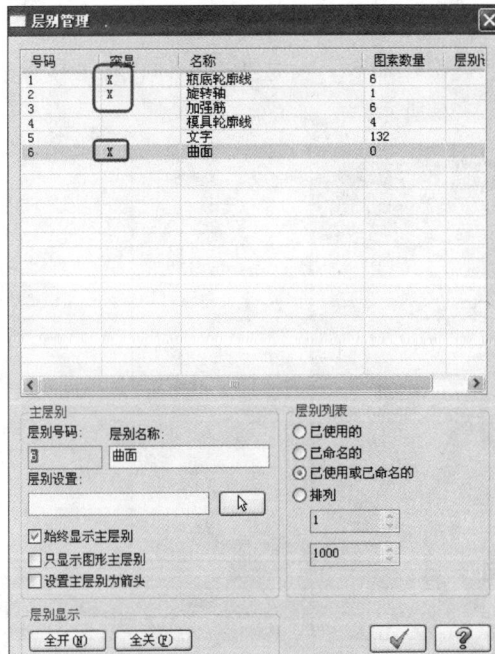

图 3-38　设置图层

2）创建旋转曲面。将屏幕视角设为"等角视角"，选择"旋转曲面"命令 ⋀，选择轮廓线（图 3-39），选择旋转轴（图 3-40），结果如图 3-41 所示。

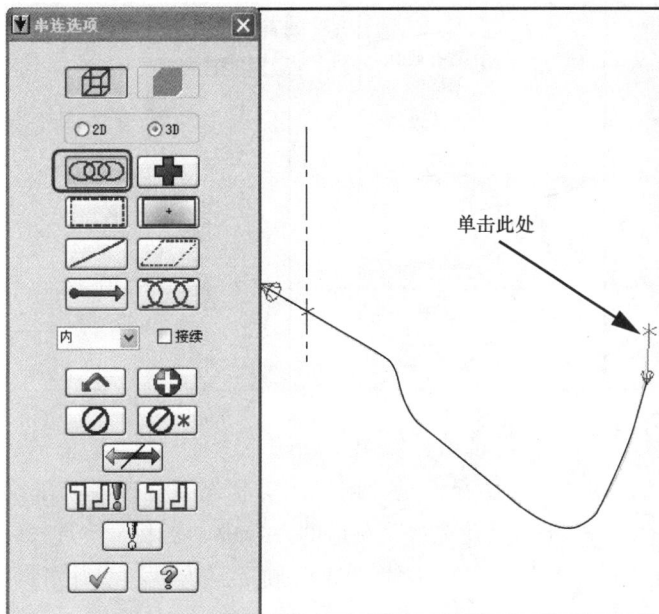

图 3-39 选择轮廓线

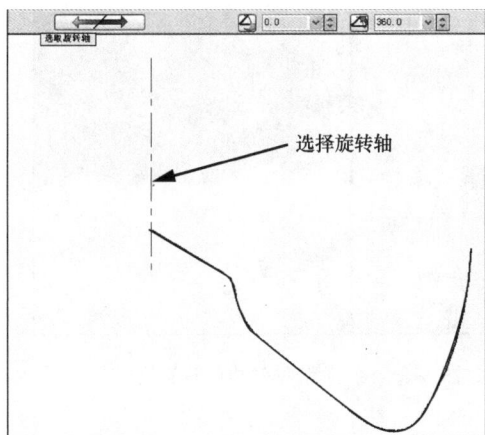

图 3-40 选择旋转轴

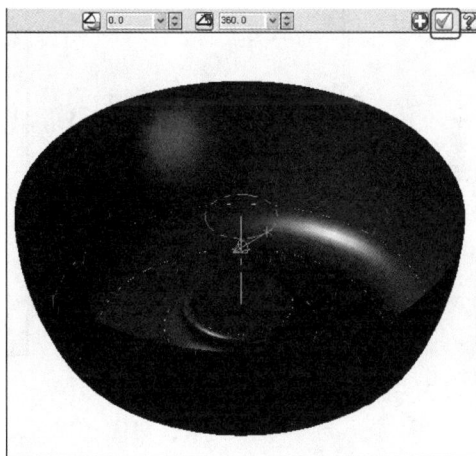

图 3-41 生成旋转曲面

7. 创建加强筋曲面

1）打开加强筋图层。打开"层别管理"对话框，将图层 3 打开，关闭图层 1、2。

2）创建加强筋曲面。按 Alt＋S 组合键，关闭曲面着色，单击"扫描曲面"按钮，选择截面轮廓线（图 3-42），选择加强筋轮廓线（图 3-43），按 Alt＋S 组合键，打开曲面着色，结果如图 3-44 所示。

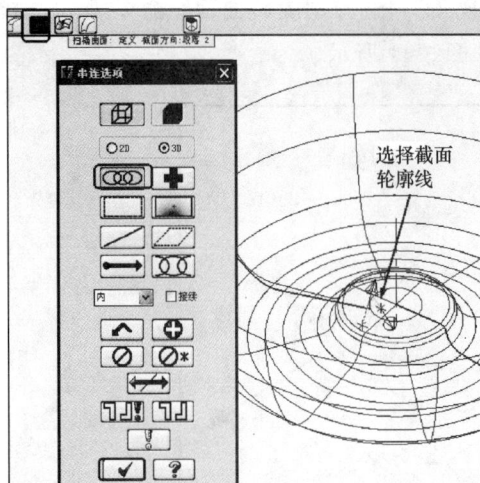

图 3-42　选择截面轮廓线　　　　　图 3-43　选择加强筋轮廓线

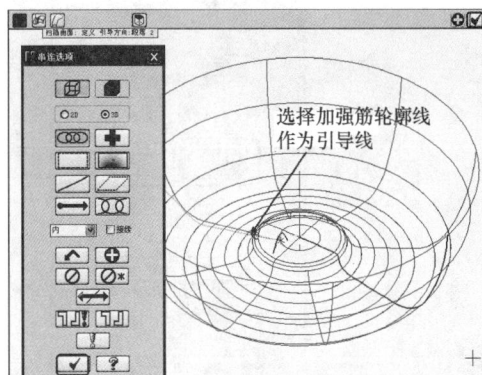

3）其余曲面的复制。在绘图平面是"俯视图"状态下，选择刚刚绘制的加强筋曲面，选择"旋转 🖼"命令，打开"旋转选项"对话框，选中"复制"单选按钮，设置绕"原点"复制，复制次数为"9"，角度为"36.0"，单击"确定"按钮，结果如图 3-45 所示。

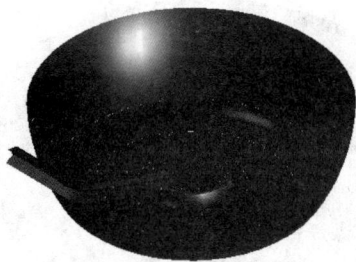

图 3-44　生成扫描曲面　　　　　图 3-45　加强筋曲面的旋转复制

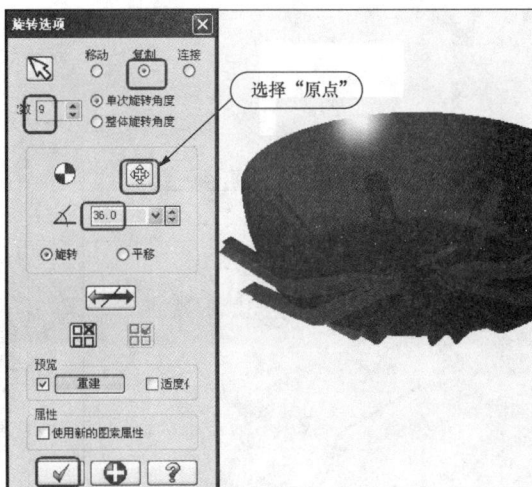

技能小秘密

在 Mastercam 中，复制的次数不包括本身，这与一般 CAD 软件不一样，所以本例中复制的次数是"9"而不是"10"。

8. 加强筋曲面与瓶底曲面倒圆角

打开加强筋图层。选择"曲面与曲面倒圆角"命令 ✍，先选择瓶底曲面（图 3-46），再选择加强筋曲面（图 3-47），打开"曲面与曲面倒圆角"对话框，设置倒圆角参数

（图 3-48），调整曲面的法向方向，使其均指向曲面内侧（图 3-49），按 Enter 键确认，完成第一组曲面的倒圆角，结果如图 3-50 所示。用同样的方法，完成其余曲面的倒圆角，结果如图 3-51 所示。

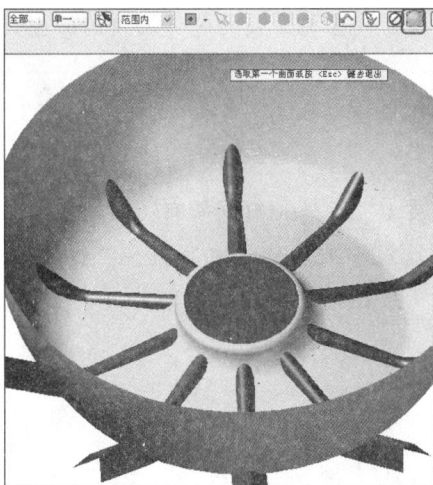

图 3-46　选择瓶底曲面

图 3-47　选择加强筋曲面

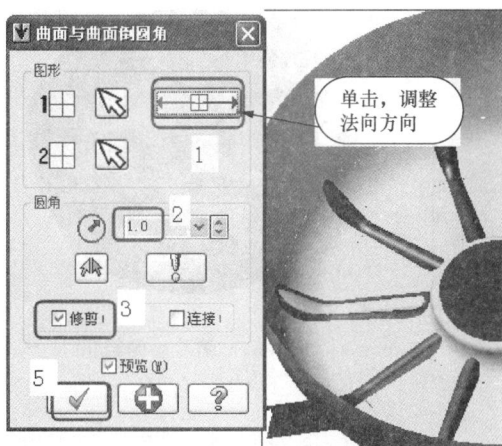

图 3-48　设置倒圆角参数

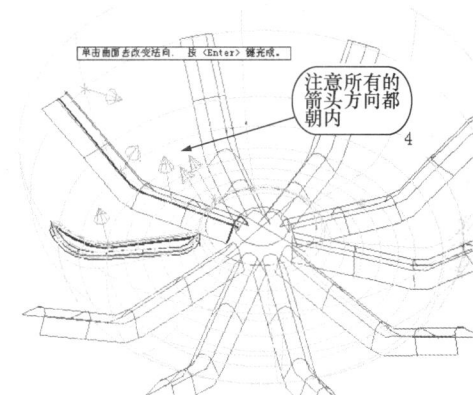

图 3-49　调整曲面的法向方向

图 3-50　第一组曲面倒圆角

图 3-51　其余曲面倒圆角

曲面与曲面倒圆角成功的一个关键是必须保证曲面的法向方向均指向圆弧的圆心；曲面与曲面倒圆角成功的另一个关键是第一组曲面可以是多个曲面组成的曲面组，但第二个曲面一定是一个曲面。这也是本任务中加强筋截面轮廓线要先倒圆角的原因。

9. 瓶底曲面缩放

1）曲面层仍为当前图层，除模具轮廓线图层 4 关闭外，打开所有图层。

2）图素比例缩放。窗选所有图素，选择"比例缩放"命令 🔲，打开"比例缩放选项"对话框，设置相关参数（图 3-52），单击"确定"按钮，结果如图 3-53 所示。

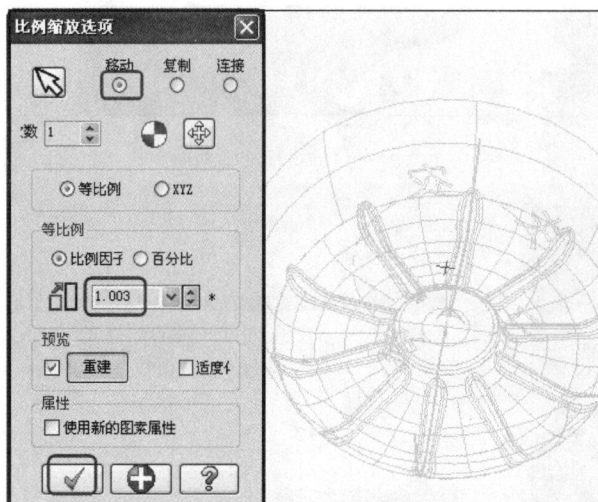

图 3-52　设置比例缩放参数　　　　图 3-53　缩放后的结果

比例缩放的比例因子要根据材料实际的收缩率确定。

10. 创建分模曲面

1）打开模具轮廓线图层 4，将其设为当前图层，同时打开曲面层 6，关闭其他图层。

2）创建瓶底曲面轮廓线。选择"绘图/曲面曲线/单一编辑"命令（图 3-54），选择瓶底曲面（图 3-55），结果如图 3-56 所示。

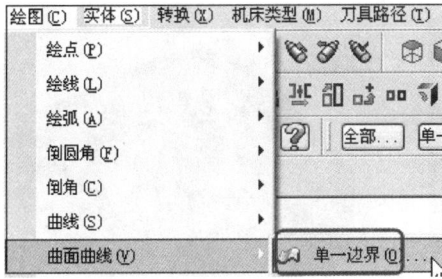

图 3-54 选择单一边界

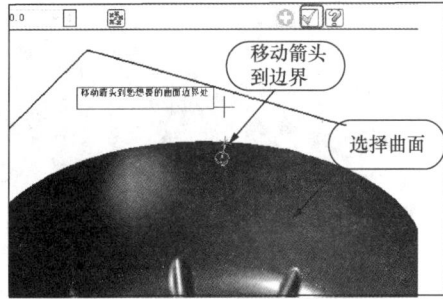

图 3-55 选择瓶底曲面

3）创建分模曲面。将当前图层设为曲面层 6，选择"创建平面修剪"命令 ，选择两组轮廓线（图 3-57），结果如图 3-58 所示。

图 3-56 绘制边界圆弧

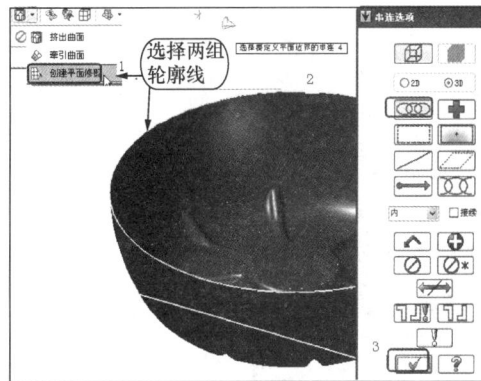

图 3-57 选择两组轮廓线

11. 创建牵引曲面

选择"牵引曲面"命令 ，串连模具轮廓线（图 3-59），设置牵引曲面参数（图 3-60），结果如图 3-61 所示。

图 3-58 创建分模面

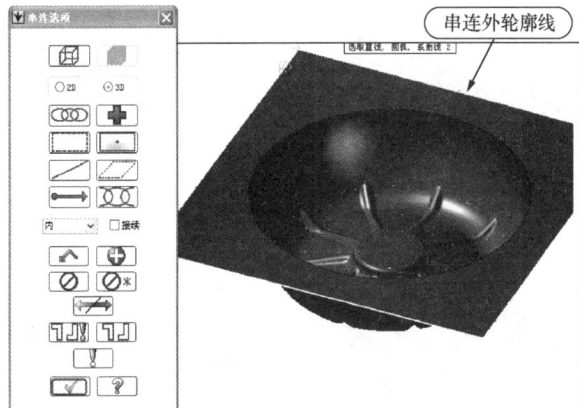

图 3-59 选择轮廓线

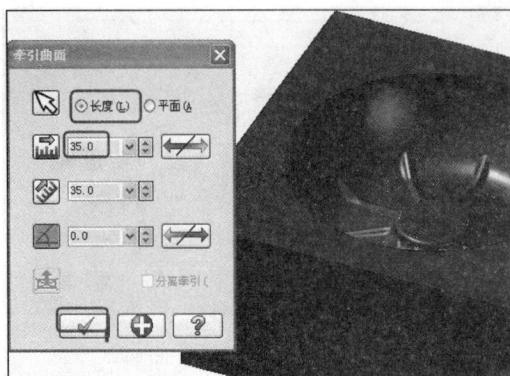

图 3-60　设置牵引参数　　　　图 3-61　牵引后结果

任务 3.2　瓶底模具的 CAM 编程

任务分析

本任务针对精铣工序的内容进一步细化，主要内容及参数见表 3-7 和表 3-8。

表 3-7　精铣包含的工步内容

1. 铣基准面	2. 铣外形	3. 钻工艺孔
4. 扩孔（全圆铣削）	5. 螺旋式挖槽粗加工	6. 环绕等距精加工
7. 放射状精加工	8. 交线清角加工	9. 文字投影加工

表 3-8　具体工步的参数清单

工步	工步内容	刀号	刀具规格	主轴转速 /(r/min)	进给速度 /(mm/min)	余量 /mm
1	铣基准面	T1	ϕ50mm 面铣刀	1200	240	0
2	铣外形	T2	ϕ12mm 平底刀	3000	600	0
3	钻工艺孔	T3	ϕ16mm 麻花钻	1500	600	0
4	扩孔（全圆铣削）ϕ45mm	T2	ϕ12mm 平底刀	1500	600	0
5	螺旋式挖槽粗加工	T4	ϕ12mmR2 圆角刀	1500	600	0.2
6	环绕等距精加工	T5	ϕ8mmR4 球刀	3500	600	0
7	放射状精加工	T6	ϕ4mmR2 球刀	3500	350	0
8	交线清角精加工	T6	ϕ4mmR2 球刀	3500	350	0
9	文字投影加工	T7	ϕ0.2mm 平底刀	18000	720	0

操作过程

1. 铣基准面

1）选择机床。选择"机床类型/铣床/默认"命令。

2）设置毛坯。在"刀具路径操作管理器"对话框的"刀具路径"选项卡中选择"属性/素材设置"选项，在打开的"机器群组属性"对话框中单击"边界盒"按钮，在打开的"边界盒选项"对话框中设置相关参数（图 3-62），单击"确定"按钮，结果如图 3-63 所示。确认，完成毛坯的设置。

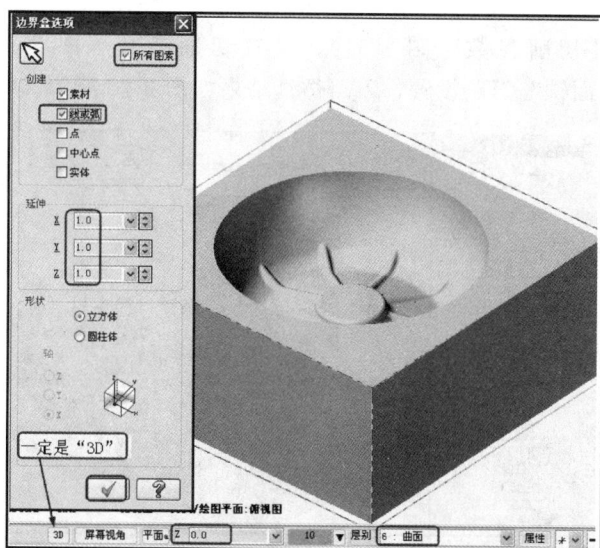

图 3-62　设置边界盒的参数

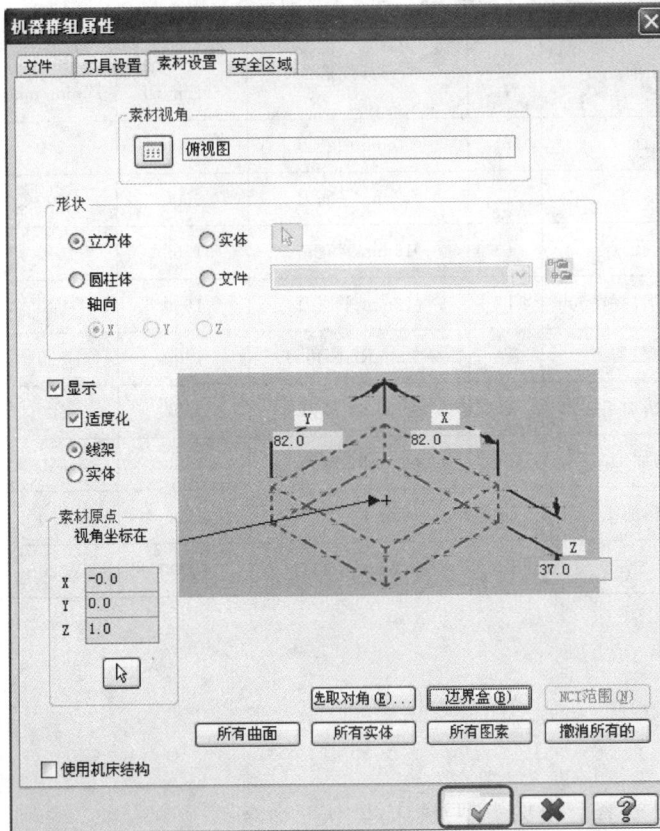

图 3-63   完成毛坯的设置

3）选择"平面铣"刀路。选择"刀具路径/平面铣"命令，选择串连四条边（图 3-64），打开"2D 刀具路径-平面铣削"对话框，选择"刀具"选项，单击"从刀库中选择"按钮，在打开的对话框中选择 φ50mm 面铣刀（图 3-65），双击选中，修改刀补（图 3-66），设置刀具切削参数（图 3-67），设置切削参数（图 3-68），设置共同参数（图 3-69），完成"平面铣"刀路设置，刀路仿真结果如图 3-70 所示。

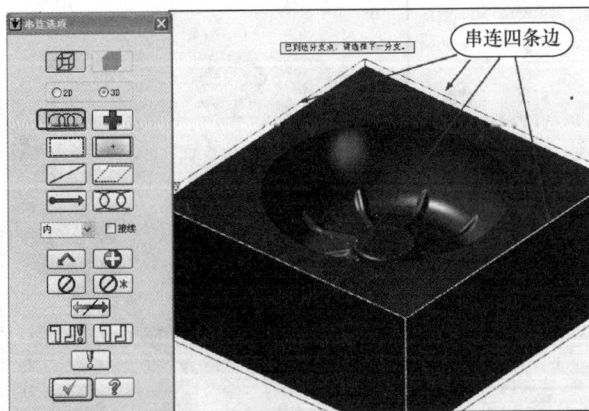

图 3-64   串连轮廓线

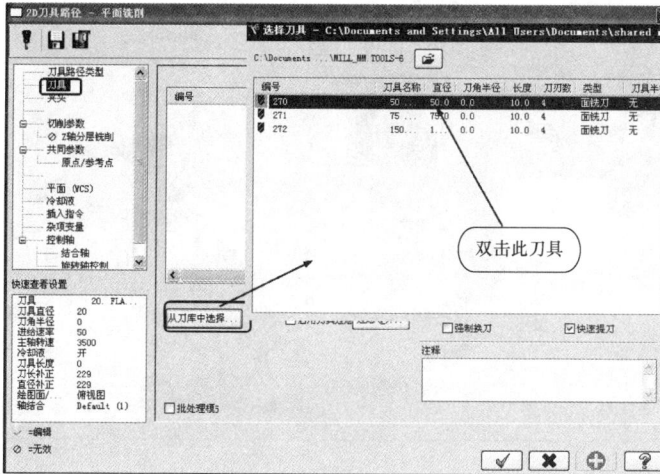

图 3-65　选择刀具

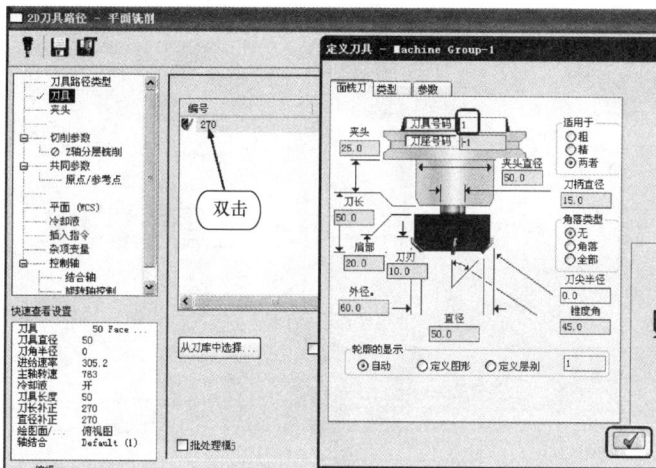

图 3-66　修改刀补

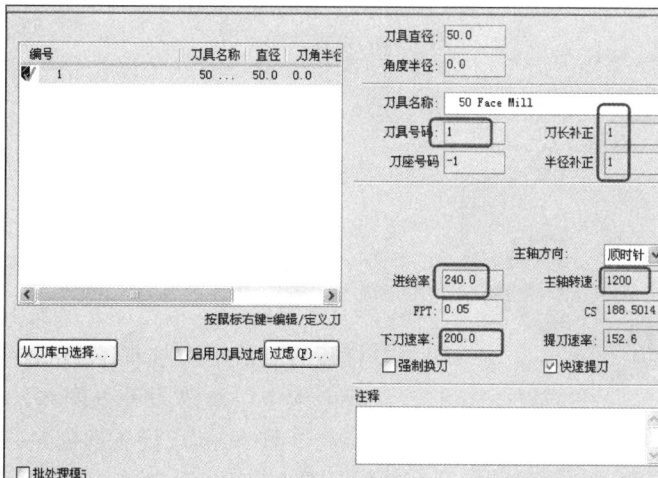

图 3-67　设置刀具切削参数

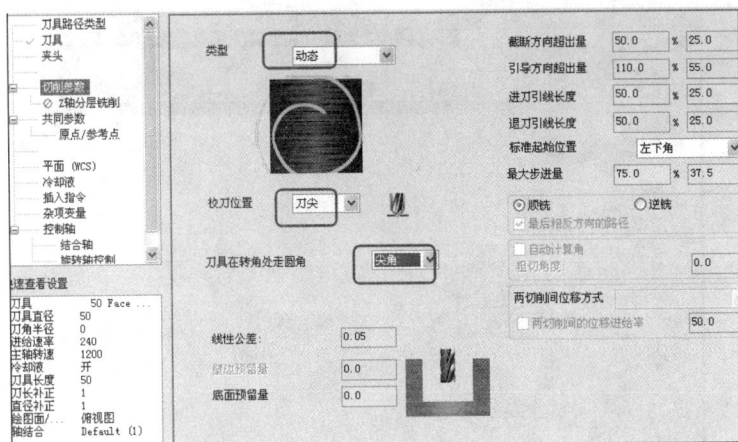

图 3-68　设置切削参数

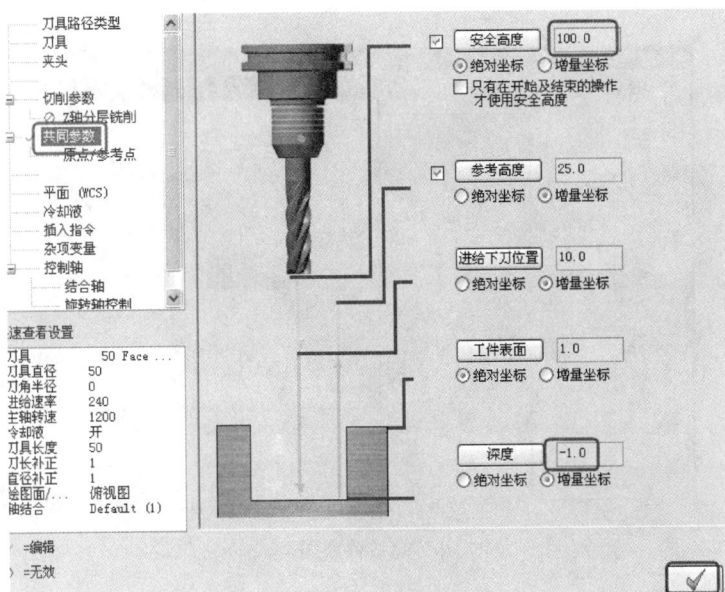

图 3-69　设置共同参数

图 3-70　刀路仿真结果

2. 铣外形

选择"外形铣削"刀路。选择"刀具路径/外形铣削"命令，选择串连四条边（图 3-71），打开"2D 刀具路径–外形铣削"对话框，选择"刀具"选项，单击"从刀库中选择"按钮，在打开的对话框中选择 ϕ12mm 平底刀（图 3-72），双击选中，修改刀补（图 3-73），设置刀具切削参数（图 3-74），设置切削参数（图 3-75），设置分层铣削参数（图 3-76），设置进/退刀参数（图 3-77），设置共同参数（图 3-78），设置冷却液（图 3-79），完成"外形铣削"刀路设置，刀路仿真结果如图 3-80 所示。

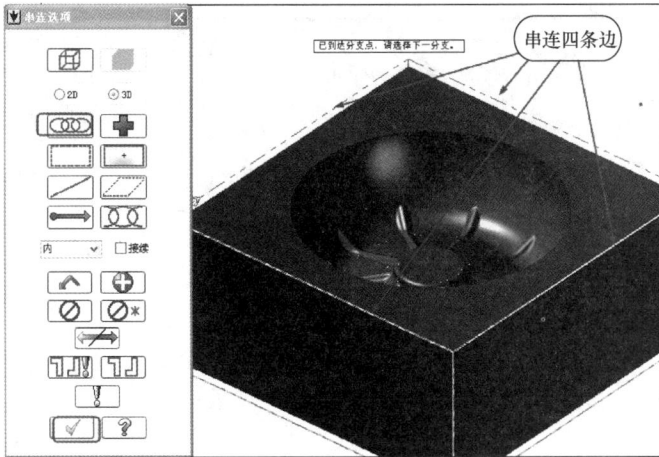

图 3-71　选择轮廓线

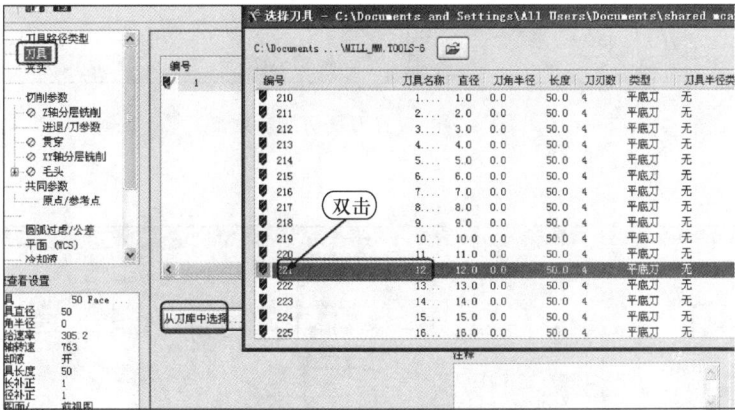

图 3-72　选择刀具

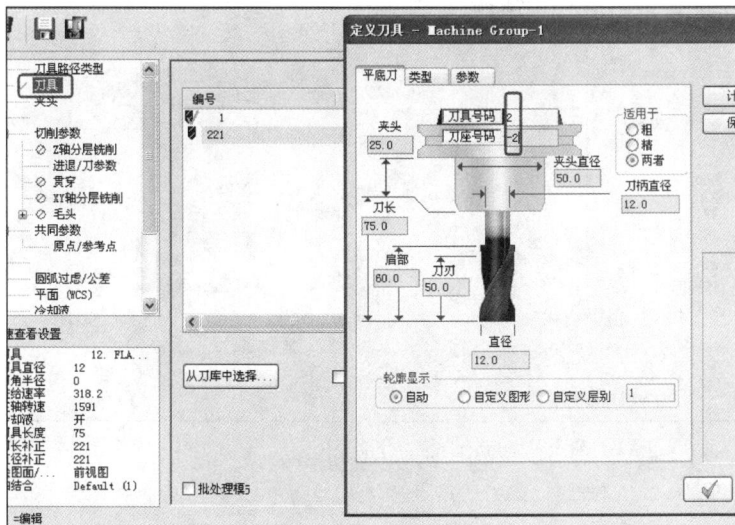

图 3-73　修改刀补

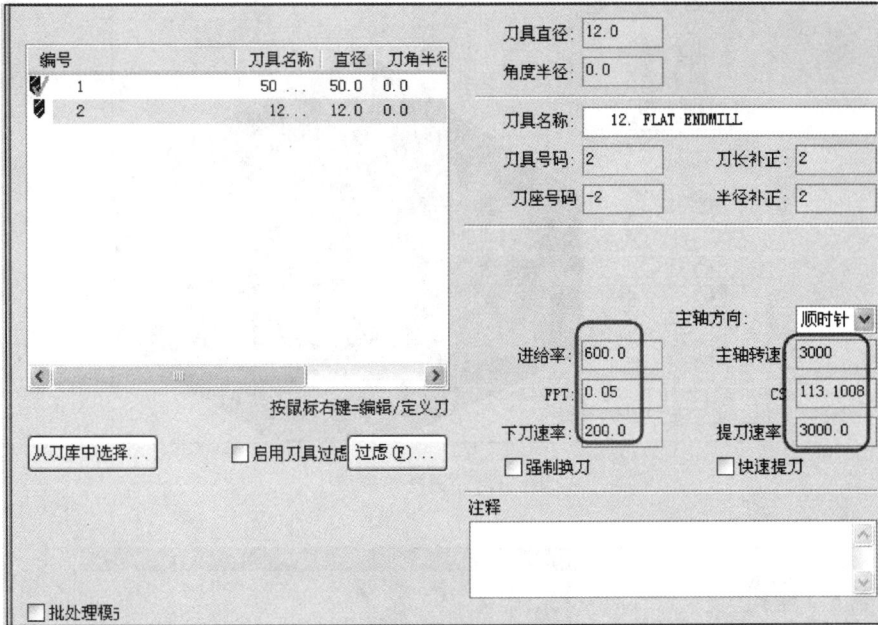

图 3-74　设置刀具切削参数

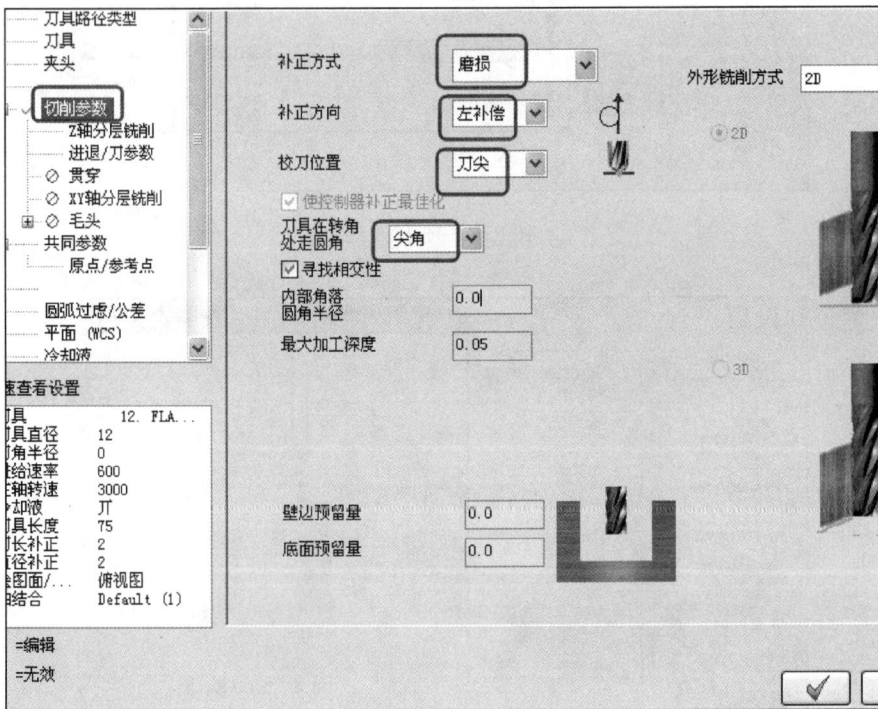

图 3-75　设置切削参数

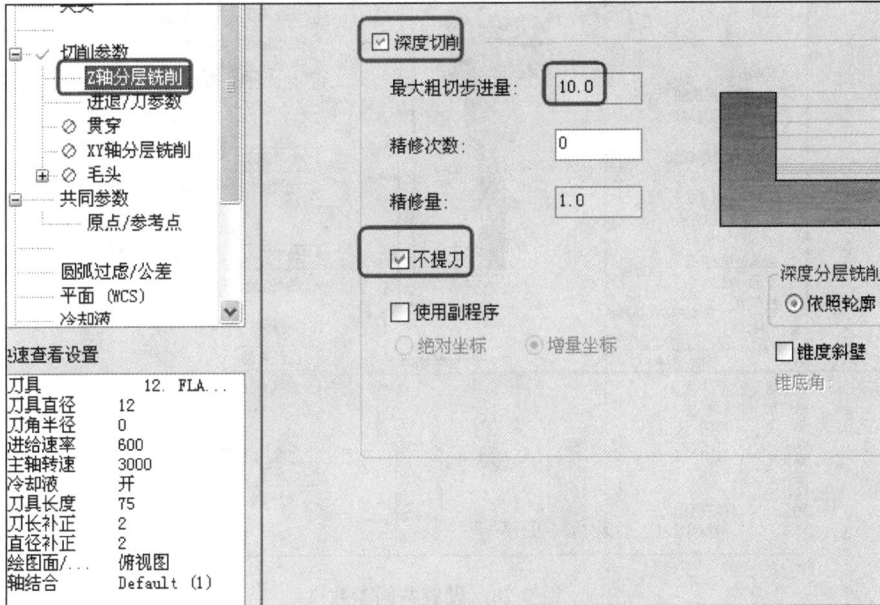

图 3-76　设置分层铣削参数

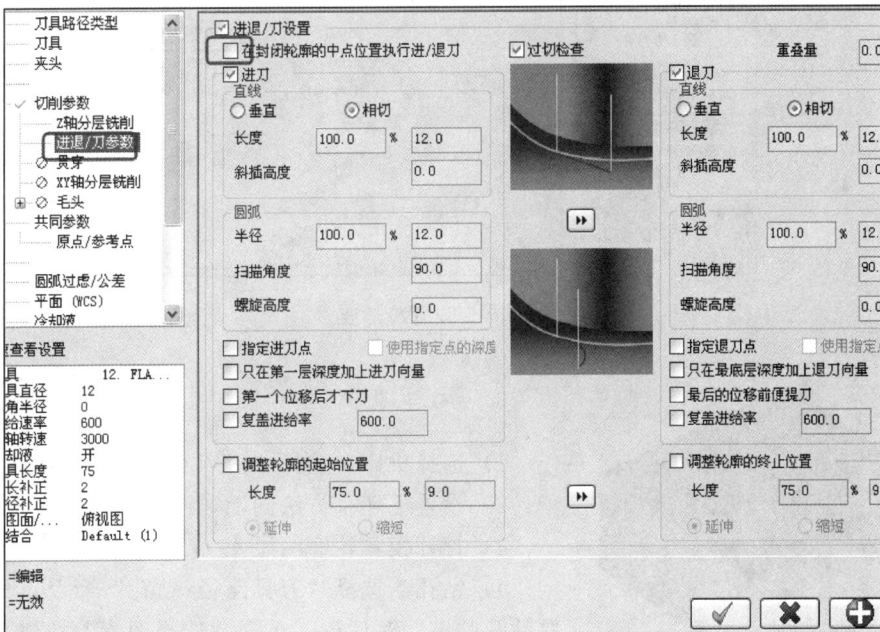

图 3-77　设置进/退刀参数

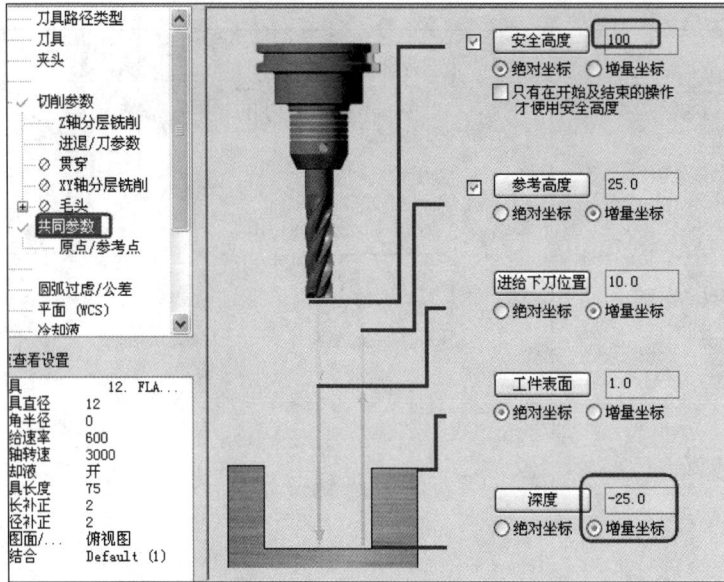

图 3-78　设置共同参数

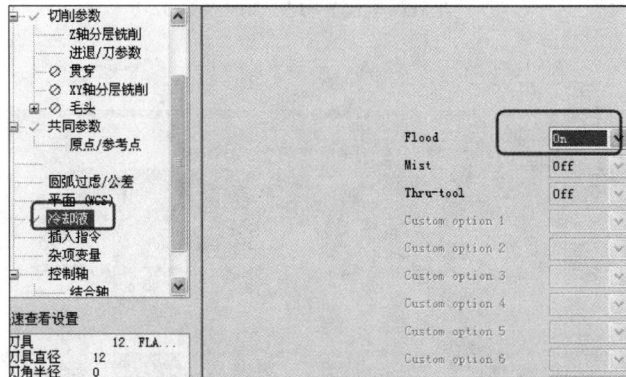

图 3-79　设置冷却液

图 3-80　刀路仿真结果

3. 钻工艺孔

1）选择机床。选择"机床类型/铣床/默认"命令。

2）设置毛坯。方法同上，注意延伸量均为 0。

3）打开模具轮廓线层 4。

4）钻孔。选择"刀具路径/钻孔"命令，打开"选取钻孔的点"对话框，单击"选择图素"按钮，选择圆弧（图 3-81）（会选到圆弧的起始点），单击"确定"按钮。打开"2D 刀具路径–钻孔"对话框，选择"刀具"选项，单击"从刀库中选择"按钮，在打开的对话框中选择 ϕ16mm 麻花钻（图 3-82），双击选中，修改刀补（图 3-83），设置刀具切削参数（图 3-84），设置切削参数（图 3-85），设置共同参数（图 3-86），设置冷却液（图 3-87），完成"外形铣削"刀路设置，刀路仿真结果如图 3-88 所示。

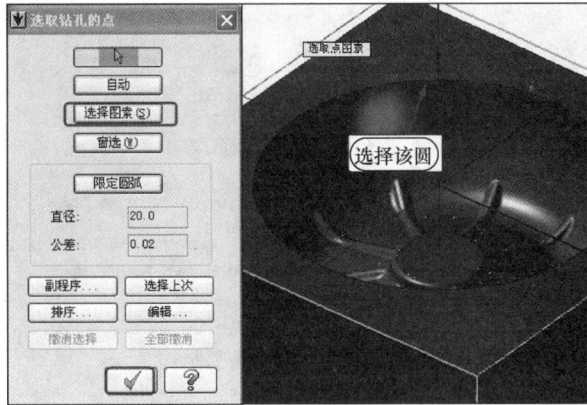

图 3-81   选择圆弧

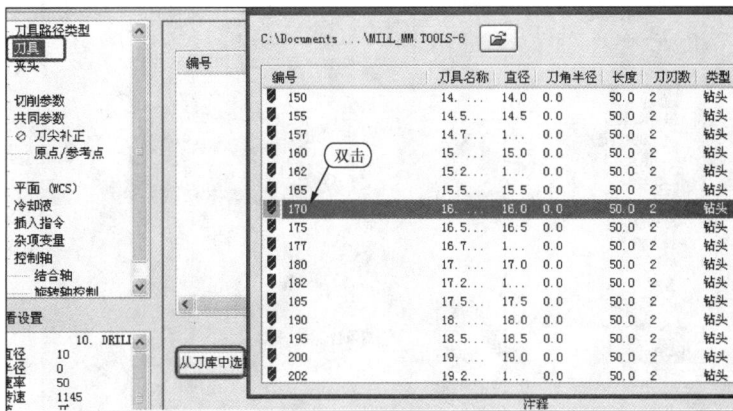

图 3-82   选择麻花钻

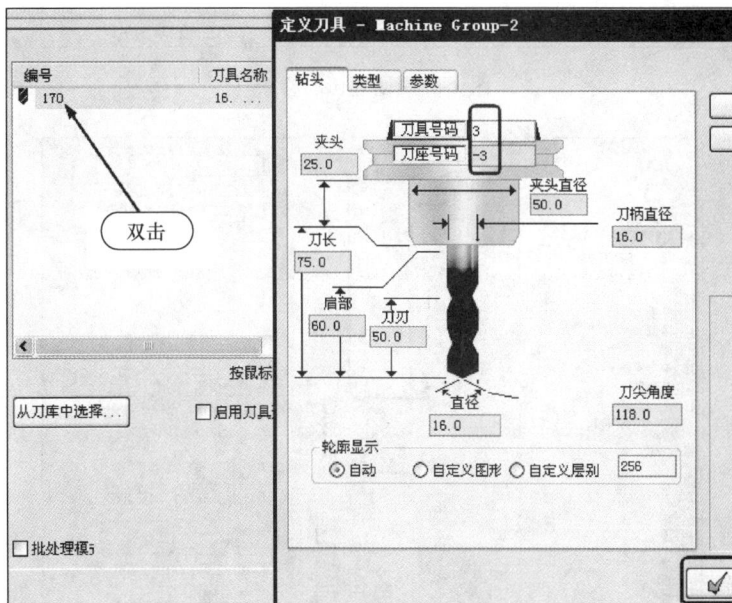

图 3-83   修改刀补

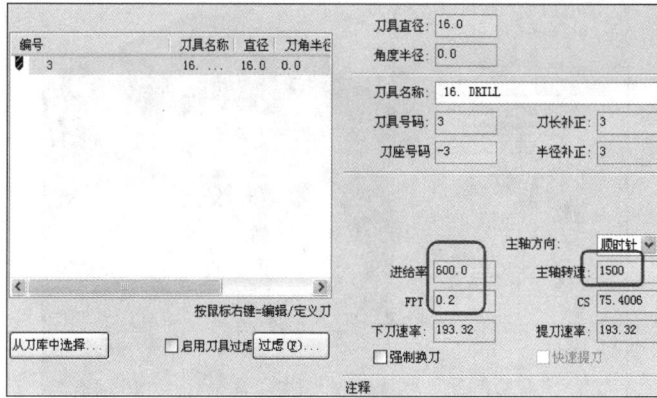

图 3-84 设置刀具切削参数

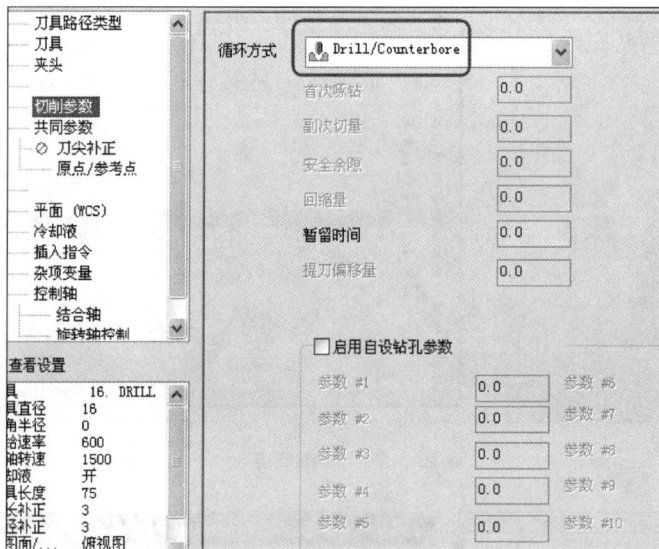

图 3-85 设置切削参数

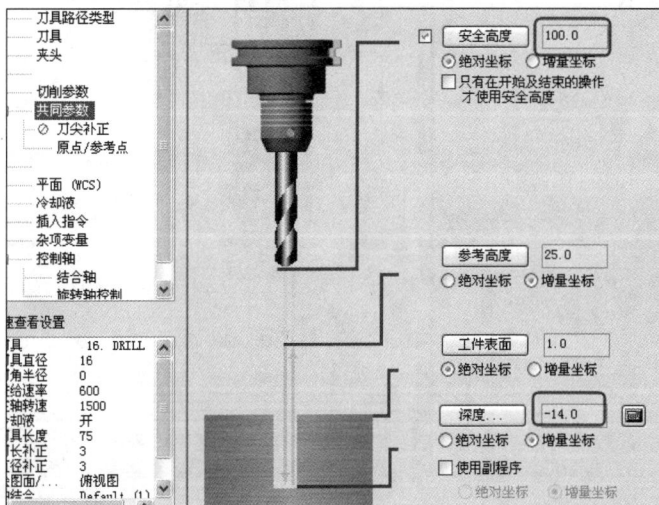

图 3-86 设置共同参数

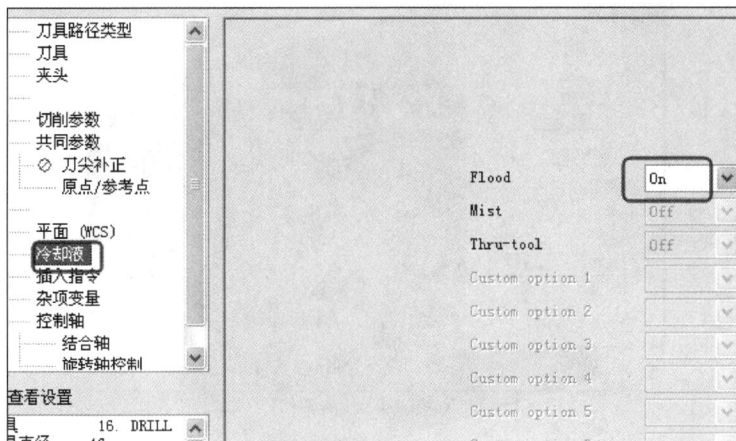

图 3-87   设置冷却液

图 3-88   刀路仿真结果

技能小秘密

本任务中钻工艺孔主要为提高生产效率，提高刀具的耐用度。

4. 扩孔（全圆铣削）ϕ45mm

选择"刀具路径/全圆铣削路径/全圆铣削"命令，选择原点（图 3-89），打开全圆铣削对话框，选择 ϕ12mm 的平底刀，刀号仍为"2"，设置刀具切削参数（图 3-90），设置切削参数，其中圆柱半径为 ϕ45mm（图 3-91），设置粗加工参数（图 3-92），设置 Z 轴分层铣削参数（图 3-93），设置共同参数（图 3-94），设置冷却液（图 3-95），完成"全圆铣削"刀路设置，刀路仿真结果如图 3-96 所示。

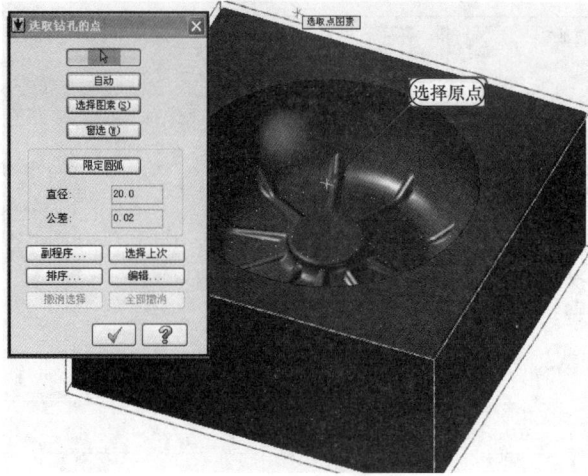

图 3-89　选择铣削进入点

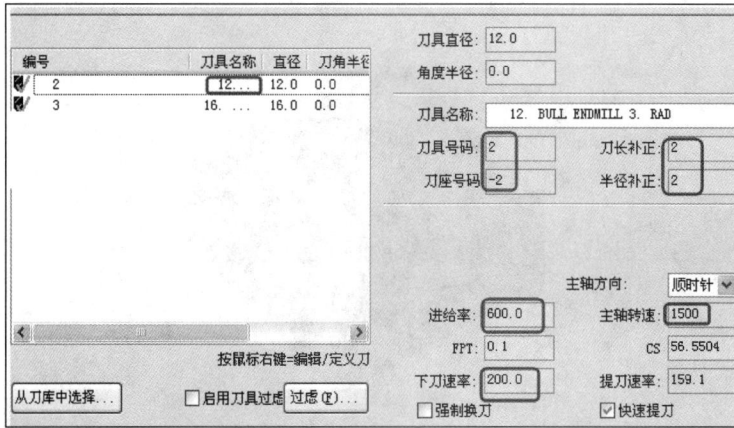

图 3-90　设置刀具切削参数

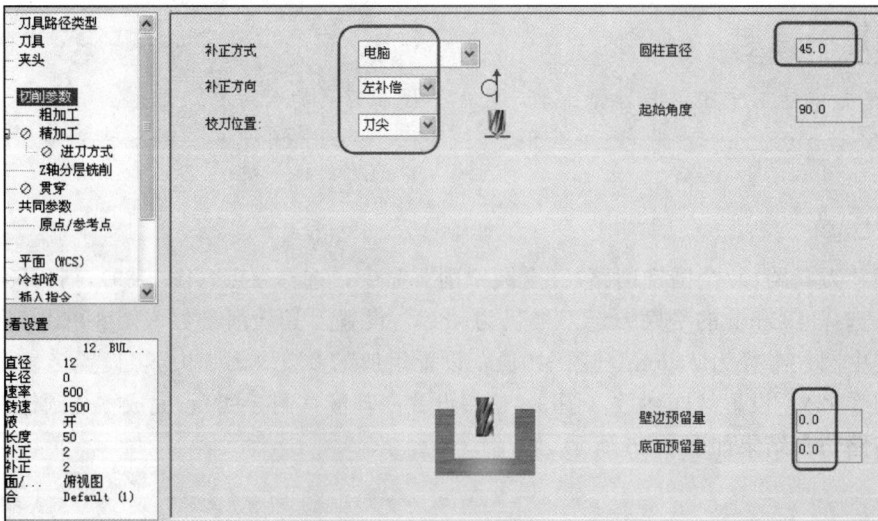

图 3-91　设置切削参数

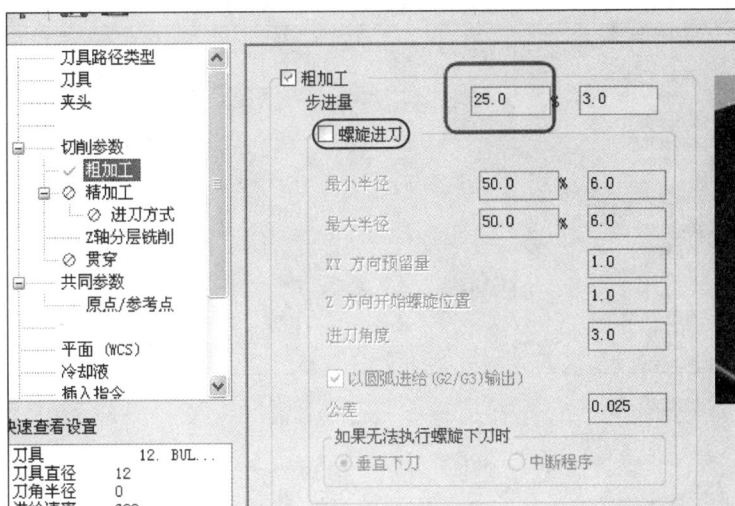

图 3-92　设置粗加工参数

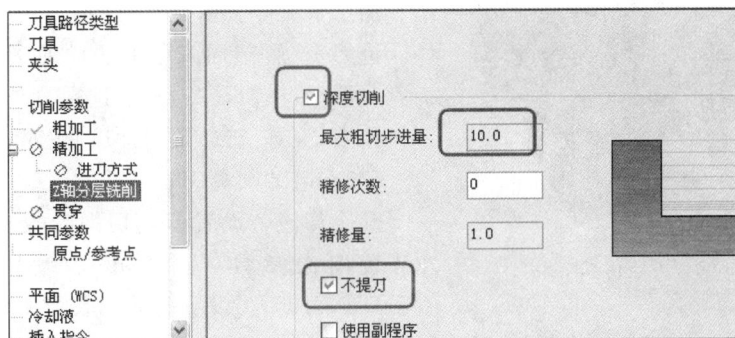

图 3-93　设置 Z 轴分层铣削参数

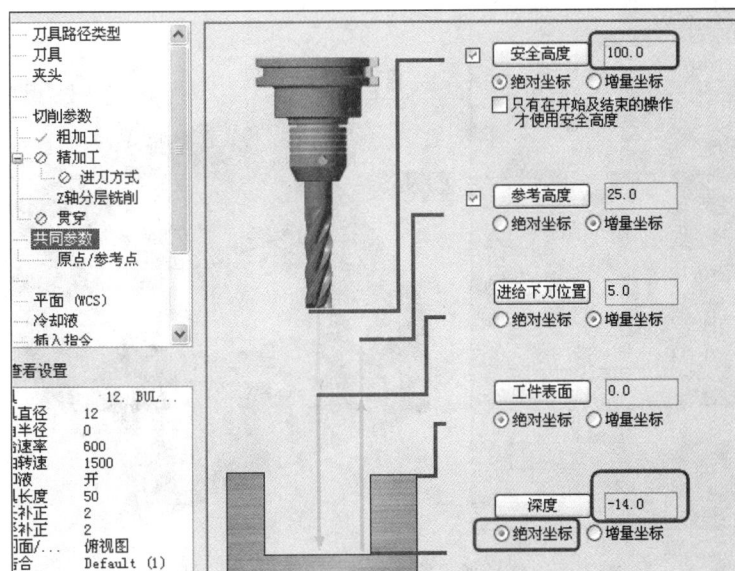

图 3-94　设置共同参数

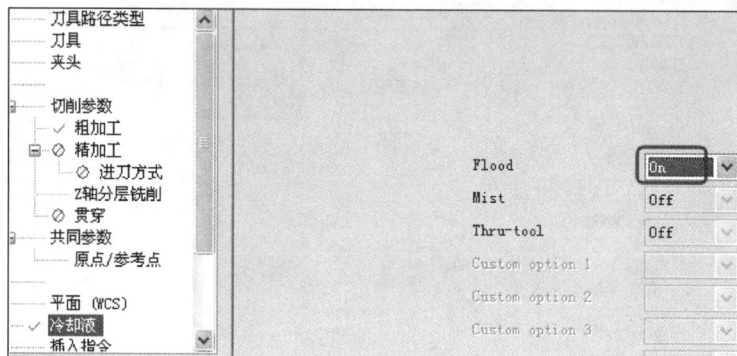

图 3-95　设置冷却液

图 3-96　刀路仿真结果

5. 螺旋式挖槽粗加工

选择"刀具路径/曲面粗加工/粗加工挖槽加工"命令，窗选瓶底曲面，设置边界范围及进刀点（图 3-97）。打开"曲面粗加工挖槽"对话框，选择"刀具"选项，单击"从刀库中选择"按钮，在打开的对话框中选择 ϕ12mmR2 圆鼻刀，双击选中，修改刀补，打开冷却液，设置刀具切削参数（图 3-98），设置曲面参数（图 3-99），设置粗加工参数（图 3-100），设置间隙（图 3-101），设置挖槽参数（图 3-102），完成"挖槽粗加工"刀路设置，刀路仿真结果如图 3-103 所示。

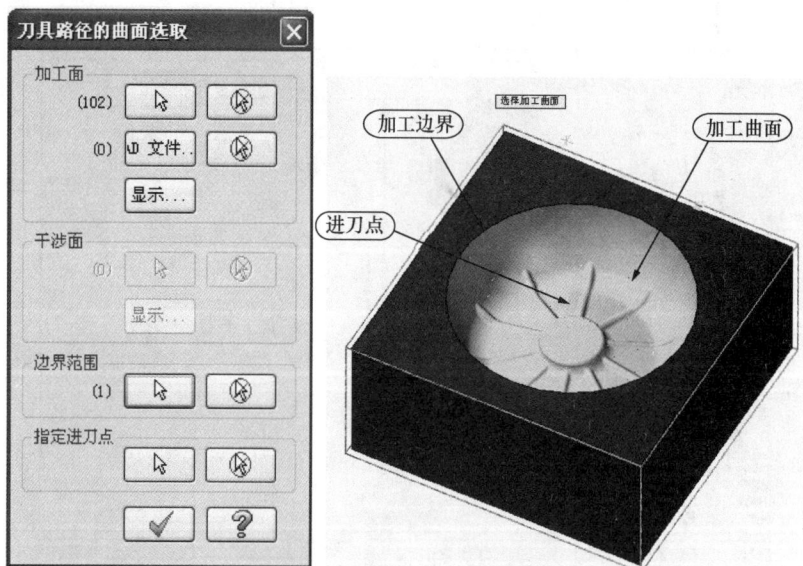

图 3-97　选择加工曲面，设置边界范围及进刀点

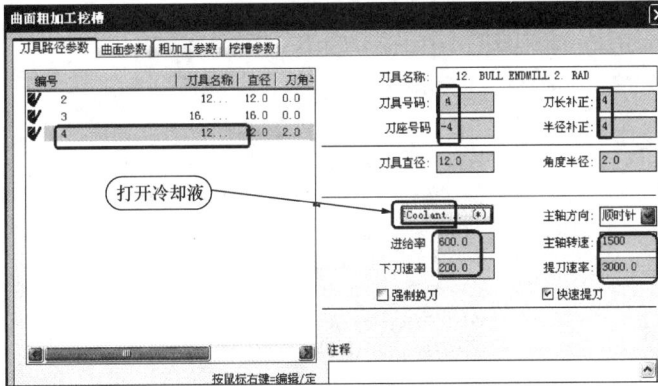

图 3-98　设置刀具切削参数

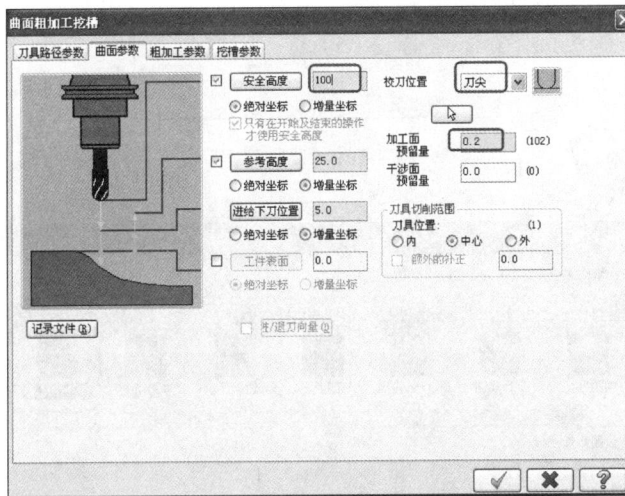

图 3-99　设置曲面参数

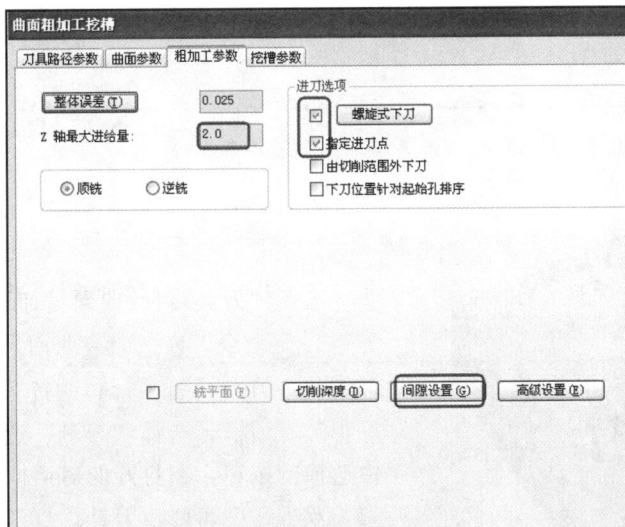

图 3-100　设置粗加工参数

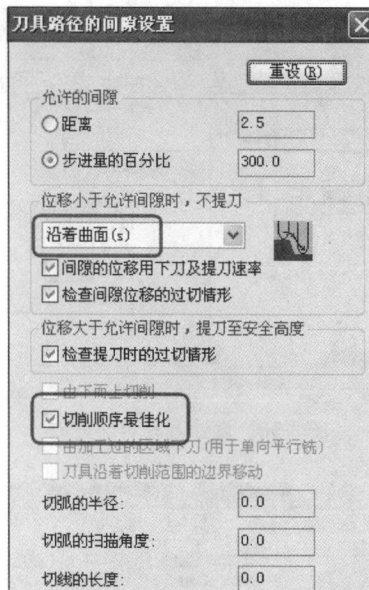

图 3-101　设置间隙

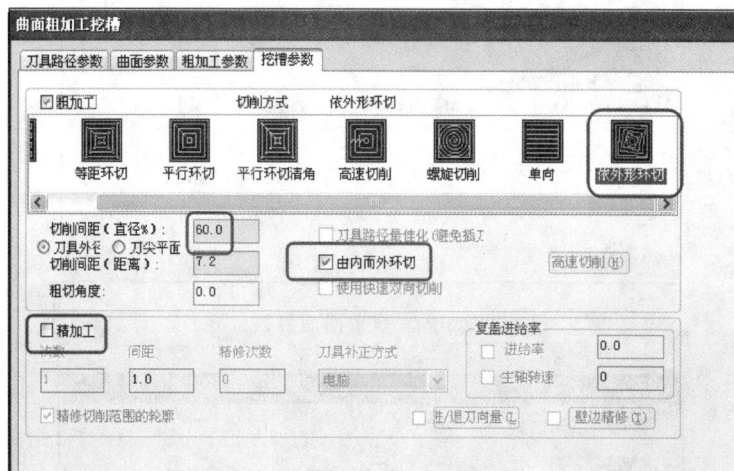

图 3-102　设置挖槽参数

图 3-103　刀路仿真结果

6. 环绕等距精加工

　　选择"刀具路径/曲面精加工/曲面精加工环绕等距" 命令，窗选瓶底曲面，设置干涉面、边界范围及进刀点（图 3-104）。打开"曲面精加工环绕等距"对话框，选择"刀具"选项，单击"从刀库中选择"按钮，在打开的对话框中选择 φ8mmR4 球刀，双击选中，修改刀补，打开冷却液，设置刀具切削参数（图 3-105），设置曲面参数（图 3-106），设置环绕等距精加工参数（图 3-107），设置整体误差（图 3-108），设置环绕设置参数（图 3-109），设置间隙（图 3-110），完成"曲面精加工环绕等距"刀路设置，刀路仿真结果如图 3-111 所示。

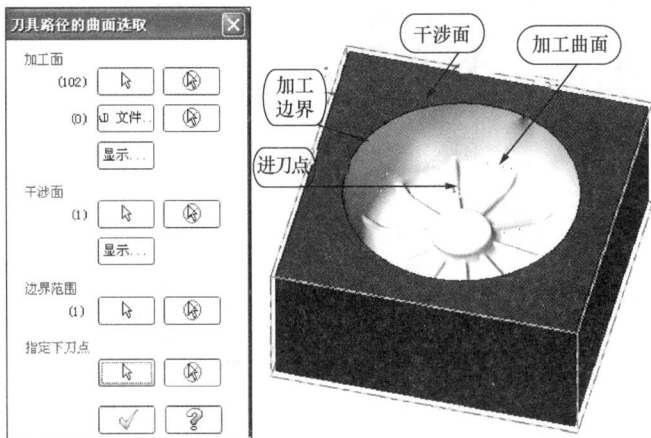

图 3-104　选择加工曲面，设置干涉面、设置边界范围进刀点

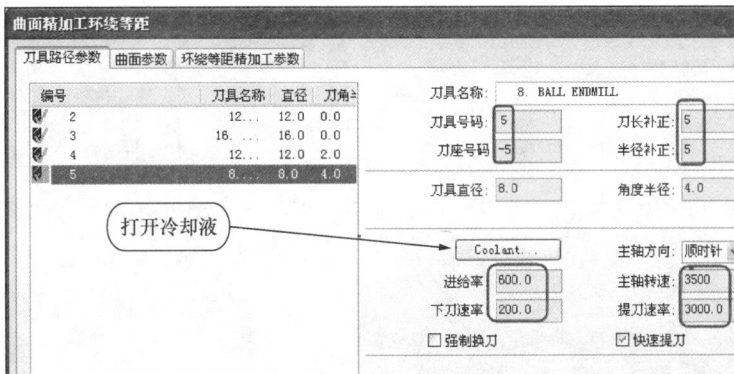

图 3-105　设置刀具切削参数

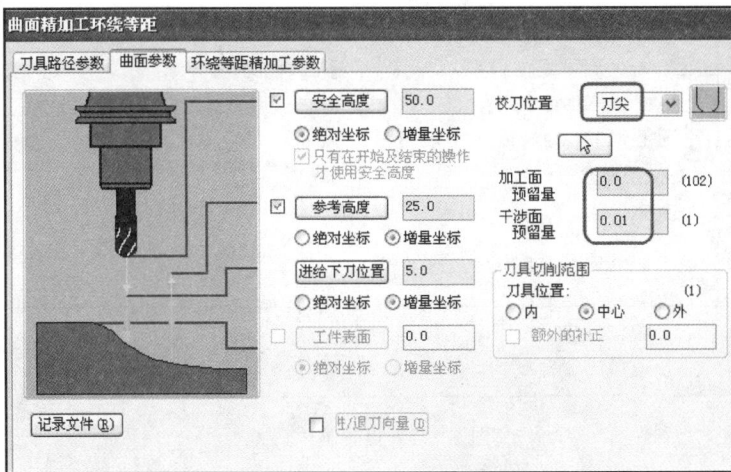

图 3-106　设置曲面参数

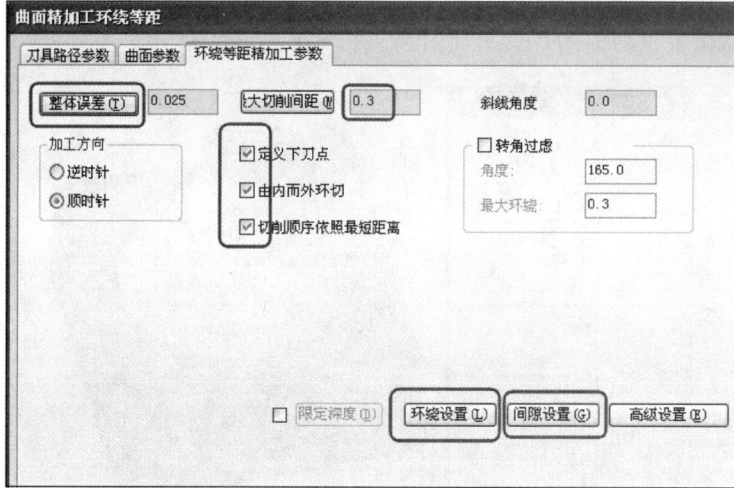

图 3-107　设置环绕等距精加工参数

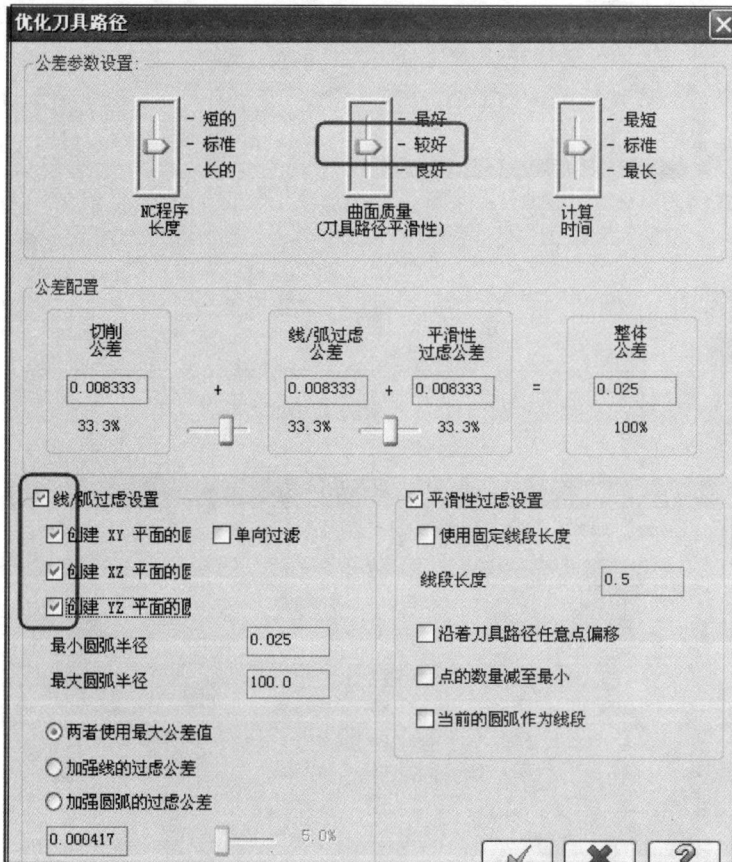

图 3-108　设置整体误差

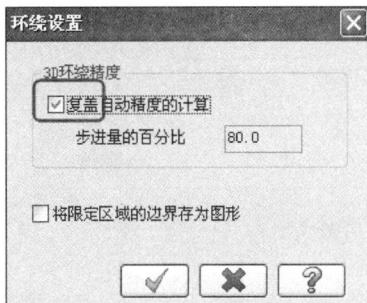

图 3-109　设置环绕设置参数　　　　　图 3-110　设置间隙

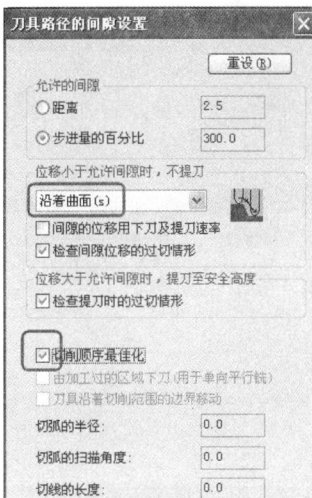

7. 放射状精加工

选择"刀具路径/曲面精加工/精加工放射状"命令，窗选瓶底曲面，设置干涉面、边界范围及进刀点（图 3-112）。打开"曲面精加工放射状"对话框，选择"刀具"选项，单击"从刀库中选择"按钮，在打开的对话框中选择 ϕ2mmR1 球刀，双击选中，修改刀补，打开冷却液，设置刀具切削参数（图 3-113），设置曲面参数（图 3-114），设置放射状精加工参数（图 3-115），设置整体误差（图 3-116），设置限定深度（图 3-117），设置间隙（图 3-118），完成"放射状精加工"刀路设置，刀路仿真结果如图 3-119 所示。

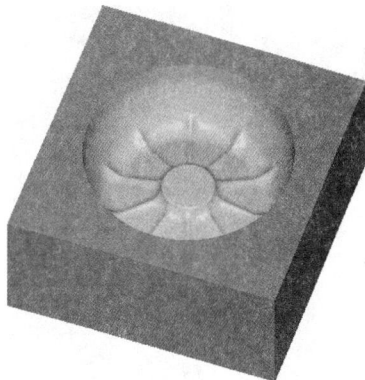

图 3-111　刀路仿真结果

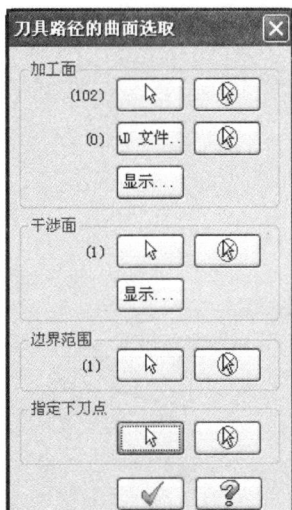

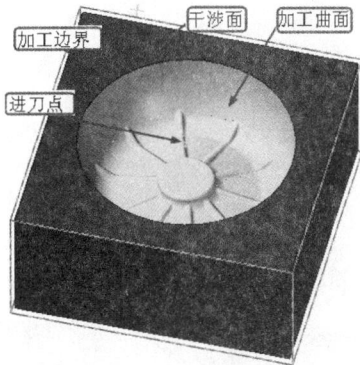

图 3-112　选择加工曲面，设置干涉面、边界范围及进刀点

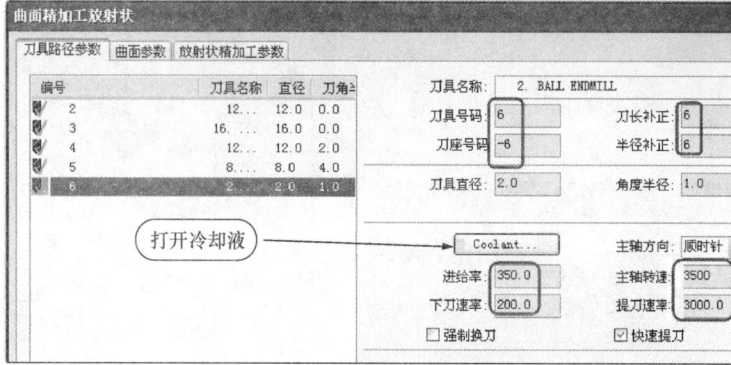

图 3-113　设置刀具切削参数

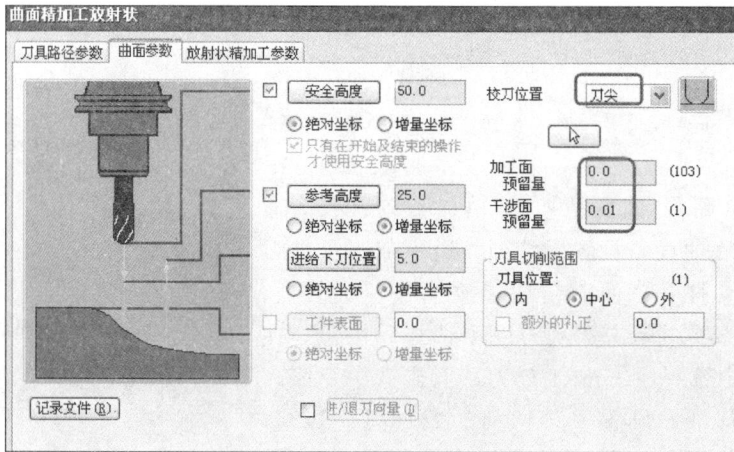

图 3-114　设置曲面参数

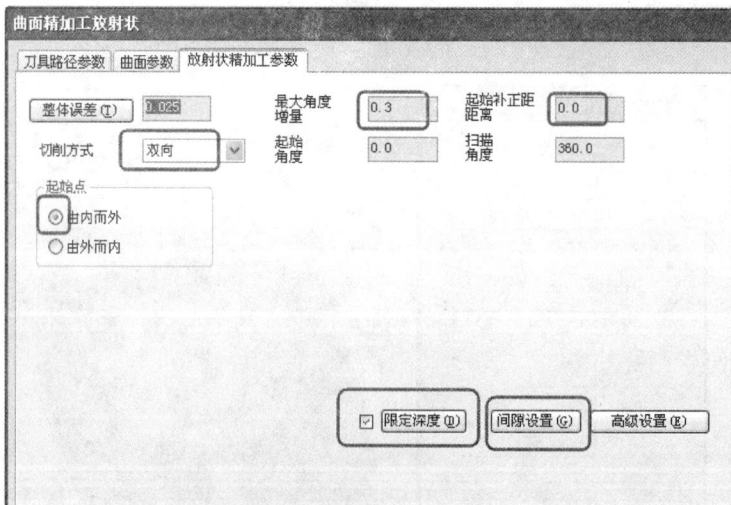

图 3-115　设置放射状精加工参数

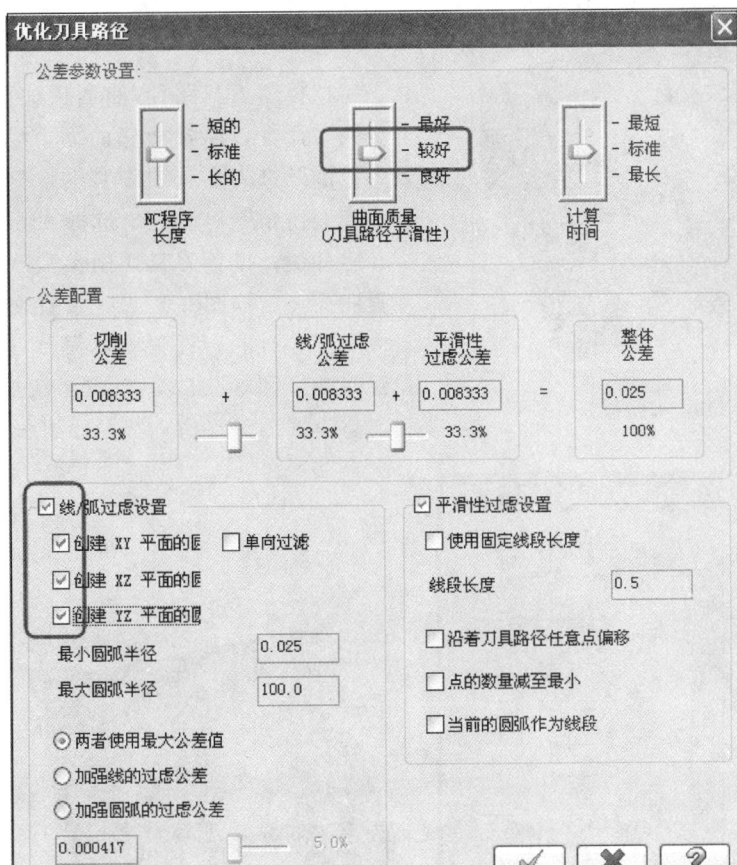

图 3-116　设置整体误差

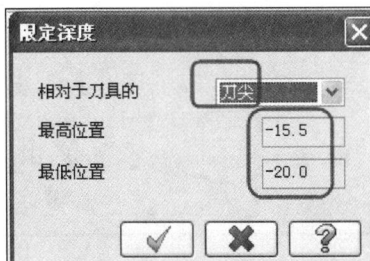

图 3-117　设置限定深度

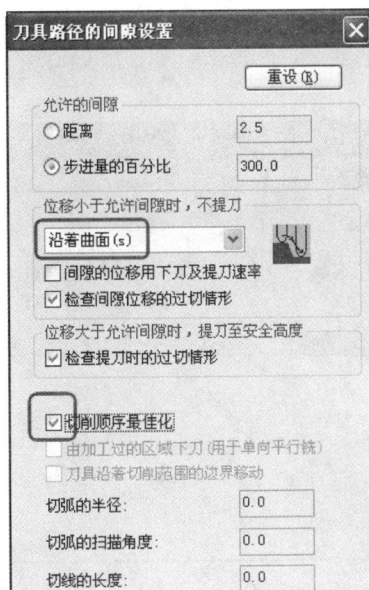

图 3-118　设置间隙

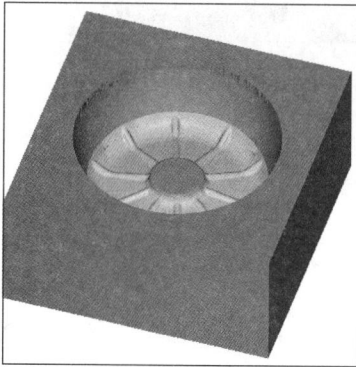

图 3-119　刀路仿真结果

8. 交线清角精加工

选择"刀具路径/曲面精加工/精加工交线清角"命令，窗选瓶底曲面，设置干涉面、边界范围及进刀点（图 3-120）。打开"曲面精加工交线清角"对话框，选择 ϕ2mmR1 球刀，打开冷却液，设置刀具切削参数（图 3-121），设置曲面参数（图 3-122），设置交线清角加工参数（图 3-123），设置整体误差（图 3-124），设置间隙（图 3-125），完成"精加工交线清角"刀路设置，刀路仿真结果如图 3-126 所示。

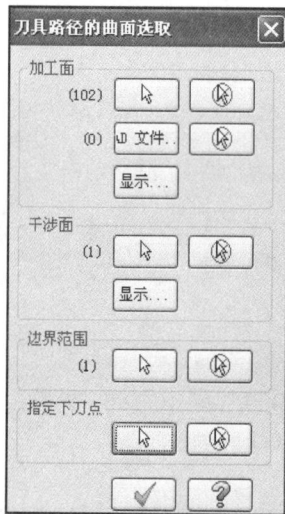

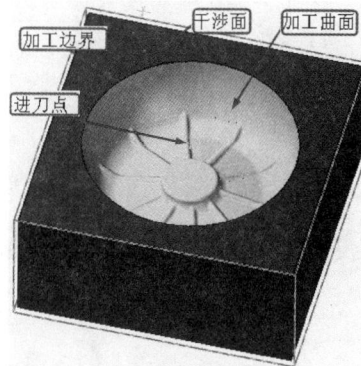

图 3-120　选择加工曲面，设置干涉面、边界范围及进刀点

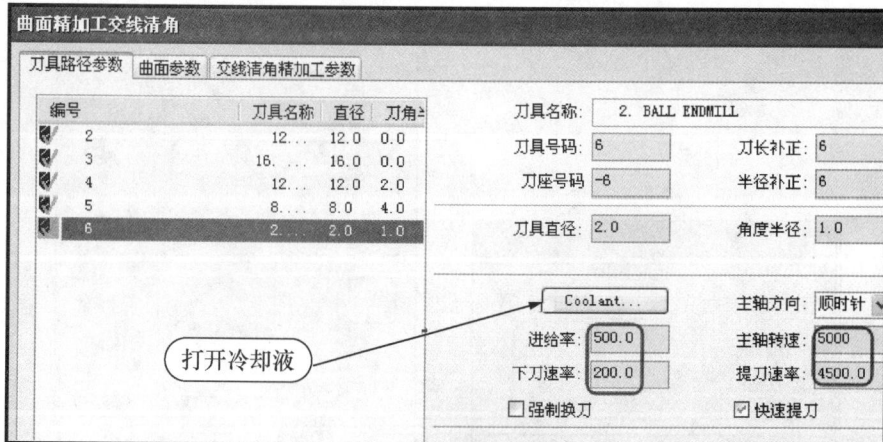

图 3-121　设置刀具切削参数

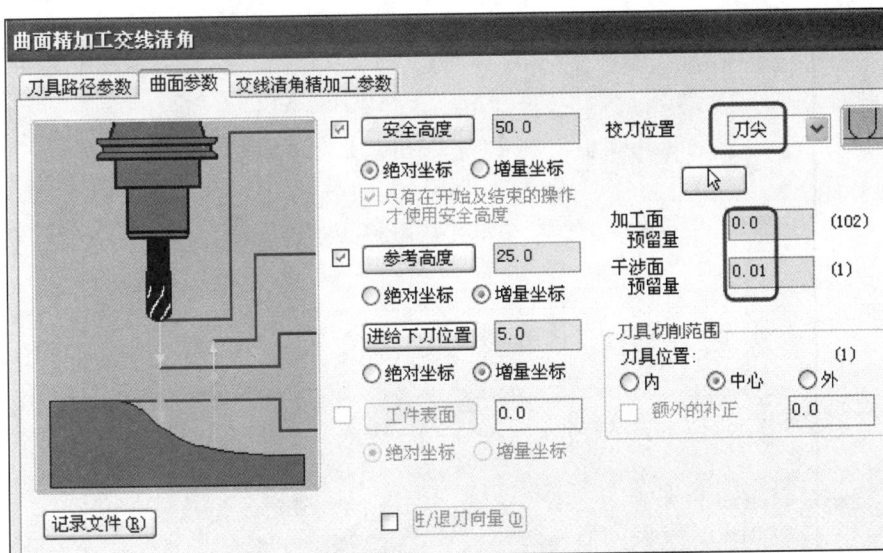

图 3-122　设置曲面参数

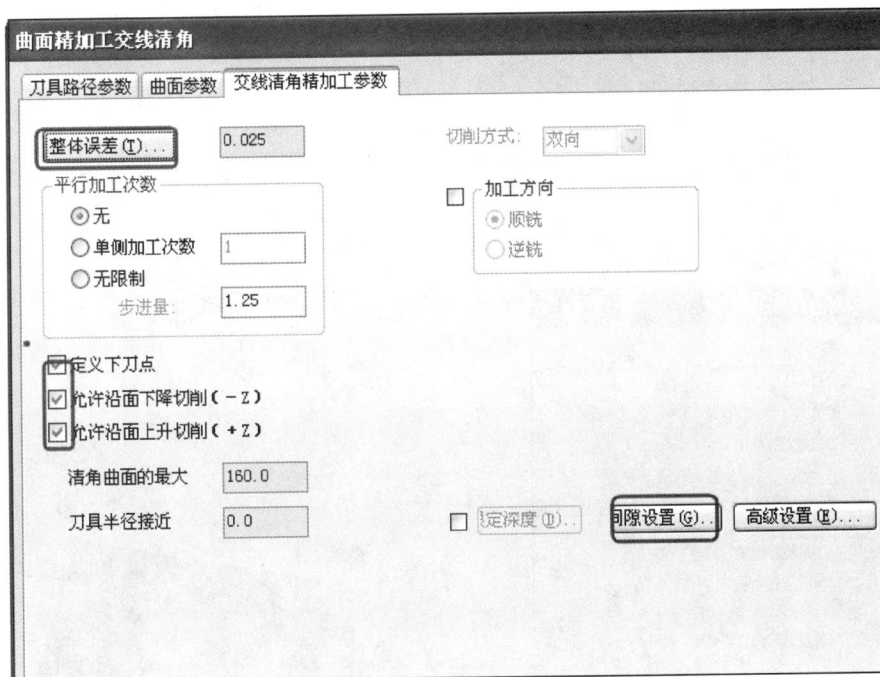

图 3-123　设置交线清角精加工参数

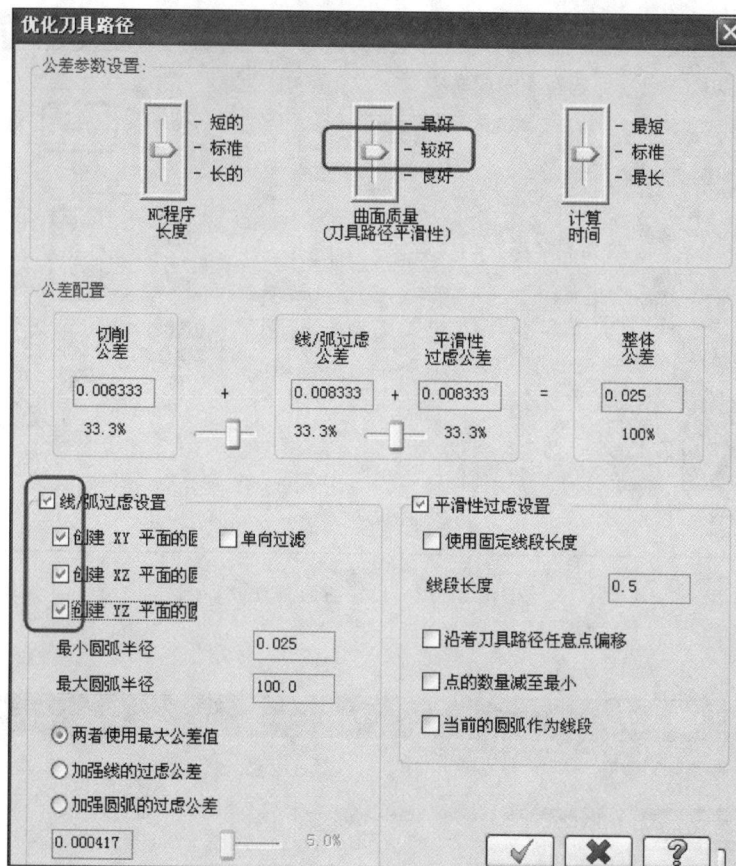

图 3-124　设置整体误差

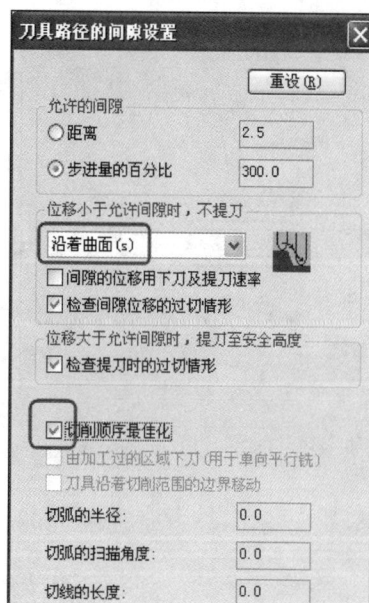

图 3-125　设置间隙

图 3-126　刀路仿真结果

9. 文字投影加工

1）选择机床。选择"机床类型/铣床/默认"命令。

2）设置毛坯。方法同上，注意延伸量均为 0。

3）将文字层 5 设为当前层，关闭曲面层 6，绘图平面及屏幕视角均为"俯视图"。

4）2D 挖槽。选择"刀具路径/2D 挖槽"命令，打开"串连选项"对话框，单击"窗选"按钮，选择窗选文字，输入搜寻点（图 3-127），单击"确定"按钮。打开"2D 刀具路径-2D 挖槽"对话框，选择"刀具"选项，单击"从刀库中选择"按钮，在打开的对话框中选择 φ1mm 平底刀，双击选中，将实际尺寸改为 0.2，修改刀补，设置刀具切削参数（图 3-128），设置切削参数（图 3-129），设置粗加工参数（图 3-130），设置 Z 轴分层铣削参数（图 3-131），设置共同参数（图 3-132），设置冷却液，完成"2D 挖槽"刀路设置，刀路仿真结果如图 3-133 所示。

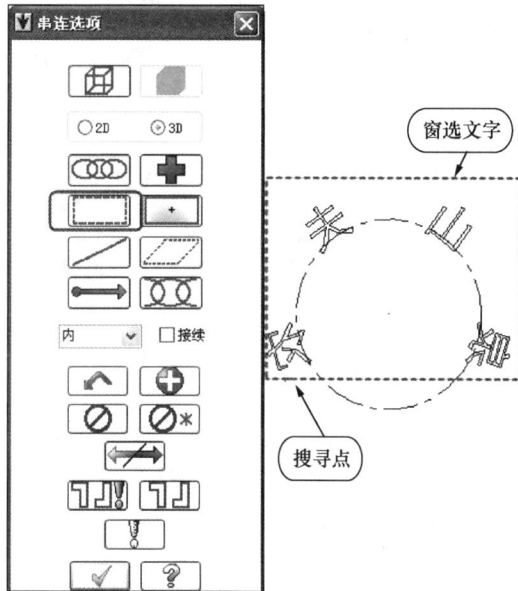

图 3-127 窗选文字

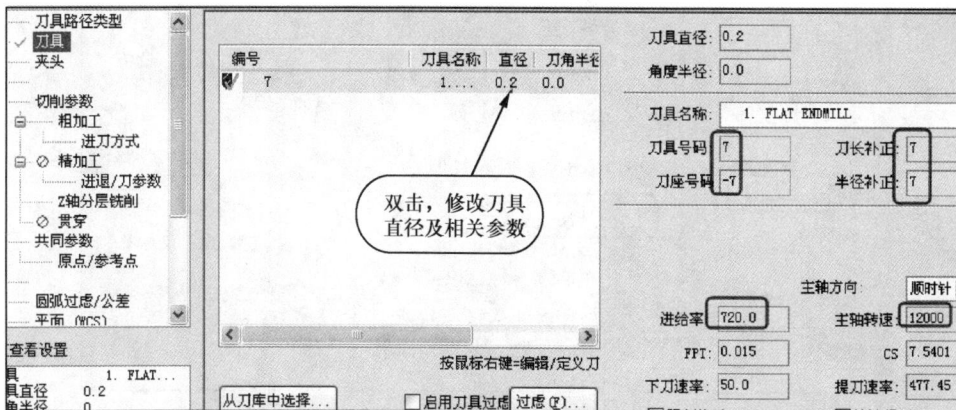

图 3-128 设置刀具切削参数

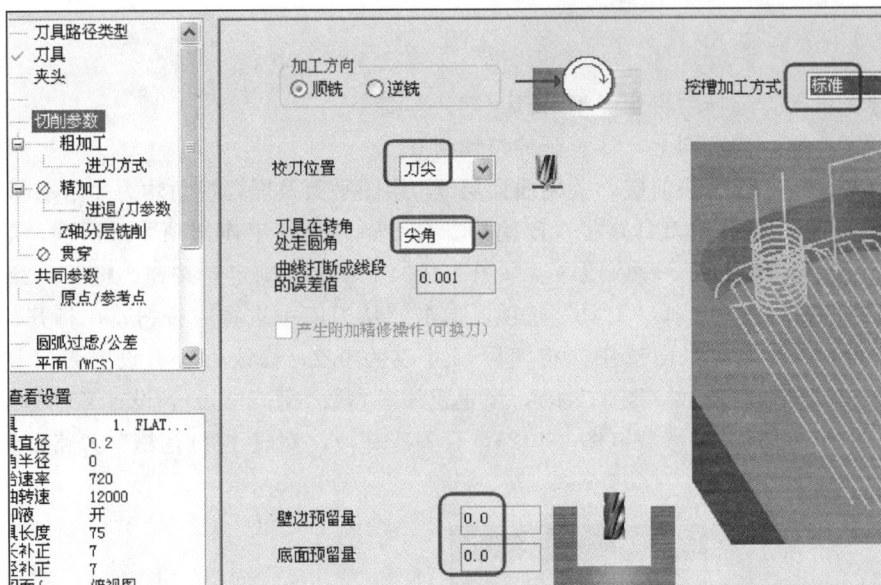

图 3-129　设置切削参数

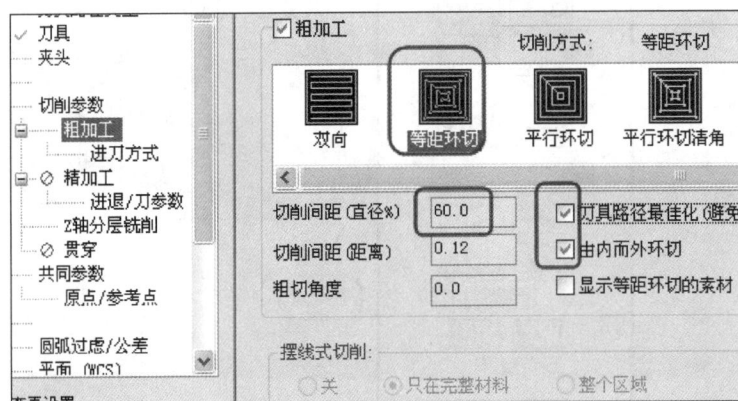

图 3-130　设置粗加工参数

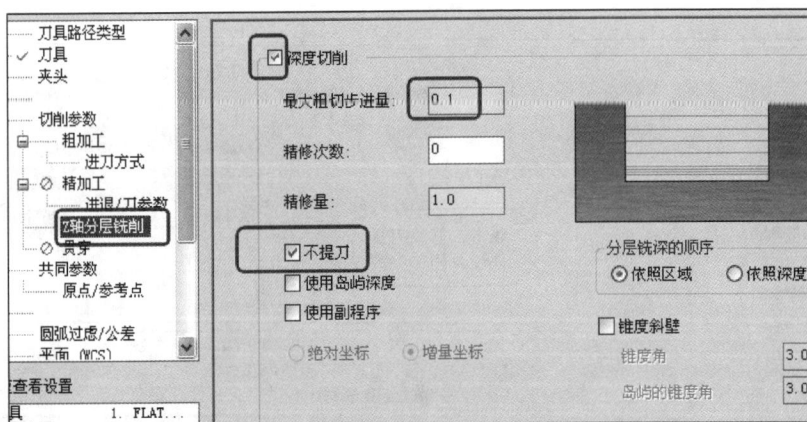

图 3-131　设置 Z 轴分层铣参数

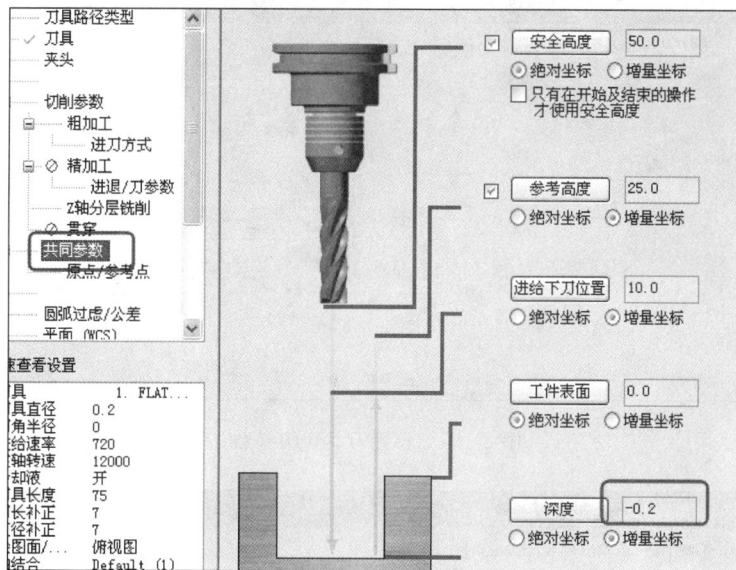

图 3-132　设置共同参数

5）投影加工。打开曲面层 6，选择"刀具路径/曲面精加工/精加工投影加工"命令，选择瓶底曲面作为加工面，选择加工曲线，窗选文字，输入搜寻点（图 3-134）。打开"2D 刀具路径-2D 挖槽"对话框，选择 φ0.2mm 的平底刀，刀号仍为"7"，设置刀具切削参数，打开冷却液（图 3-135），设置曲面参数（图 3-136），设置投影加工参数（图 3-137），设置间隙（图 3-138），完成"2D 挖槽"刀路设置，刀路仿真结果如图 3-139 所示。

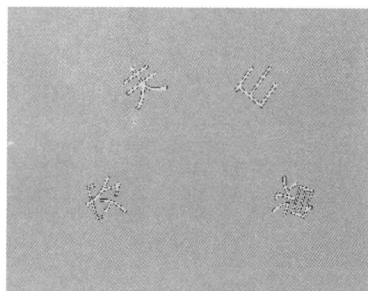

图 3-133　刀路仿真结果

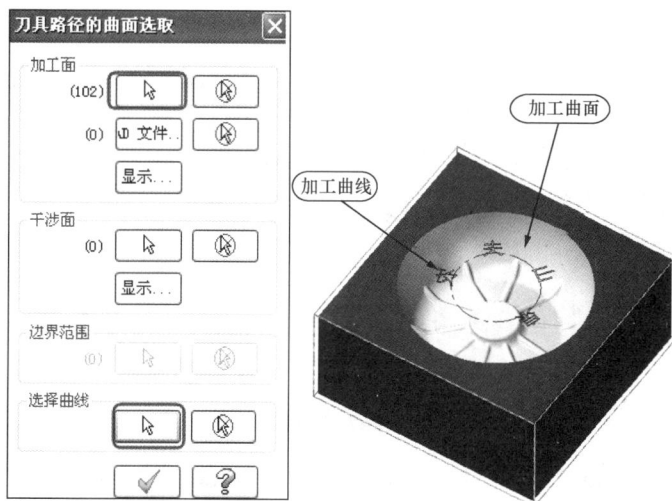

图 3-134　窗选加工面及曲线

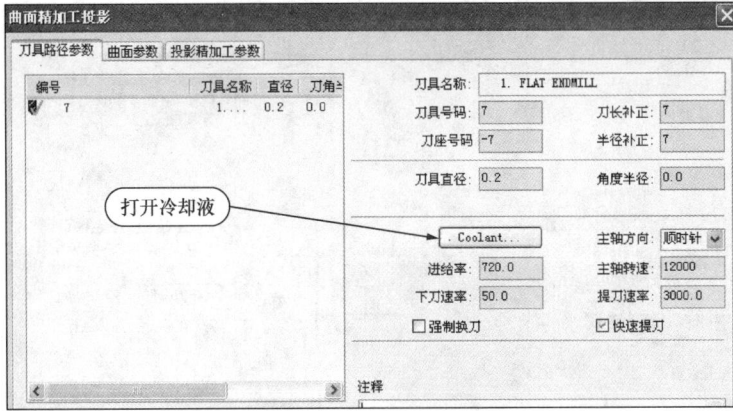

图 3-135　设置刀具切削参数

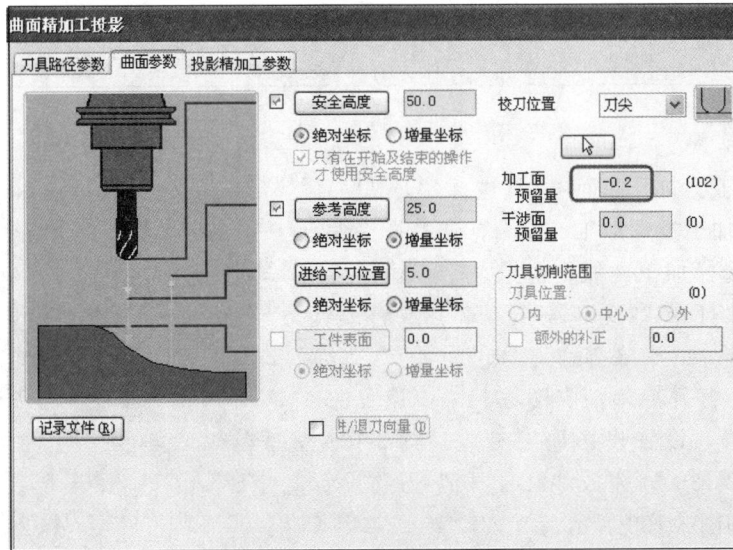

图 3-136　设置曲面参数

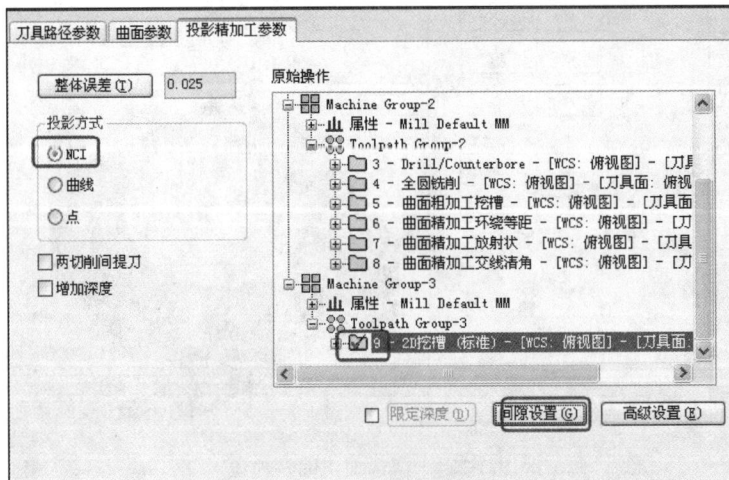

图 3-137　设置投影加工参数

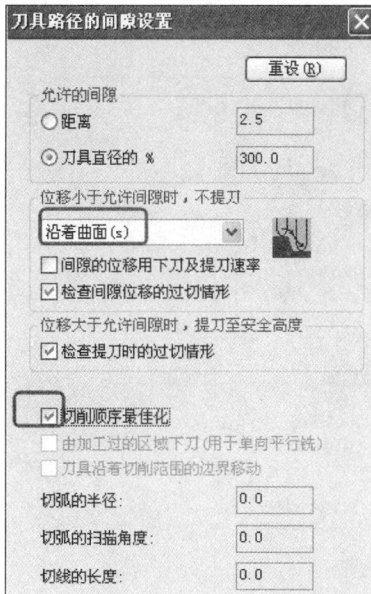

图 3-138　设置间隙

图 3-139　刀路仿真结果

6）关闭 2D 挖槽刀路。在"刀具操作管理器"对话框中选择 2D 挖槽刀路，单击"后处理切换操作"按钮 （图 3-140），结果如图 3-141 所示。

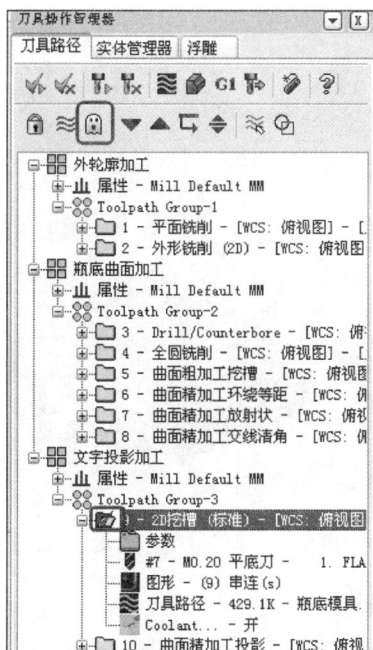

图 3-140　关闭刀路后处理

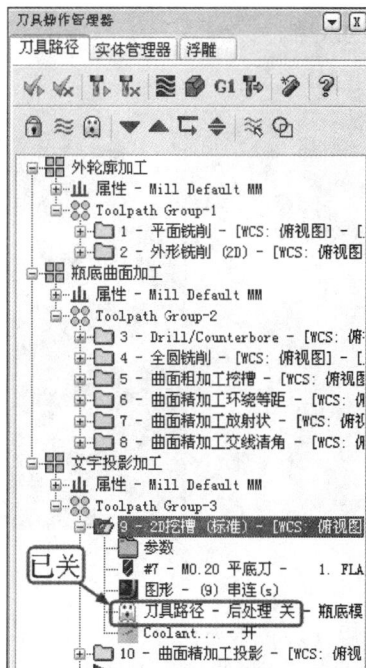

图 3-141　刀路的后处理关闭

10. 刀路验证与后处理（群组重命名）

1）刀路验证。在"刀具操作管理器"对话框中单击"选择所有操作"按钮 ，单击

"验证"按钮 （图 3-142），打开"验证"对话框。勾选"碰撞停止"复选框，单击"最终结果"按钮 （图 3-143），仿真结果如图 3-144 所示。

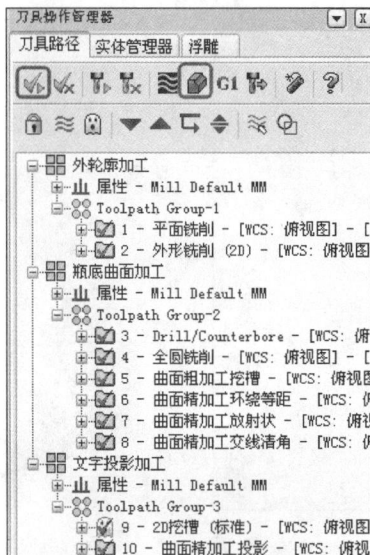

图 3-142   选择所有刀路

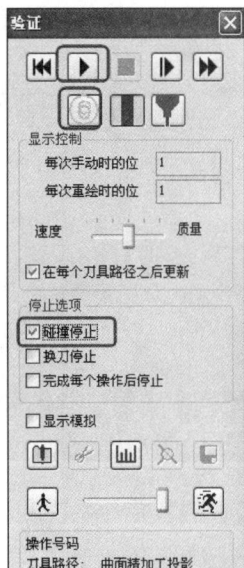

图 3-143   设置实体验证

图 3-144   实体仿真结果

2）后处理。本刀路共分"外轮廓加工"、"瓶底曲面加工"、"文字加工"三部分，需分别生成程序。这里以"外轮廓加工"为例。在"刀具操作管理器"对话框中选择"外轮廓加工"选项，单击 G1 按钮（图 3-145），打开"后处理程序"对话框，默认为 FANUC 后处理（图 3-146），单击"确定"按钮。在打开的"另存为"对话框中，选择程序保存的路径（图 3-147），单击"确定"按钮。结果如图 3-148 所示。其余刀路后处理方法同上。

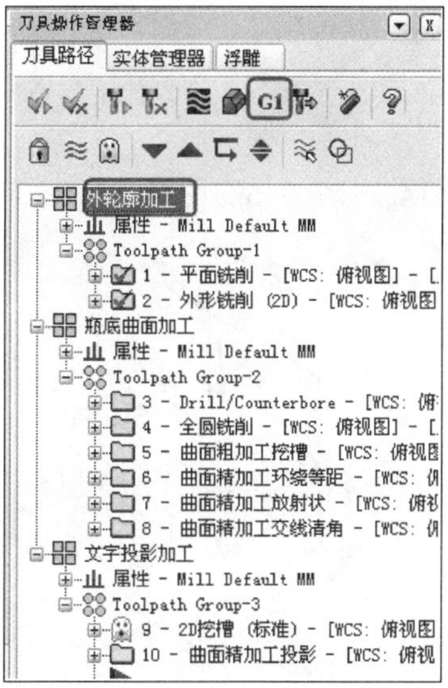

图 3-145　外轮廓加工的后处理

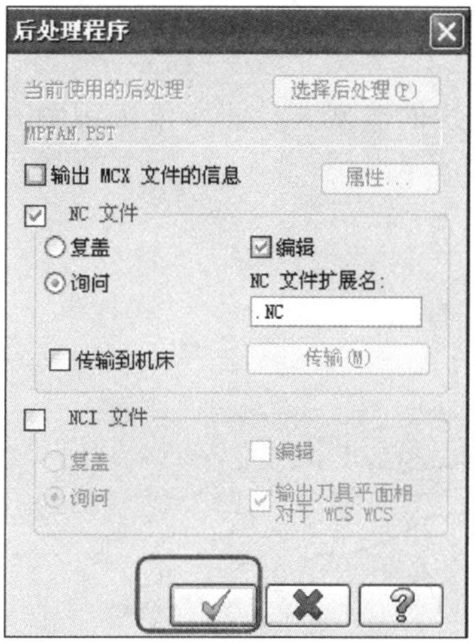

图 3-146　FANUC 后处理

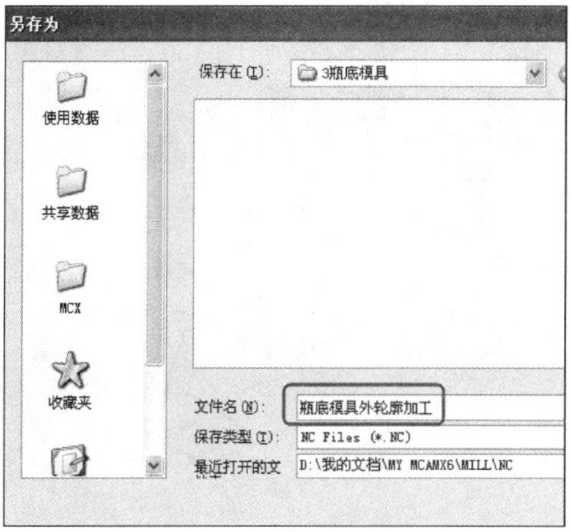

图 3-147　保存程序

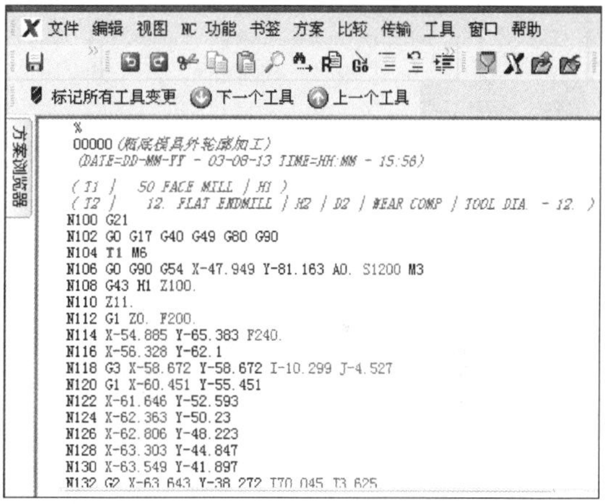

图 3-148　生成的程序

✿ 项目小结

本项目以矿泉水瓶底模具为例，介绍了曲面造型和曲面加工。在具体的操作过程中需要注意以下几点：

1）绘制轮廓线时，要根据实际情况及时转换绘图平面。

2）扫描曲面的截面轮廓线要与引导轨迹线垂直。

3）钻工艺孔和全圆铣削主要考虑提高生产效率及延长刀具寿命。

4）在瓶底放射状精加工刀路时，通过控制刀路的深度，提高生产效率。

5）在文字的投影加工部分，先用"2D 挖槽"刀路而不是直接采用"投影加工"刀路，主要考虑分层铣削。

6）后处理时刀路要分开进行，特别是文字加工。

✳ **实训练习**

1. 三维空间线框造型

三维空间线框造型。参照所给工程图（图 3-149～图 3-152）进行三维空间线框造型。

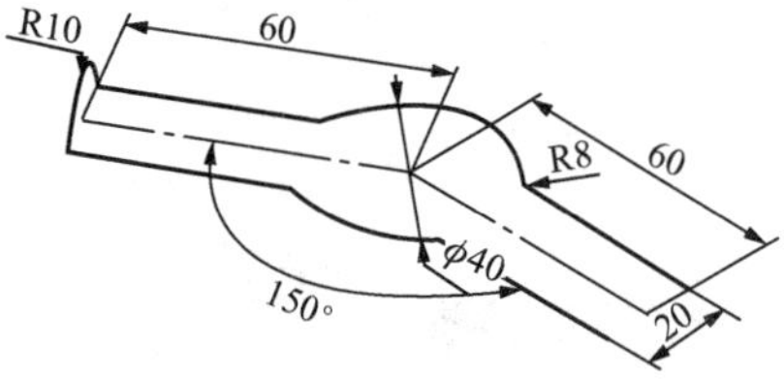

图 3-149　工程图（一）

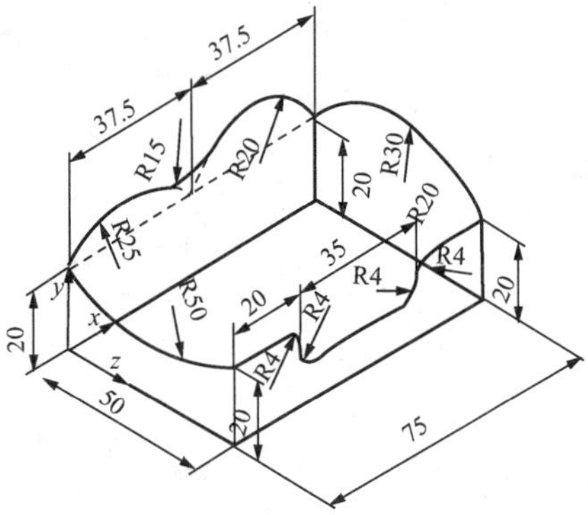

图 3-150　工程图（二）

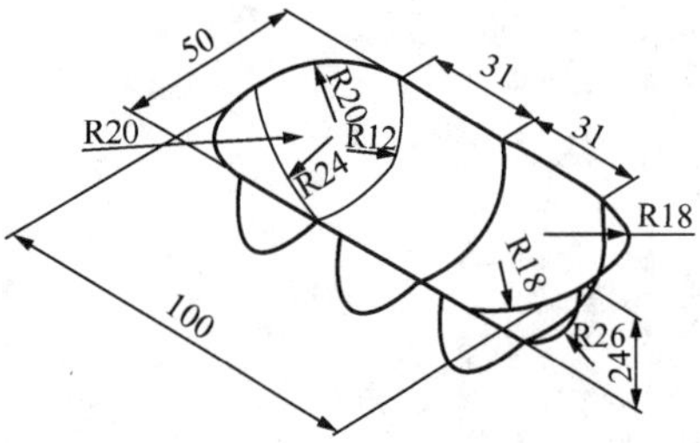

图 3-151　工程图（三）

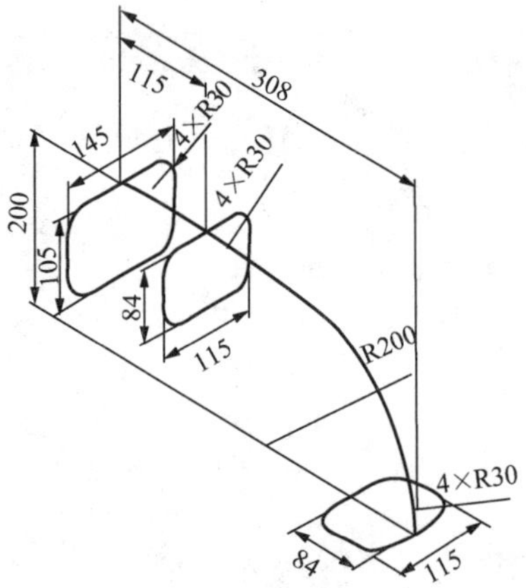

图 3-152　工程图（四）

2. 曲面造型

曲面造型。参照所给工程图（图 3-153～图 3-155）进行曲面造型。

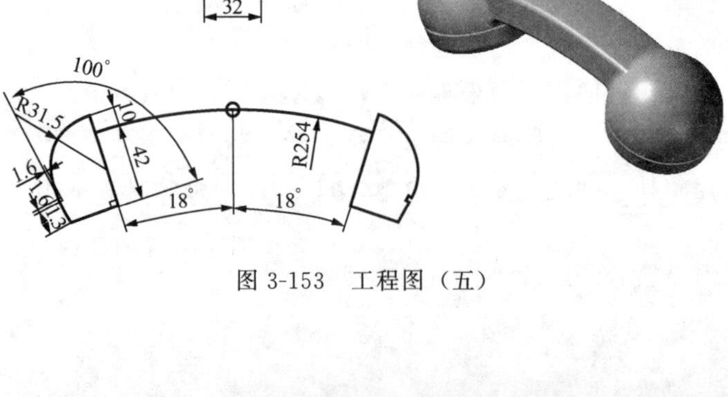

图 3-153　工程图（五）

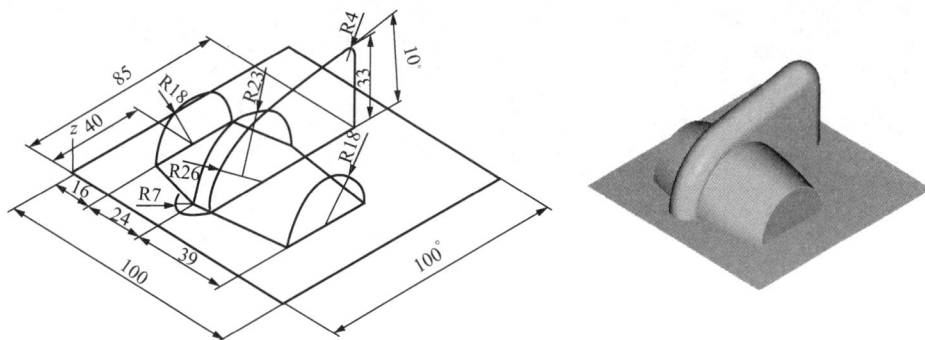

图 3-154　工程图（六）

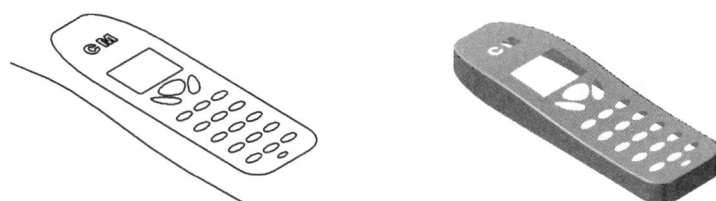

图 3-155　工程图（七）

3. 曲面加工

曲面加工。参照所给工程图（图 3-156 和图 3-157）进行曲面加工。

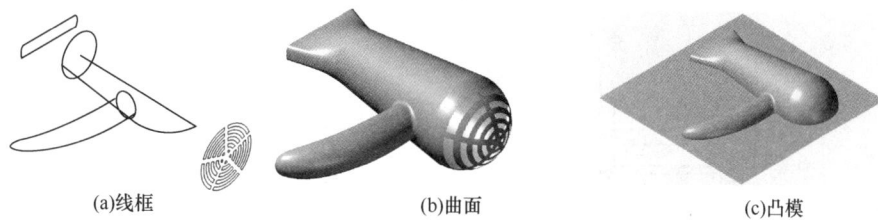

(a)线框　　　　(b)曲面　　　　(c)凸模

图 3-156　工程图（八）

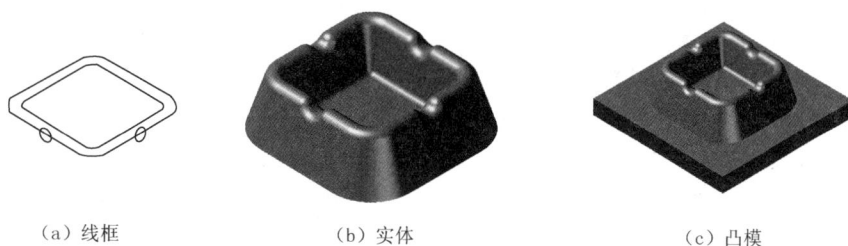

（a）线框　　　　（b）实体　　　　（c）凸模

图 3-157　工程图（九）

接线盖凸模的工艺设计与制造

❋ 项目简介

接线盖是某型号电主轴的一个零件，其材料为 ZL102。本项目要求根据其毛坯图（图 4-1）完成铸铝凸模（图 4-2）的设计与制造，凸模的材料为 H13。模具造型部分主要涉及圆弧、实体挤出、实体切割、拔模、实体倒圆角、布尔运算、比例缩放、实体生成曲面等命令；CAM 部分主要涉及 2D 加工的"平面铣削、2D 高速中心除料、外形铣削"等刀路，曲面加工的"放射状曲面精加工、等高外形曲面精加工"等刀路。

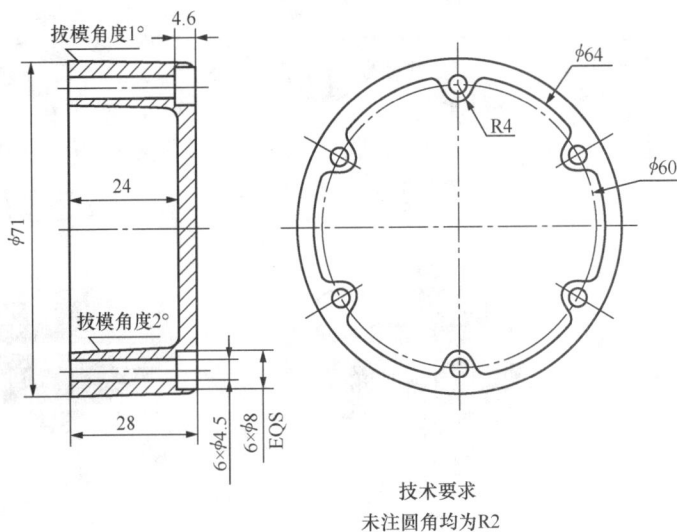

技术要求
未注圆角均为R2

图 4-1   接线盖毛坯图

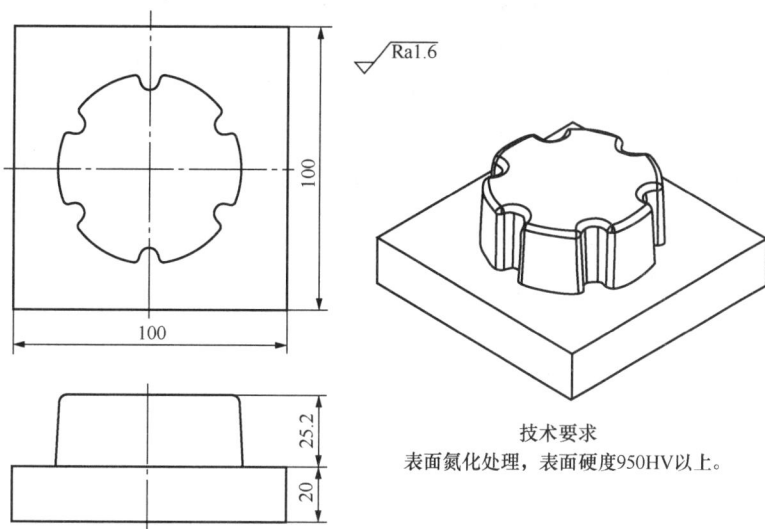

图 4-2 接线盖凸模图

项目分析

接线盖凸模是接线盖铸铝模具的一个零件,在设计过程中要考虑材料的收缩率,其工艺过程一般包括:毛坯—粗铣—调质—精铣—钳工修整—表面硬化处理—钳工抛光。本项目主要工序见表 4-1。

表 4-1 接线盖凸模的主要工序

1. 毛坯	2. 粗铣	3. 调质	4. 精铣

任务分解

任务 4.1 接线盖凸模的曲面造型
任务 4.2 接线盖凸模的 CAM 编程

知识点、技能点

知识点:

✧ 圆弧　　　　　　　　✧ 实体重命名　　　　　　✧ 铣平面

◇ 实体挤出　　　　　◇ 布尔运算　　　　　◇ 铣外形
◇ 实体切割　　　　　◇ 实体生成曲面　　　◇ 2D 高速中心除料
◇ 实体倒圆角　　　　◇ 图素的旋转复制　　◇ 放射状精加工
◇ 拔模　　　　　　　◇ 比例缩放　　　　　◇ 等高外形曲面精加工

技能点：

◇ 管理图层　　　　　　　　　　◇ 创建辅助曲线
◇ 由实体创建曲面　　　　　　　◇ 合理选择曲面加工刀路
◇ 利用布尔运算创建模具　　　　◇ 合理设置放射状加工的起始补正距离

基础知识

1. 实体倒圆角与倒角

实体倒圆角就是对实体的部分或全部边界进行圆角处理，是一种边的顺接形式。实体倒角就是在实体上切削斜边。方式有 3 种：单一距离、不同距离和距离/角度。实体倒圆角与倒角命令见表 4-2。

表 4-2　实体倒圆角与倒角命令

命令	说　　　明
实体倒圆角	1. 实体倒圆角：对实体的部分或全部边界进行圆角处理，是一种边的顺接形式。 ① 执行"实体倒圆角"命令 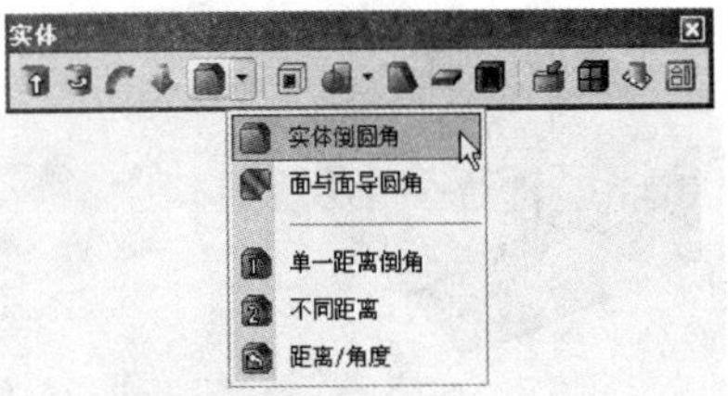 ② 设置图素选择方式  ③ 选择倒圆角的图素 　　　　　④ 设置实体倒圆角参数 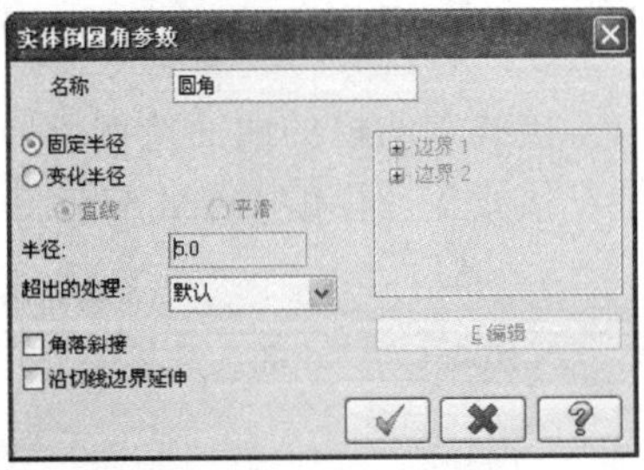

命令	说　　明
实体倒圆角	⑤ 实体倒圆角结果 2. 实体表面倒圆角：选择两个相邻的实体表面进行圆角处理。 ① 执行"面与面倒圆角"命令 ② 设置图素选择方式 ③ 分别选择倒圆角的面　　　　　　　　　　④ 设置实体面与面倒圆角参数 ⑤ 实体面与面倒圆角结果
实体倒角	1. 单一距离。 ① 执行"单一距离倒角"命令

命令	说　明

实体倒角

② 设置图素选择方式

③ 选择要倒角的图素

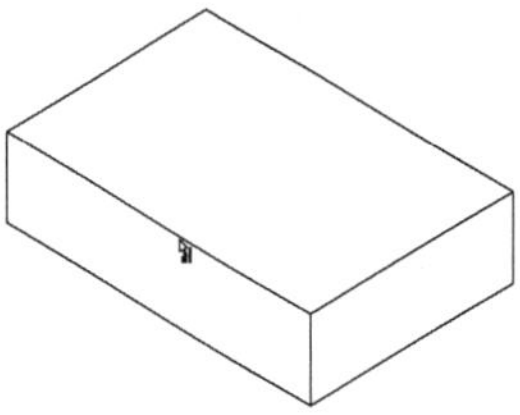

④ 设置实体倒角参数

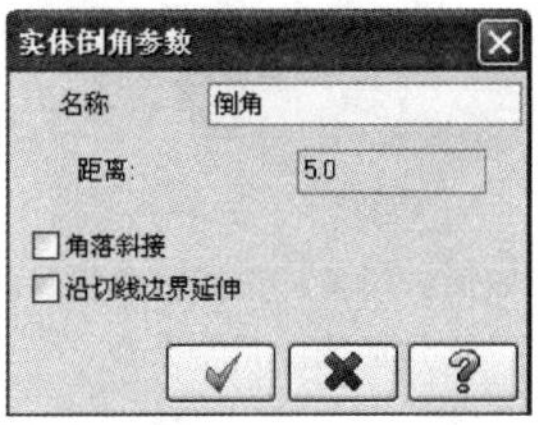

⑤ 实体单一距离倒角结果

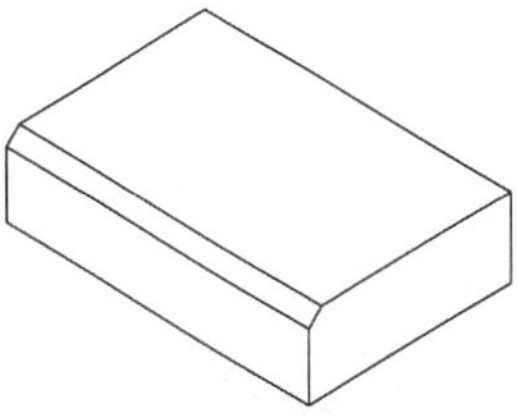

2. 不同距离。

① 执行"不同距离"命令

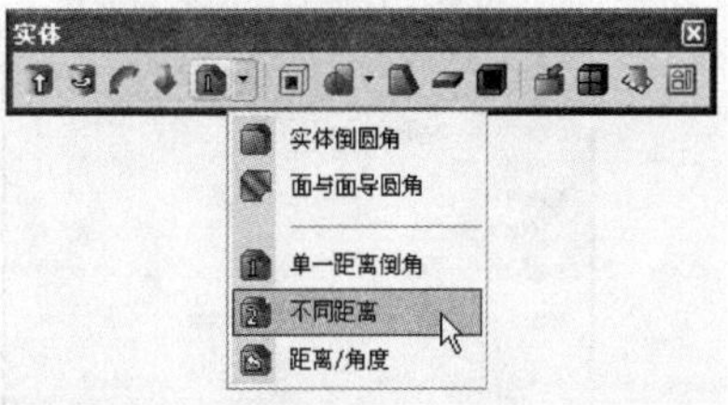

② 设置图素选择方式

③ 选择要倒角的图素

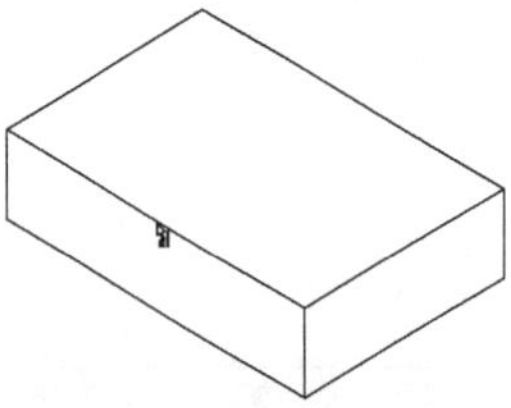

④ 选取参考面

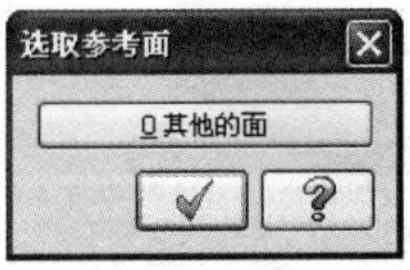

⑤ 设置实体倒角参数

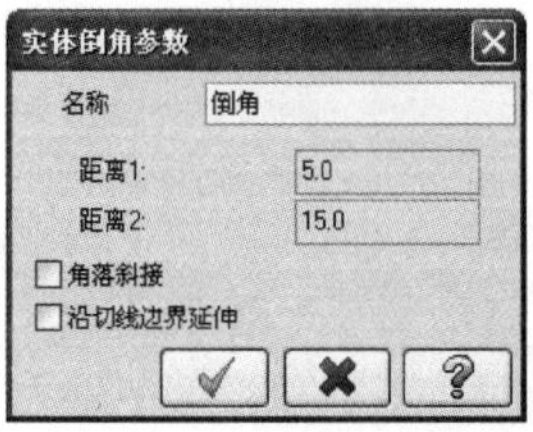

⑥ 实体不同距离倒角结果

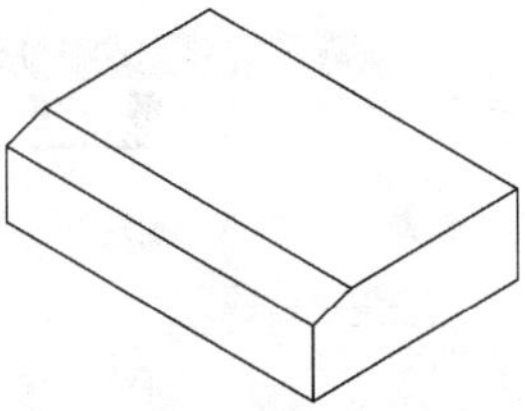

命　令	说　　　明
实体倒角	3. 距离/角度。 ① 执行"距离/角度"命令 ② 设置图素选择方式 ③ 选择要倒角的图素　　④ 选取参考面 ⑤ 设置实体倒角参数　　⑥ 实体距离/角度倒角结果

2. 布尔运算

布尔运算是指通过结合、切割和求交集的方法（图 4-3～图 4-6）将多个实体组合成一个单独的实体。通过各实体间的布尔运算可以构建出复杂的实体造型。在实体布尔运算中，选择的第一个实体通常称为目标实体（也称目标主体），其余的为工件实体（也称工件主体）。

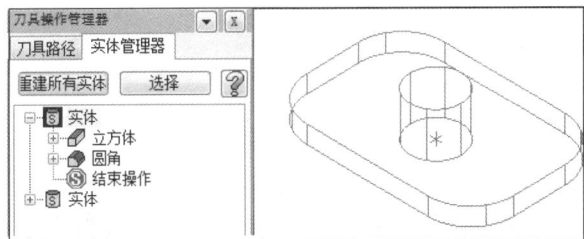

图 4-3　源文件

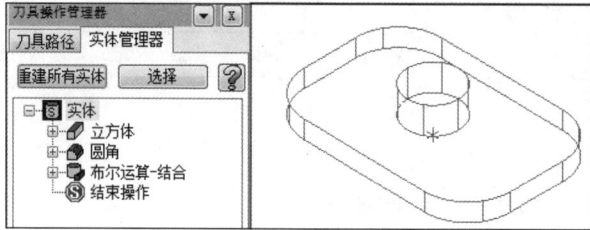

图 4-4   布尔运算——结合

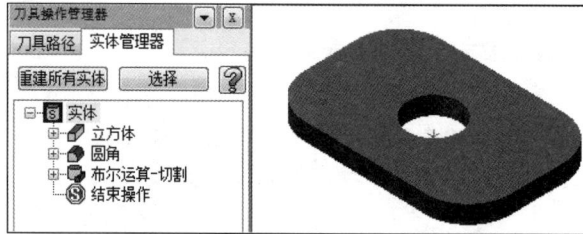

图 4-5   布尔运算——切割

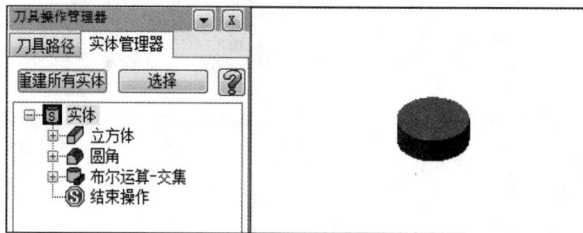

图 4-6   布尔运算——交集

3. 曲面加工

（1）曲面粗加工

曲面粗加工刀具路径见表 4-3。

表 4-3   曲面粗加工刀具路径

刀具路径	特点及适用场合	图 例
平行铣削	分层平行切削加工，加工完毕的工件表面刀路呈平行条纹状，刀路计算时间短，提刀次数多，开粗时加工效率低，较少采用。 适合加工比较平坦的曲面	
放射状加工	用于生成放射状粗加工刀具路径，常用于加工类似于圆形的零件，其主要特点是中心对称。 适合圆形曲面的加工	

刀具路径	特点及适用场合	图　例
投影加工	将已有的刀路数据投影到曲面上进行加工。这种加工方法不改变原来的 NC 文件中的刀具路径的 XY 坐标，而仅改变其 Z 坐标。 　　常用于文字、图案等的雕刻加工	
流线加工	刀具依据构成曲面的横向或纵向结构线方向进行加工。由于曲面流线粗加工能精确控制残脊高度，因而可以得到精确、光滑的加工表面。 　　适合于流线型曲面的粗加工	
等高外形	刀具沿曲面等高曲线加工，用平刀加工完毕的工件表面呈梯田状，曲面平坦时加工效果最佳。其特点是在每一层切削过程中刀具并不下降，而是铣削完一层再下降一个距离铣削下一层，以此类推，逐步向曲面靠拢。 　　适用于有较大坡度的曲面加工	
残料粗加工	用于生成清除前面粗加工刀具未切削到的毛坯材料，或因用直径较大刀具加工所残留材料的粗加工刀具路径，该方法需要与其他的加工方法配合使用	
挖槽粗加工	依据曲面形态（凹形或凸形）在 Z 轴方向下降生成粗加工刀具路径，主要用来对凹槽曲面进行加工，加工精度较低，如果加工凸形曲面，还必须先创建用于挖槽加工的边界。加工完毕的工件表面呈梯田状。刀路计算时间短，刀具切削负荷均匀，加工效率高，其走刀方式是最常用的来回走刀，与其他开粗刀路加工效率相比，曲面挖槽粗加工常作为开粗首选方案。 　　适用于复杂形状的曲面加工	
钻削式加工	类似于钻孔的一种加工方法，根据曲面外形，在 Z 方向下降生成粗加工刀具路径，以快速去掉粗加工余量	

（2）曲面精加工

曲面精加工刀具路径见表 4-4。

表 4-4　曲面精加工刀具路径

刀具路径	特点及适用场合	图　例
平行铣削	生成一组按特定角度相互平行切削精加工刀具路径。 该方式在实际中应用非常广泛，适用于坡度不大、曲面过渡比较平缓的零件加工	
陡斜面加工	主要用于清除残留在曲面斜坡上的材料。受刀具切削间距的限制，在平坦的曲面上的刀具路径密，而在陡斜面（即近于垂直的面，包括垂直面）处的刀具路径较稀，从而易导致留下过多的材料，达不到要求的表面精度。因此该方式一般与其他加工方式配合使用，以对前次加工中达不到要求的陡斜面进行再加工	
放射状加工	生成中心向外扩散的刀轨，这种方式生成的刀具路径在平面上是呈离散变化的，即越靠近轴原点刀间距越小，越远离轴原点刀间距越大。因此该方式适用于球形的工件，另外对于本身具有放射特征的、离放射中心距离较远的曲面加工也适用	
投影加工	将已有的刀具路径或几何图形投影到曲面上生成精加工刀具路径	
流线加工	其特点是按曲面的流线方向切削一个或者一组连续曲面。由于能精确控制刀痕高度（球刀残余高度），因而得到精确而光滑的加工表面	
等高外形	在同一高度层内围绕曲面进行加工，逐渐降层进行加工。该方式在数控加工上应用非常广泛，用于大部分直壁或者斜度不大的侧壁的精加工；通过限定高度值，只做一层切削，可用于清角加工等	
浅平面加工	用于加工较平坦的曲面，与陡斜面加工正好互补。某些精加工方式（如等高外形加工）会在曲面的平坦部位产生刀具路径较稀的现象，此时就可以用浅平面加工来保证该部位的加工精度	

刀具路径	特点及适用场合	图 例
交线清角	用于对两个或多个曲面间的交角处加工，主要用于清除曲面交线上残留的材料，并在交角处产生一致的半径，相当于在曲面间增加一个倒圆曲面。该方式必须使用刀尖半径大于曲面间交角半径的刀具，否则不能生成刀具路径。 　　在粗加工中，在曲面的交线处刀具路径可能不是最佳位置或刀具选择过大，加工完成后在曲面交线处可能残留一些材料，此时使用交线清角精加工是最合适的	
残料清角	用于清除因采用大尺寸刀具或加工方式选择不当而遗留下来未切削的残留材料，一般与其他加工方法配合使用	
3D 等距精加工	按照加工曲面的轮廓生成环绕工件曲面而且等距的刀具路径。在加工多曲面零件时保持较固定的残脊高度，允许沿一系列不相连的曲面产生加工路径。 　　该方式生成的刀具路径在平缓的曲面上及陡峭的曲面的刀间距相对较为均匀，适用于曲面的斜度变化较多的零件半精加工和精加工	

任务 4.1　接线盖凸模的曲面造型

任务分析

　　本任务主要学习利用实体创建曲面的建模方法，建议按表 4-5 进行曲面的建模。

表 4-5　接线盖凸模的曲面建模过程

1. 绘制圆弧	2. 创建基本实体	3. 绘制与修剪切割轮廓线	4. 切割实体

续表

5. 实体倒圆角	6. 实体倒圆角	7. 绘制孔轮廓线	8. 创建孔
9. 按比例缩放接线盖	10. 创建凸模实体	11. 创建凸模曲面	

操作过程

1. 绘制圆弧

1）初始绘图环境设置。将绘图平面及屏幕视角均设为"俯视图"，"2D"状态，按 F9 键，显示坐标原点，创建图层 1，按图 4-7 进行设置。

屏幕视角 俯视图　WCS:俯视图　刀具/绘图平面:俯视图

| 2D | 屏幕视角 | 平面& | Z | 0.0 | ▼ | 10 | ▼ | 层别 | 1：接线盖轮廓线 | ▼ | 属性 | * ▼ | | ▼ | |

图 4-7　初始绘图环境设置

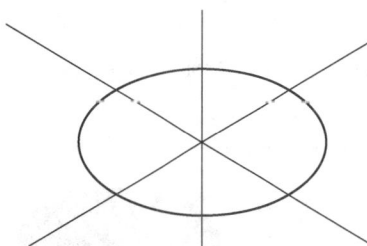

图 4-8　圆弧的绘制

2）圆弧的绘制。利用"圆弧"命令⊙，绘制 ϕ71mm 的圆弧，结果如图 4-8 所示。

2. 创建基本实体

利用"挤出实体"命令创建基本实体。将屏幕视角设为"等角视图"，选择"挤出实体"命令，打开"串连选项"对话框，选择圆弧（图 4-9），单击"确定"按钮。打开"挤出串连"对话框，设置挤出参数及拔模角度（图 4-10），单击"确定"按钮，结果如图 4-11 所示。

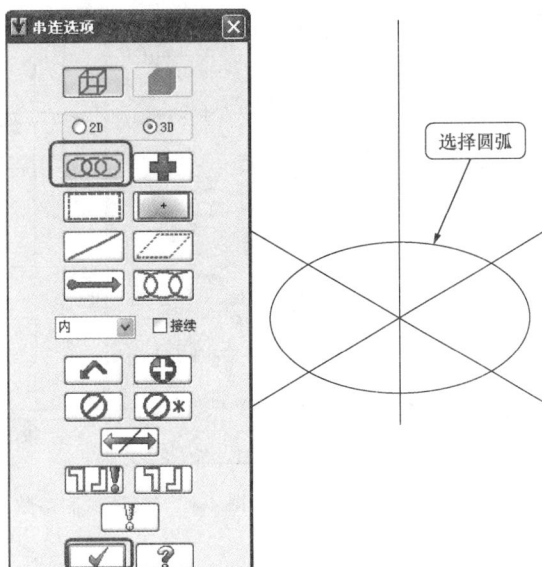

图 4-9 选择圆弧

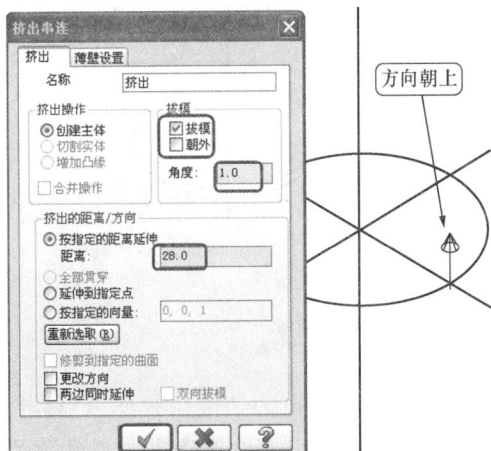

图 4-10 设置挤出参数

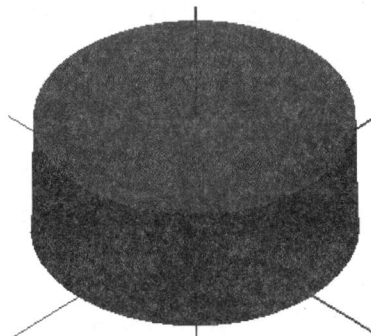

图 4-11 基本实体

3. 绘制与修剪切割轮廓线

1）绘图环境设置。与初始环境设置一样，将绘图平面及屏幕视角均设为"俯视图"，"2D"状态，将当前图层设为 2，关闭图层 1。

2）切割轮廓线的绘制。利用"圆弧"命令 ⊙，绘制圆弧廓线，结果如图 4-12 所示。

3）切割轮廓线的绘制。利用"旋转"命令 ⬚，复制圆弧轮廓线（图 4-13），清除颜色 ⬚，结果如图 4-14 所示。

4）切割轮廓线的修剪。利用"修剪/分割"命令，单击不需要的部分，修剪圆弧轮廓线，结果如图 4-15 所示。

5）删除辅助轮廓线。利用"删除"命令 ✎，删除 φ60mm 圆弧轮廓线，结果如图 4-16 所示。

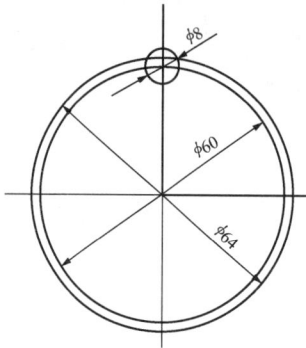

图 4-12　圆弧轮廓线的绘制

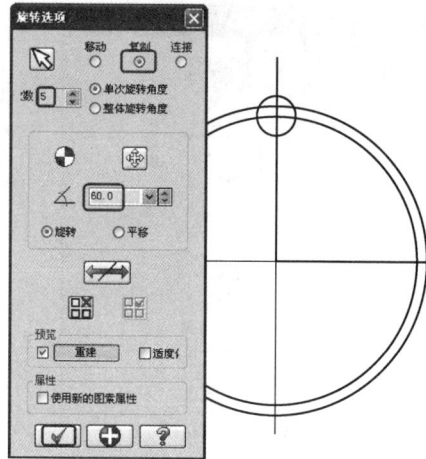

图 4-13　旋转复制参数的设置

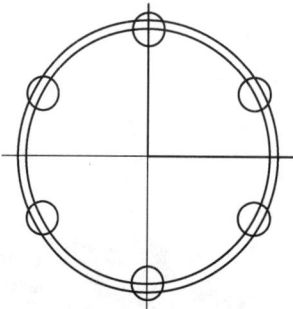

图 4-14　圆弧轮廓线的复制

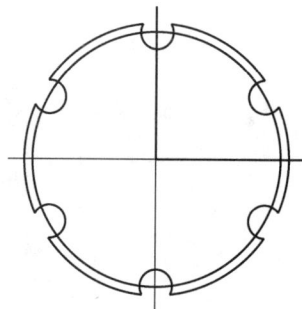

图 4-15　切割轮廓线的修剪

4. 切割实体

利用"挤出实体"命令切割基本实体。将屏幕视角设为"等角视图"，打开图层 1，关闭着色显示，利用"挤出实体"命令，选择切割轮廓线，设置挤出切割参数及拔模角度（图 4-17），结果如图 4-18 所示。

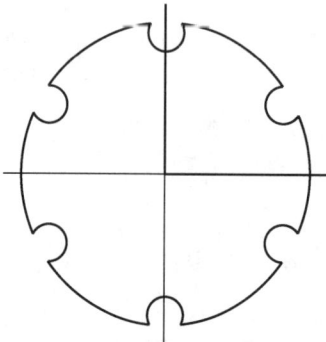

图 4-16　删除辅助轮廓线

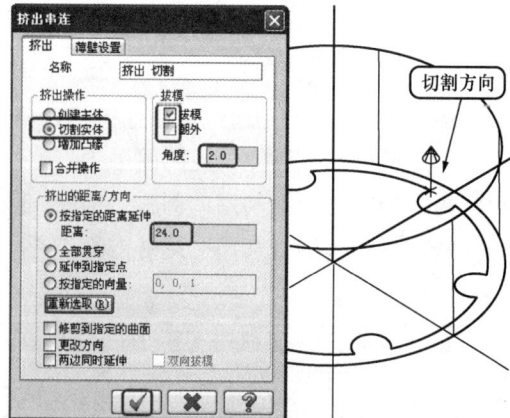

图 4-17　设置切割参数

5. 实体倒圆角

1) 对实体边倒圆角。利用"倒圆角"命令 ▣，选择倒圆角的边（图 4-19），设置圆角半径为"2.0"（图 4-20），结果如图 4-21 所示。

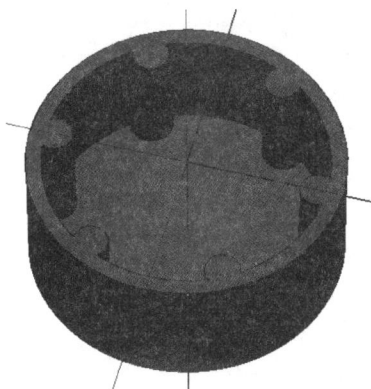

图 4-18　切割实体

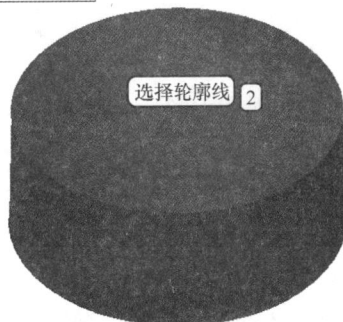

图 4-19　选择倒圆角的边

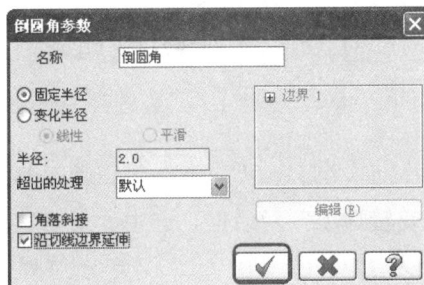

图 4-20　设置倒圆角参数

图 4-21　实体倒圆角（一）

2) 接线盖内部倒圆角。方法同上，连续单击要倒圆角的边（图 4-22），设置圆角半径参数为"2.0"，结果如图 4-23 所示。

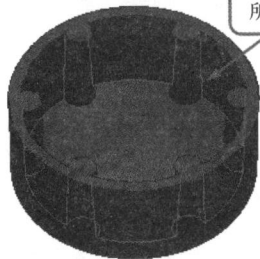

图 4-22　连续选择倒圆角的边

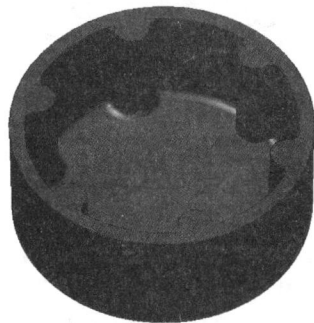

图 4-23　实体倒圆角（二）

6. 绘制孔轮廓线

1）创建孔轮廓线图层 3。按 Alt＋S 组合键，关闭实体着色，将绘图平面及屏幕视角均设为"俯视图"，"2D"状态，工作深度 Z 设为 28，结果如图 4-24 所示。

图 4-24　孔轮廓线层设置

2）$\phi 4.5$mm 圆弧的绘制。利用"圆弧"命令 ，绘制 $\phi 4.5$mm 圆弧（图 4-25），结果如图 4-26 所示。

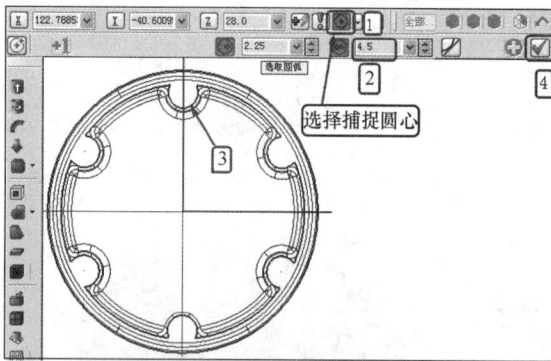

图 4-25　绘制 $\phi 4.5$mm 圆弧的步骤

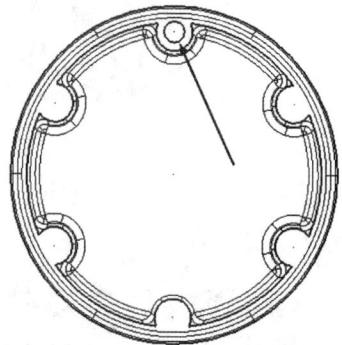

图 4-26　绘制 $\phi 4.5$mm 圆弧

3）其余 $\phi 4.5$mm 圆弧的复制。在绘图平面是"俯视图"状态下，选择刚刚绘制的 $\phi 4.5$mm 圆弧，选择"旋转"命令 ，打开"旋转选项"对话框，选中"复制"单选按钮，设置绕"原点"复制，复制次数为"5"，角度为"60.0"（图 4-27），单击"确定"按钮，清除颜色 ，结果如图 4-28 所示。

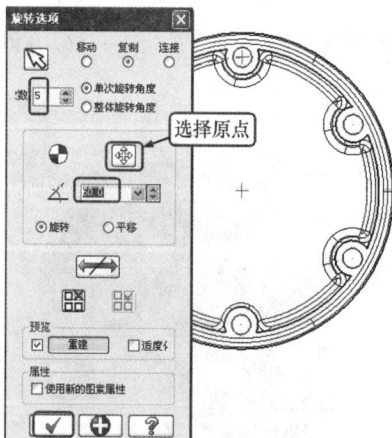

图 4-27　$\phi 4.5$mm 圆弧的旋转参数设置

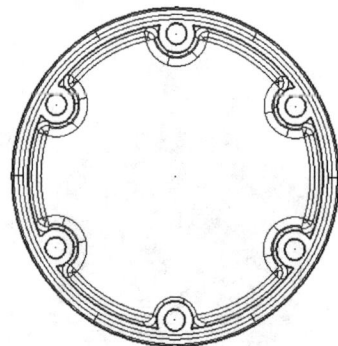

图 4-28　$\phi 4.5$mm 圆弧的旋转复制

4）$\phi 8$mm 圆弧的绘制。用同样的方法完成 $\phi 8$mm 圆弧的绘制，结果如图 4-29 所示。

7. 创建孔

1）创建 $\phi 4.5$mm 的孔。将屏幕视角设为"等角视角"，利用"挤出实体"命令 切割基本实体。选择 6 个 $\phi 4.5$mm 的圆弧轮廓线（图 4-30），设置挤出切割参数（图 4-31），结果如图 4-32 所示。

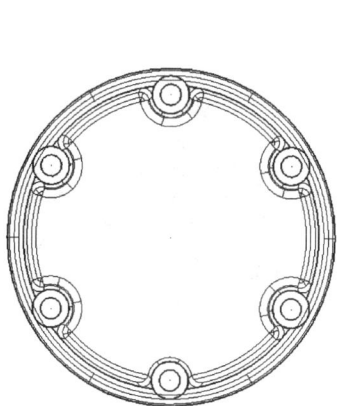

图 4-29 $\phi 8$mm 圆弧的绘制

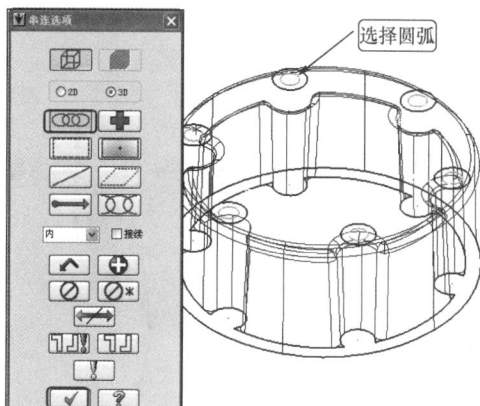

图 4-30 选择 $\phi 4.5$mm 圆弧

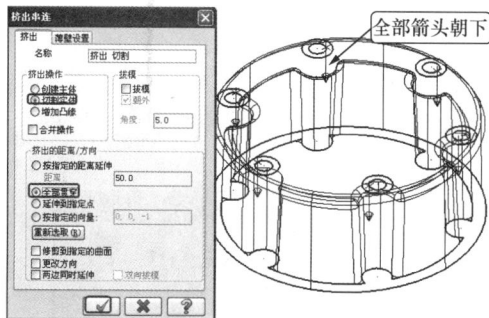

图 4-31 设置 $\phi 4.5$mm 孔的切割参数

图 4-32 生成 $\phi 4.5$mm 的通孔

2）创建 $\phi 8$mm 的孔。用同样的方法，完成 $\phi 8$mm 孔的创建（图 4-33），结果如图 4-34 所示。

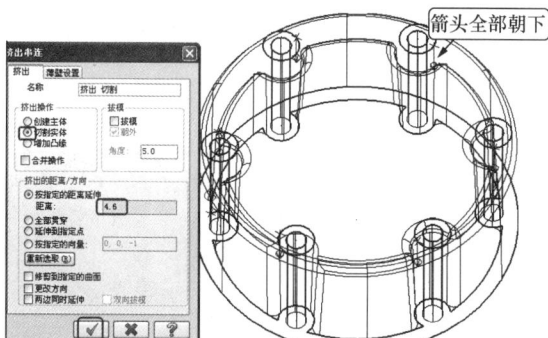

图 4-33 设置 $\phi 8$mm 孔的切割参数

图 4-34 生成 $\phi 8$mm 的沉孔

8. 按比例缩放接线盖

1）打开所有图层。

2）窗选所有图素，利用"比例缩放"命令 🔲，设置相关参数（图 4-35），清除颜色▓▓，结果如图 4-36 所示。

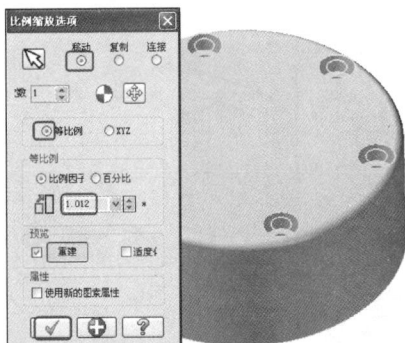

图 4-35　设置比例缩放参数　　　　　　　　图 4-36　缩放后的结果

9. 创建实体层

由于在创建实体时没有单独设层，在建模完毕可以再创建实体层。单击实体，将鼠标指针移到"层别"处，右击（图 4-37），打开"更改层别"对话框，选中"移动"单选按钮，单击"选择"按钮（图 4-38），创建实体层 5（图 4-39），完成实体层的创建。单击层别，可以查看实体层已有一个实体图素（图 4-40）。

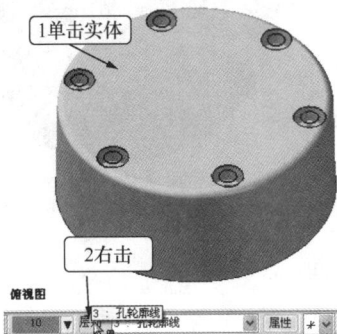

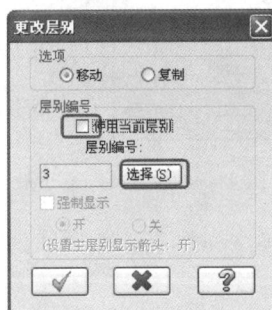

图 4-37　选择实体　　　　　　　　图 4-38　选择移动的层别

10. 创建凸模实体

1）创建分模轮廓线图层 7，将其设为当前图层，工作深度 Z 设为 0，关闭其他图层。

2）绘制分模轮廓线。利用"矩形形状设置"命令 🔲 绘制 100×100 的矩形，结果如图 4-41 所示。

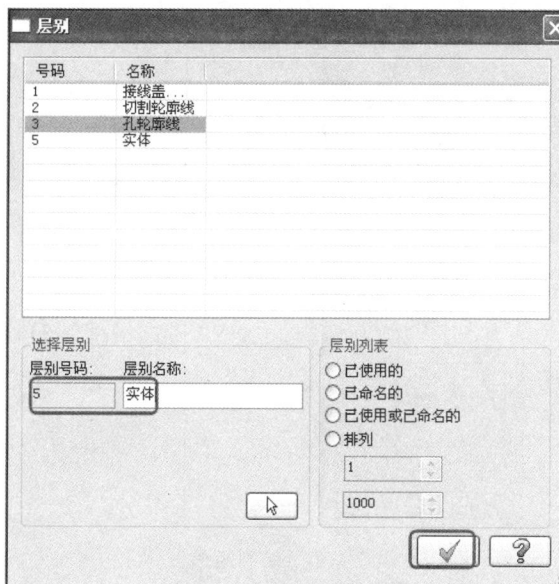

图 4-39　创建实体层

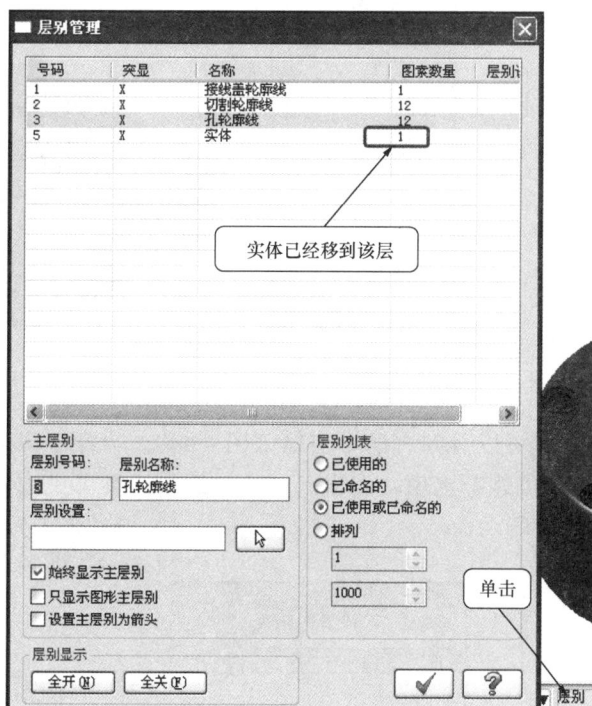

图 4-40　查看实体层

3）创建分模体层。将当前层设为分模体层 8。

4）创建分模体。利用"挤出实体"命令 🗗 创建分模体。将屏幕视角设为"等角视图"，选择"挤出实体"命令 🗗，选择矩形，设置挤出参数（图 4-42），结果如图 4-43 所示。

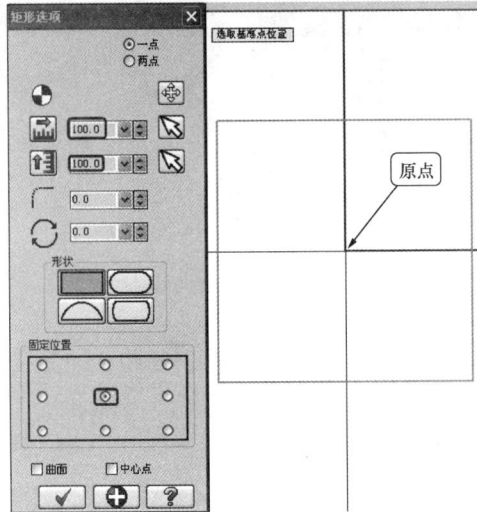

图 4-41 绘制矩形

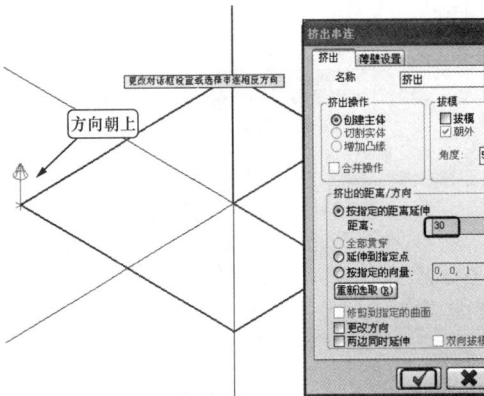

图 4-42 设置分模体参数

图 4-43 创建分模体

5）查看实体管理器，可以看到有两个实体（图 4-44）。为便于区分，可以对这两个实体分别重新命名。选择"实体"选项，右击，在弹出的快捷菜单中选择"重新命名"命令（图 4-45），结果如图 4-46 所示。

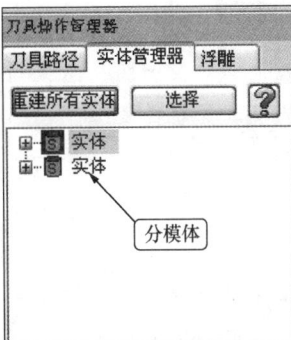

图 4-44 查看实体管理器

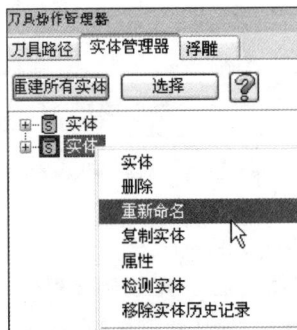

图 4-45 实体重新命名

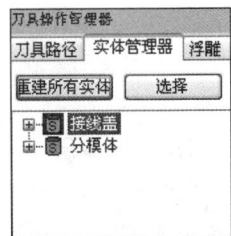

图 4-46 实体重新命名后的结果

6）将文件另存为"接线盖凸模.MCX-6"。

7）利用布尔运算创建凸模实体。打开实体层 5，选择"布尔运算-切割"命令 ▣，选择分模体作为目标主体，选择接线盖作为工件主体（图 4-47），单击"确定"按钮，在打开的对话框中单击"是"按钮（图 4-48），打开"实体非关联的布尔运算"对话框，取消勾选"保留原来的目标实体"复选框（图 4-49），单击"确定"按钮，在实体管理器中查找凸模实体（图 4-50），删除多余实体（图 4-51），关闭实体图层 5，结果如图 4-52 所示。

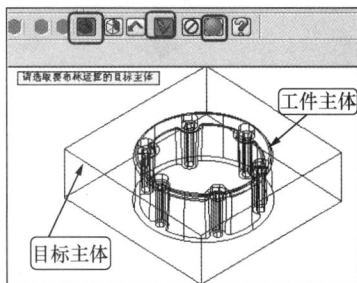

图 4-47　选择目标主体和工件主体

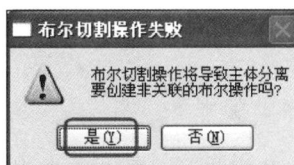

图 4-48　布尔切割对话框

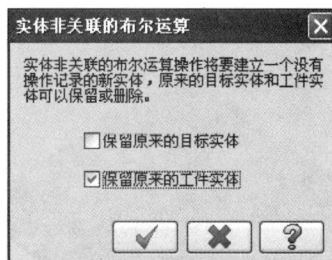

图 4-49　不保留目标实体

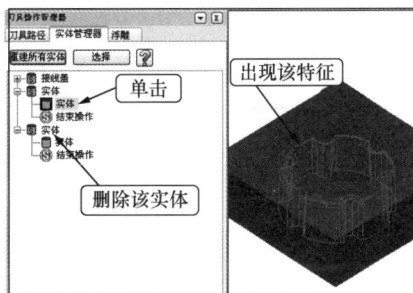

图 4-50　查找凸模实体

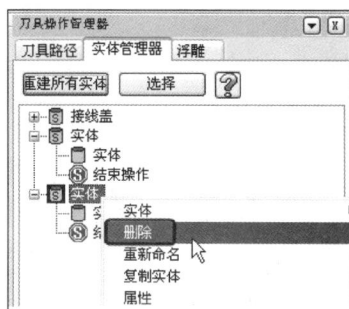

图 4-51　删除多余实体

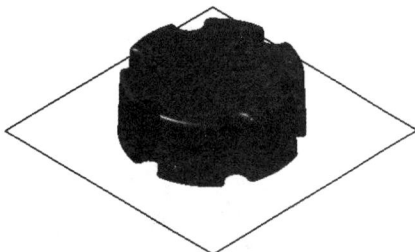

图 4-52　凸模实体

8）创建凸模底座。利用"挤出实体"命令 ▣ 创建凸模底座。将屏幕视角设为"等角视图"，利用"挤出实体"命令 ▣，选择矩形。在"挤出串连"对话框设置挤出参数（图 4-53），结果如图 4-54 所示。

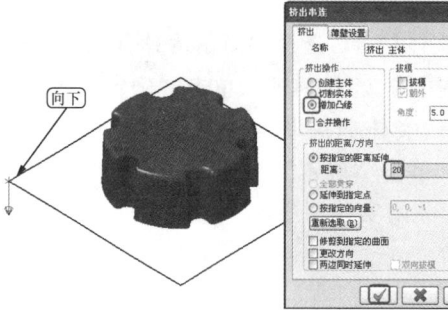

图 4-53　设置挤出参数

图 4-54　创建凸模底座

11. 创建凸模曲面

1）创建凸模曲面图层 10，将其设为当前图层。

2）由实体生成曲面。选择"绘图/曲面/由实体生成曲面"命令（图 4-55），选择实体（图 4-56），保留实体（图 4-57），关闭图层 8，结果如图 4-58 所示。

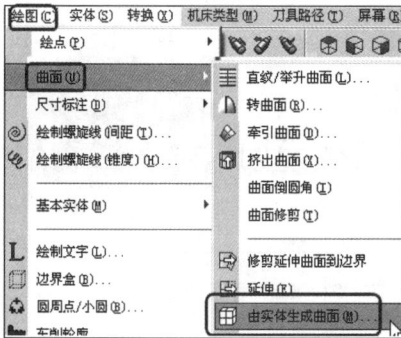

图 4-55　选择实体生成曲面命令

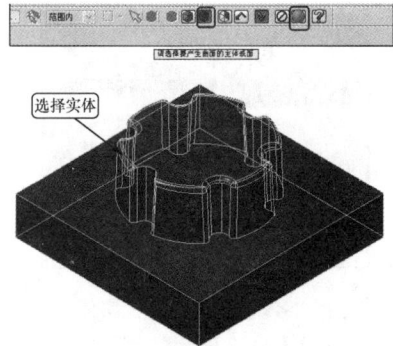

图 4-56　选择实体

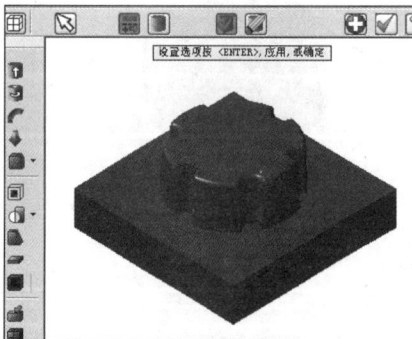

图 4-57　保留原实体

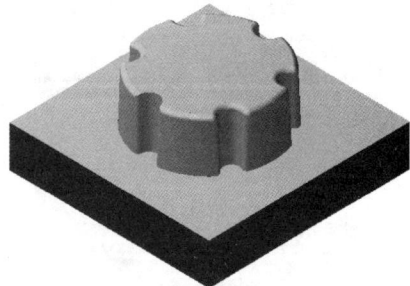

图 4-58　生成曲面

任务 4.2　接线盖凸模的 CAM 编程

任务分析

本任务针对精铣工序的内容进一步细化，主要内容及参数见表 4-6 和表 4-7。

表 4-6　精铣包含的工步内容

| 1. 铣基准面 | 2. 铣外形 | 3. 翻身，铣平面 | 4. 2D 高速中心除料粗加工 |
| 5. 铣外形 | 6. 等高外形精加工 | 7. 放射状精加工 | 8. 2D 高速中心除料精加工 |

表 4-7　具体工步的参数清单

工步	工步内容	刀号	刀具规格	主轴转速 /(r/min)	进给速度 /(mm/min)	余量/mm
1	铣基准面	T1	φ50mm 面铣刀	1200	240	0
2	铣外形	T2	φ16mm 平底刀	1500	1200	0
3	铣平面（工件翻身）	T1	φ50mm 面铣刀	1200	240	0
4	2D 高速中心除料粗加工	T2	φ16mm 平底刀	1500	1200	0.1
5	铣外形	T3	φ6mm 平底刀	2000	400	0.1
6	等高外形精加工	T3	φ6mm 平底刀	3500	700	0
7	放射状精加工	T4	φ4mmR2 球刀	3500	350	0
8	2D 高速中心除料精加工	T5	φ16mm 平底刀	3000	600	0

操作过程

1. 加工前准备

1）绘制边界盒。利用"边界盒"命令将坐标原点平移到曲面的顶部。按 F9 键，打开坐标原点，发现坐标原点不在曲面的顶部（图 4-59）。设置当前图层为"9 边界盒"，窗选所有曲面，利用"绘图/边界盒"命令设置相关参数（图 4-60），结果如图 4-61 所示。

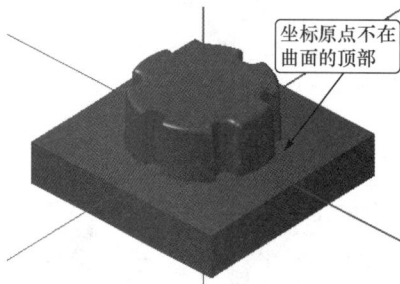

图 4-59　平移前坐标原点的位置

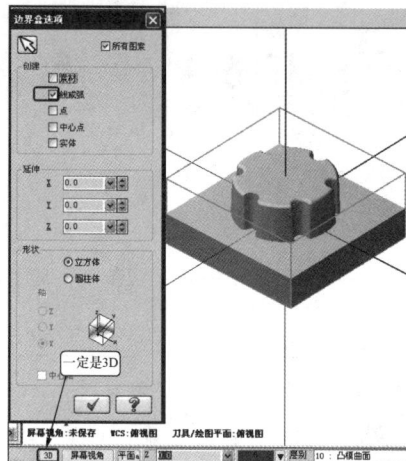

图 4-60　设置边界盒

2）绘制对角线。利用"绘制任意线"命令 ，绘制对角线，结果如图 4-62 所示。

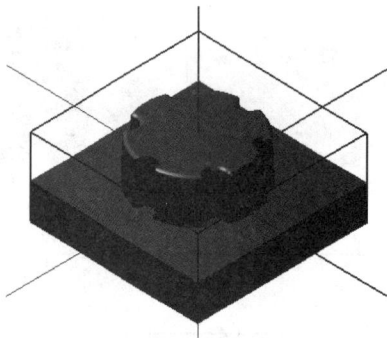

图 4-61　边界盒设置完毕

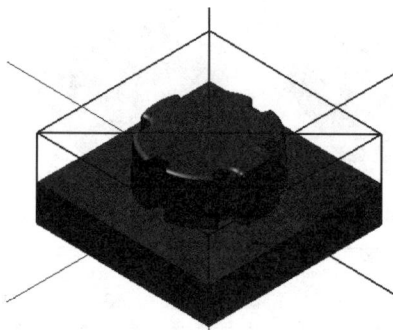

图 4-62　绘制边界盒的对角线

3）平移边界盒。窗选所有图素，选择"转换平移"命令 ，在"平移选项"对话框中设置移动选项，如图 4-63 所示。选择对角线的中点作为平移的起点，坐标原点作为终点（图 4-64），结果如图 4-65 所示。

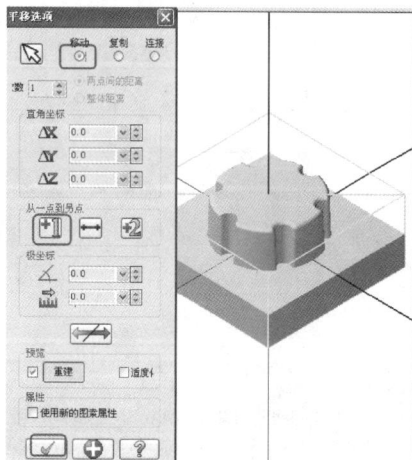

图 4-63　设置移动选项

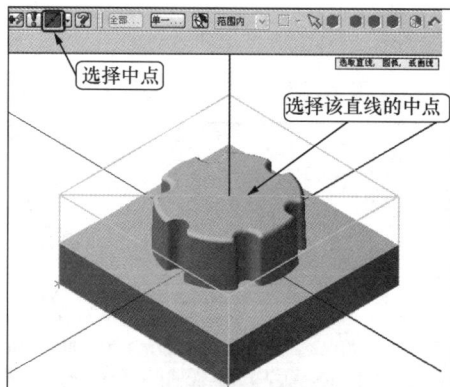

图 4-64　选择平移的起点和终点

4）创建辅助轮廓线。设置当前图层为辅助线 11，关闭图层 9，选择"绘图/曲面曲线/所有曲线边界"命令（图 4-66），选择平面（图 4-67），确认轮廓线（图 4-68），结果如图 4-69所示。为清楚显示辅助线，可以关闭图层 10，结果如图 4-70 所示。

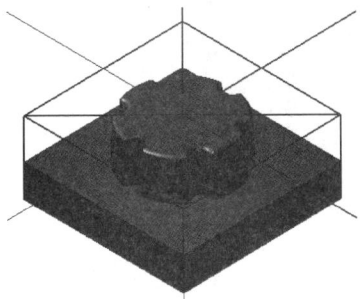

图 4-65　平移后的结果

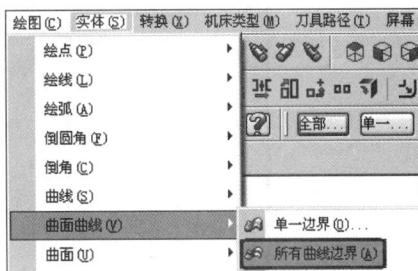

图 4-66　选择"所有曲线边界"命令

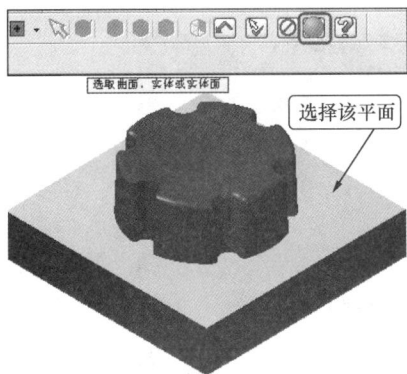

图 4-67　选择要绘制的曲面

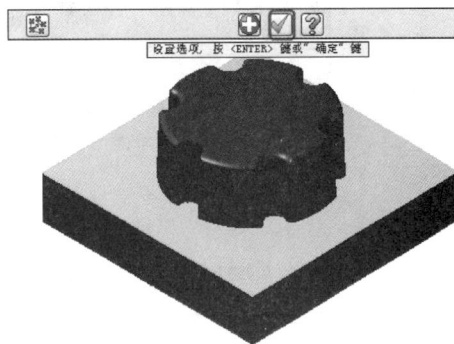

图 4-68　确认轮廓线

图 4-69　绘制的辅助轮廓线

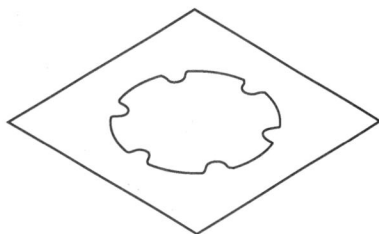

图 4-70　关闭图层 10 后的辅助轮廓线

2. 铣基准面

1）选择机床。选择"机床类型/铣床/默认"命令。

2）设置毛坯。在"刀具路径操作管理器"对话框的"刀具路径"选项卡中选择"属性/素材设置"选项，在打开的"机器群组属性"对话框中单击"边界盒"按钮，在打开的"边界盒选项"对话框中设置相关参数（图 4-71），单击"确定"按钮，结果如图 4-72 所示。确认，完成毛坯的设置。

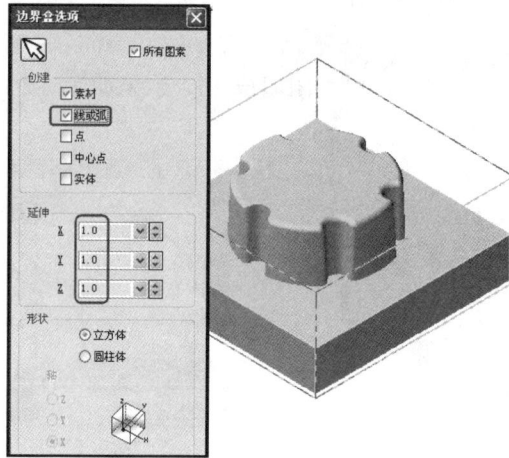

图 4-71   设置边界盒的参数

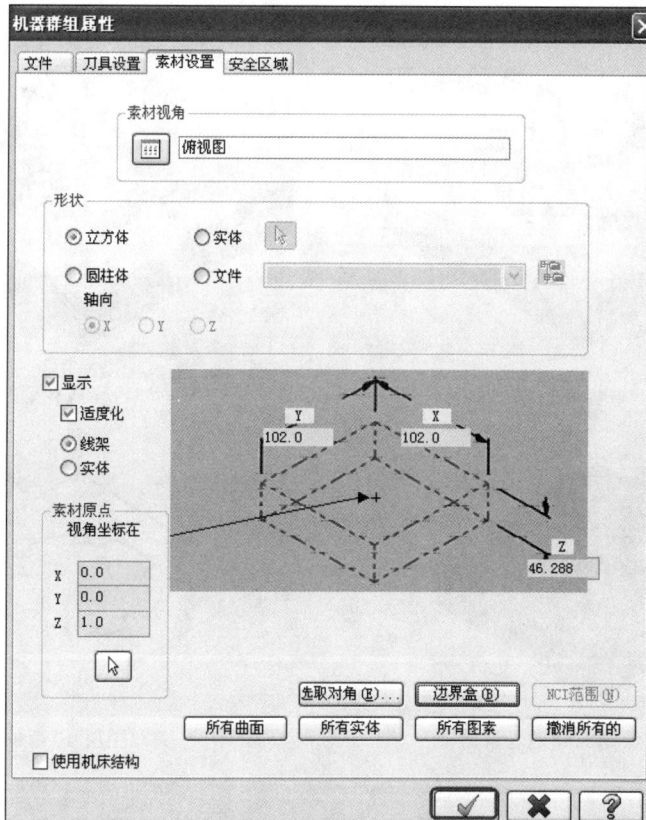

图 4-72   完成毛坯的设置

3）选择"平面铣"刀路。选择"刀具路径/平面铣"命令，选择串连四条边（图 4-73），单击"确定"按钮，打开"2D 刀具路径-平面铣削"对话框，选择"刀具"选项，单击"从刀库中选择"按钮，在打开的对话框中选择 ϕ50mm 面铣刀（图 4-74），双击选中，修改刀补（图 4-75），设置刀具切削参数（图 4-76），设置切削参数（图 4-77），设置共同参数（图 4-78），完成"平面铣"刀路设置，刀路仿真结果如图 4-79 所示。

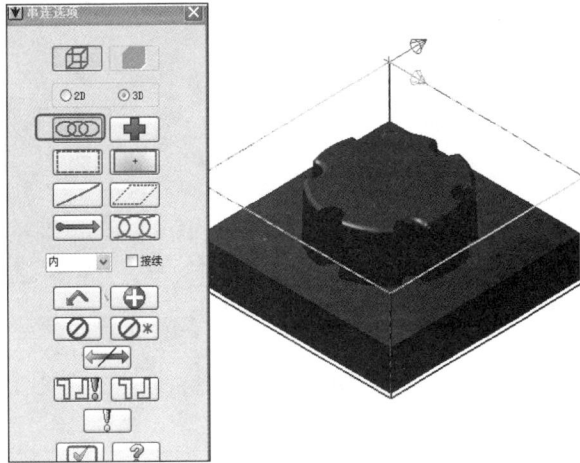

图 4-73　串连轮廓线

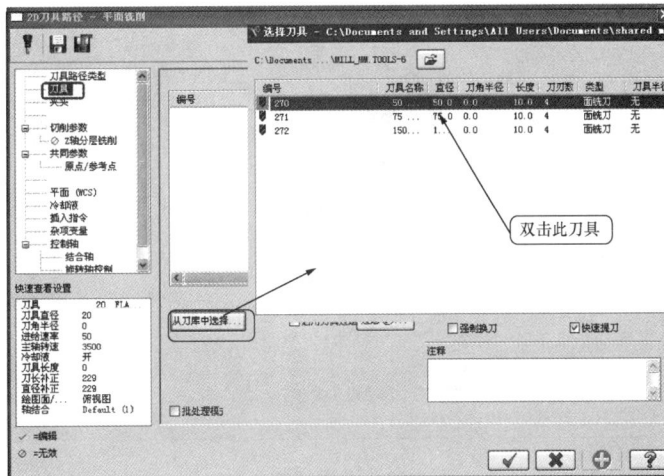

图 4-74　选择刀具

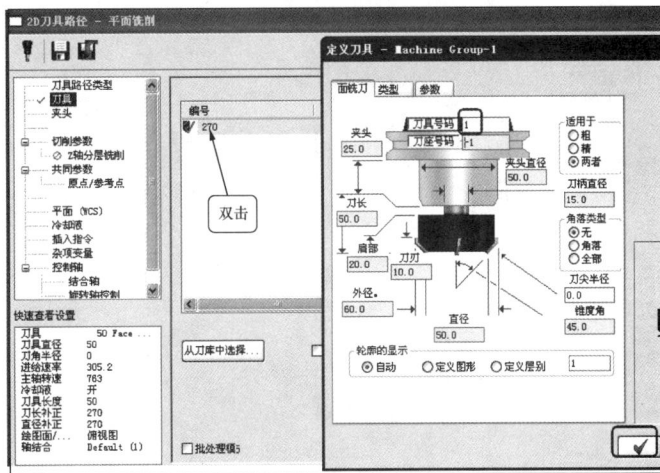

图 4-75　修改刀补

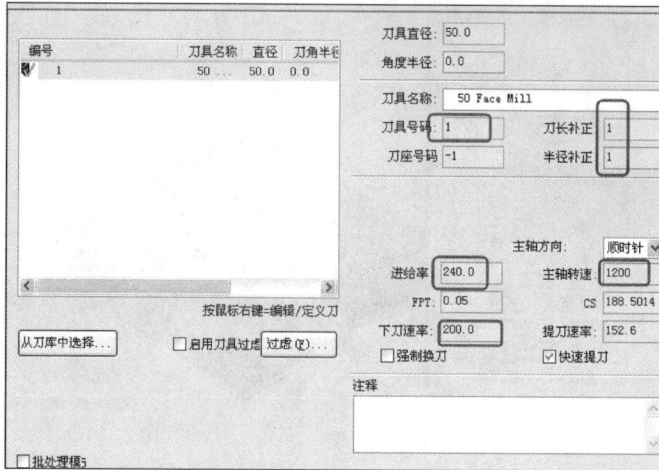

图 4-76   设置刀具切削参数

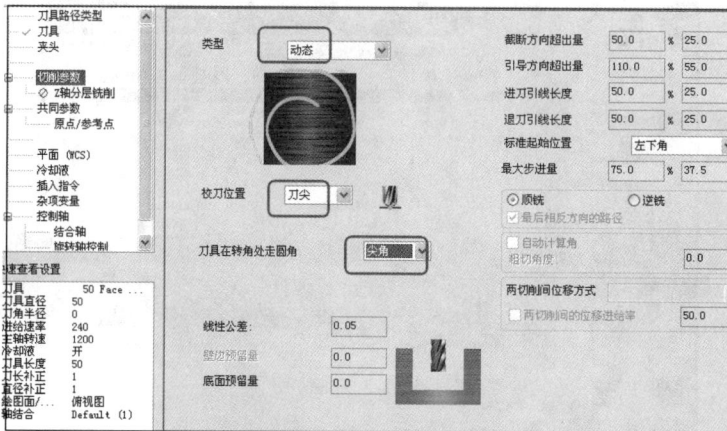

图 4-77   设置切削参数

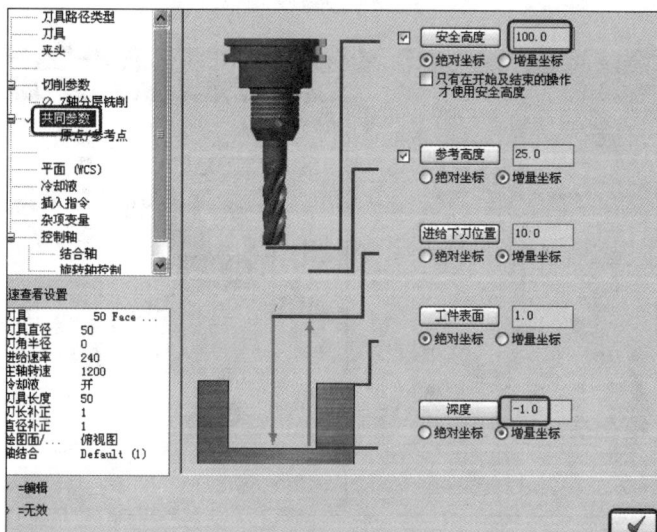

图 4-78   设置共同参数

3. 铣外形

选择"外形铣削"刀路。选择"刀具路径/外形
铣削"命令，选择串连四条边（图 4-80），打开"2D
刀具路径-外形铣削"对话框，选择"刀具"选项，
单击"从刀库中选择"按钮，在打开的对话框中选择
ϕ16mm 平底刀（图 4-81），双击选中，修改刀补（图
4-82），设置刀具切削参数（图 4-83），设置切削参数
（图 4-84），设置进/退刀参数（图 4-85），设置共同参
数（图 4-86），设置冷却液（图 4-87），完成"外形铣
削"刀路设置，刀路仿真结果如图 4-88 所示。

图 4-79　刀路仿真结果

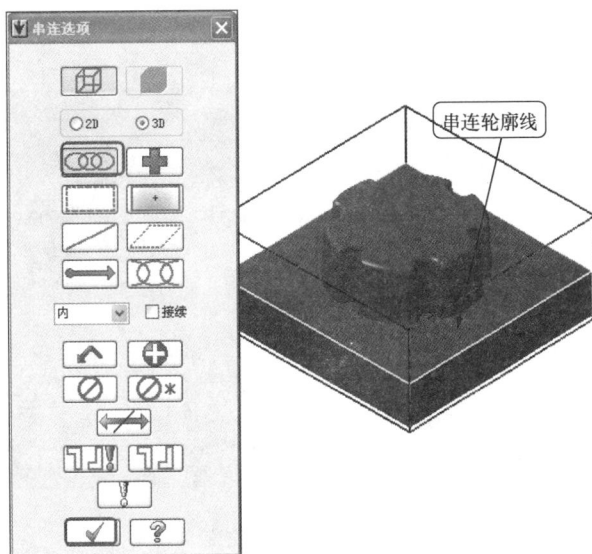

图 4-80　选择轮廓线

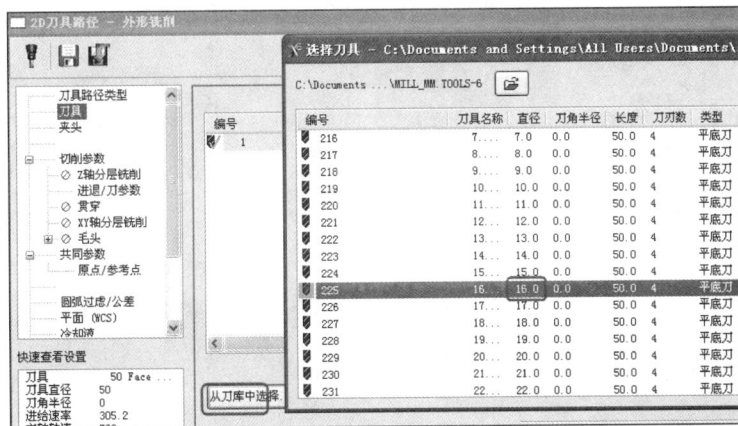

图 4-81　选择刀具

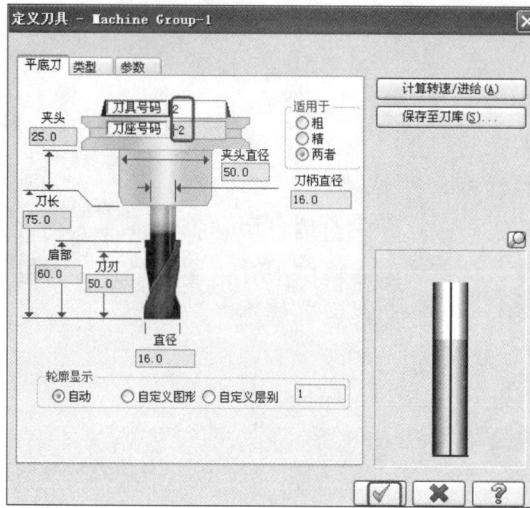

图 4-82　修改刀补

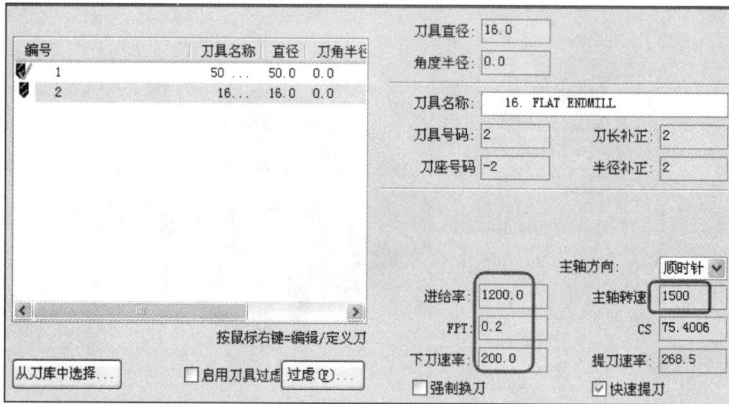

图 4-83　设置刀具切削参数

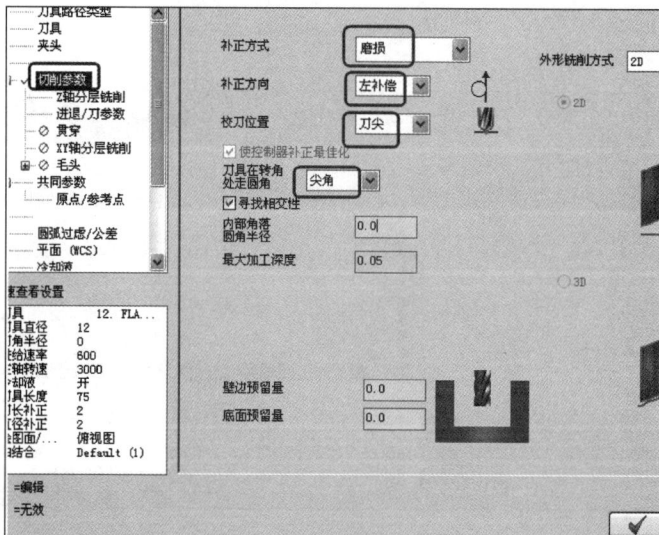

图 4-84　设置切削参数

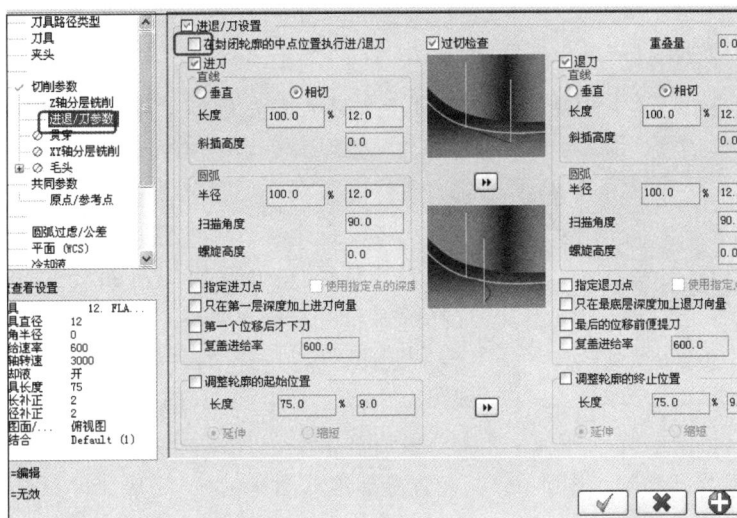

图 4-85　设置进/退刀参数

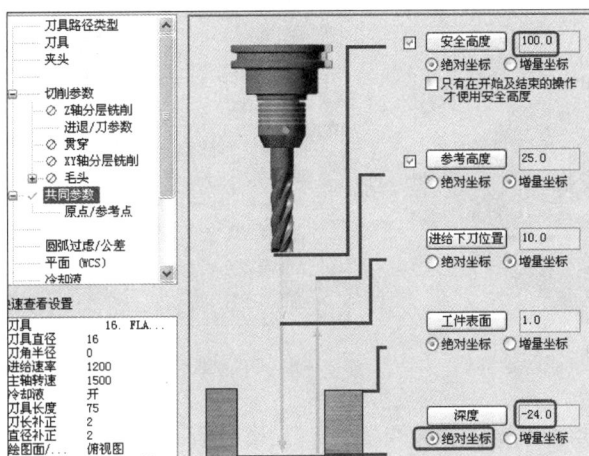

图 4-86　设置共同参数

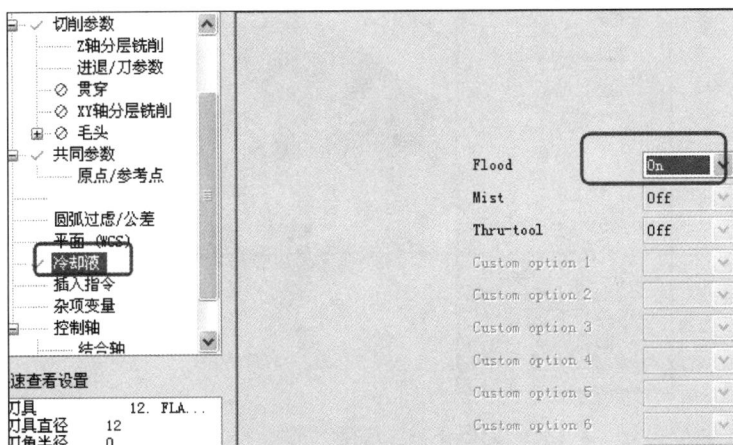

图 4-87　设置冷却液

图 4-88　刀路仿真结果

4. 2D 高速中心除料粗加工

1）绘制辅助轮廓线。绘图平面设为"俯视图"，利用"圆弧"命令 ，绘制 $\phi65$mm 的圆弧作为辅助轮廓线（图 4-89）。

2）2D 高速中心除料粗加工。选择"刀具路径/2D 高速刀具路径/中心除料刀具路径"命令（图 4-90），选择圆弧和矩形轮廓线（图 4-91），注意先选矩形轮廓线，再选圆弧，打开"2D 高速刀具路径-中心除料铣削"对话框（图 4-92），用同样的方法选择 $\phi16$mm 平底刀，设置刀具切削参数（图 4-93），设置切削参数（图 4-94），设置 Z 轴分层铣削参数（图 4-95），设置共同参数（图 4-96），设置冷却液（图 4-97），完成"外形铣削"刀路设置，刀路仿真结果如图 4-98 所示。

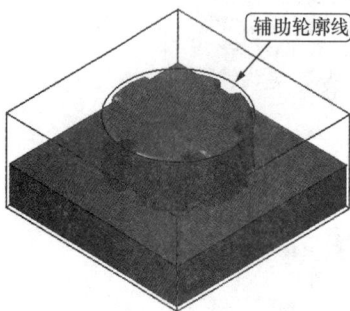

图 4-89　绘制辅助轮廓线

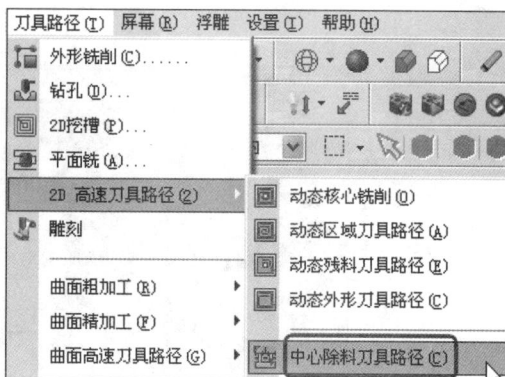

图 4-90　选择"中心除料刀具路径"命令

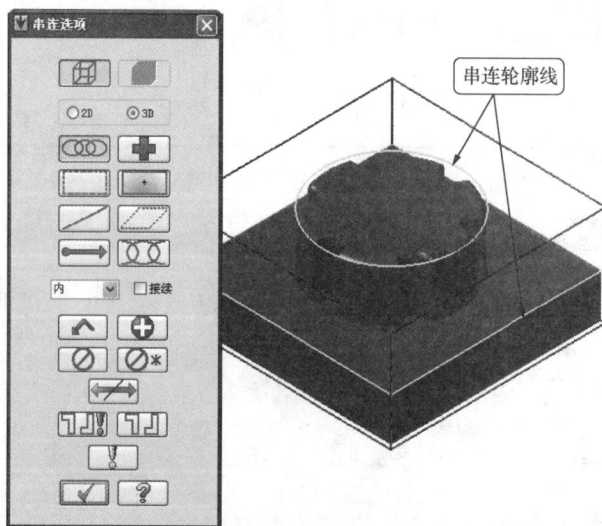

图 4-91　选择轮廓线

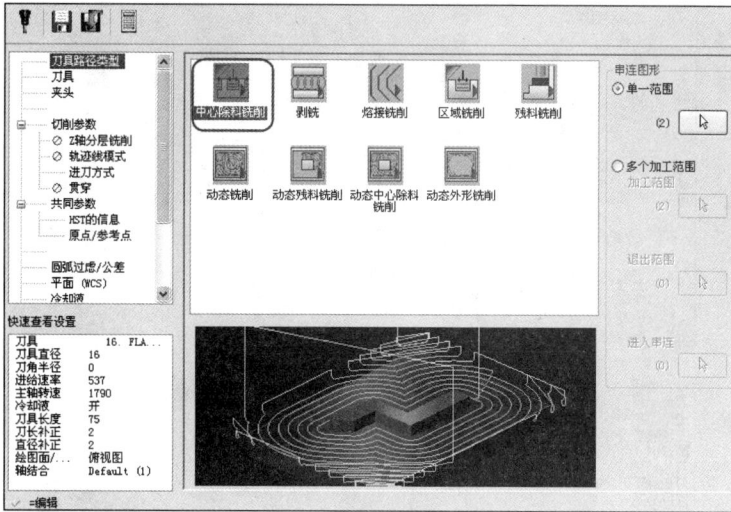

图 4-92　"2D 高速刀具路径-中心除料铣削"对话框

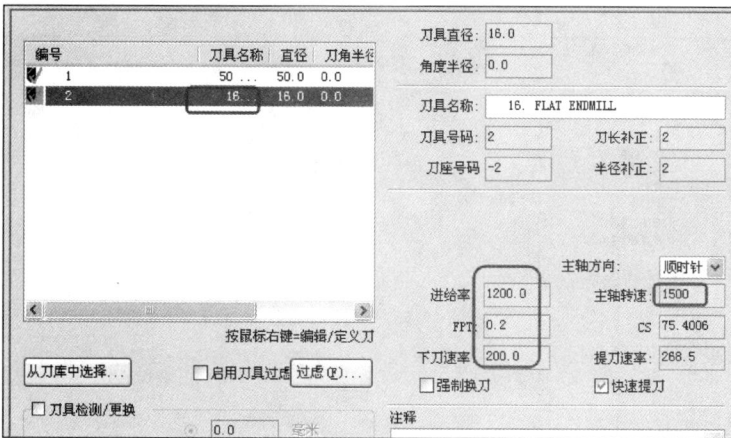

图 4-93　设置刀具切削参数

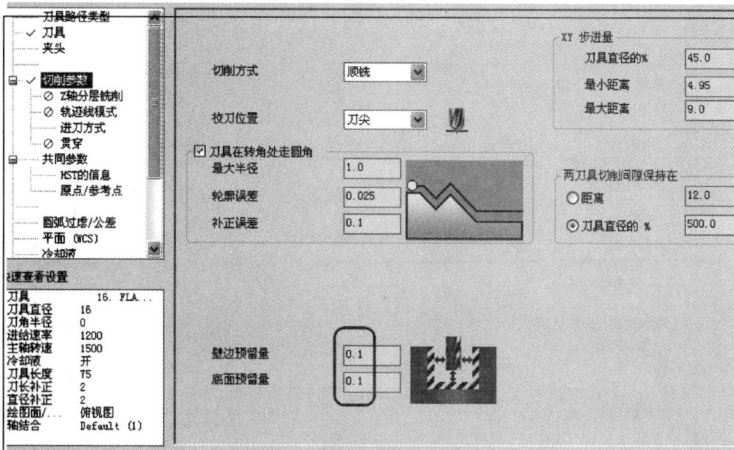

图 4-94　设置切削参数

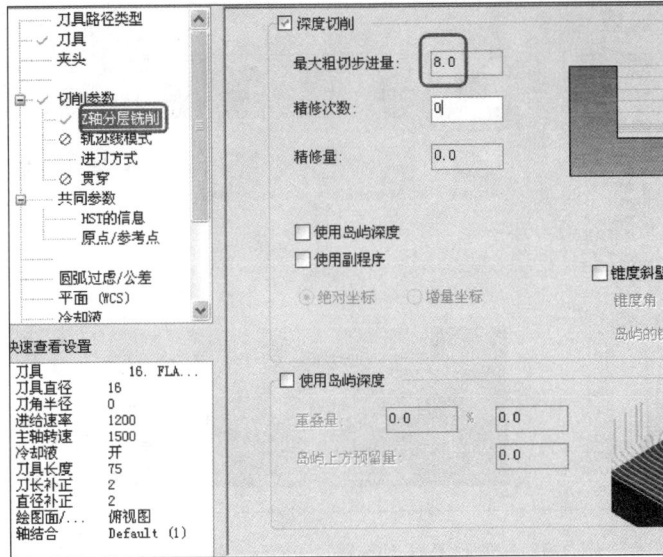

图 4-95　设置 Z 轴分层铣削参数

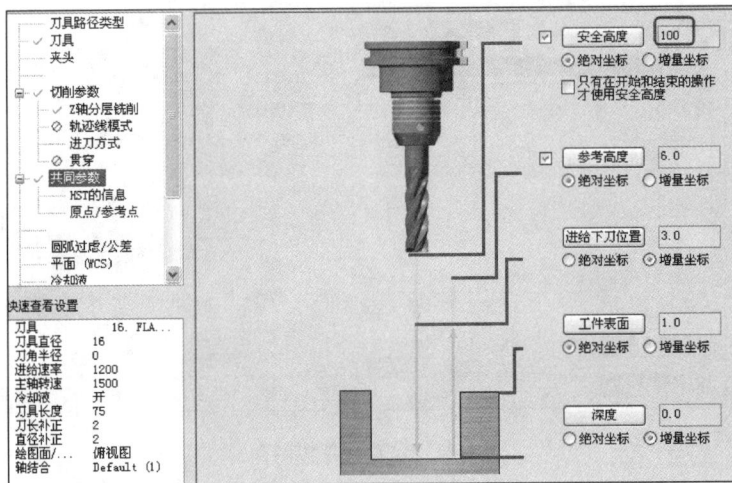

图 4-96　设置共同参数

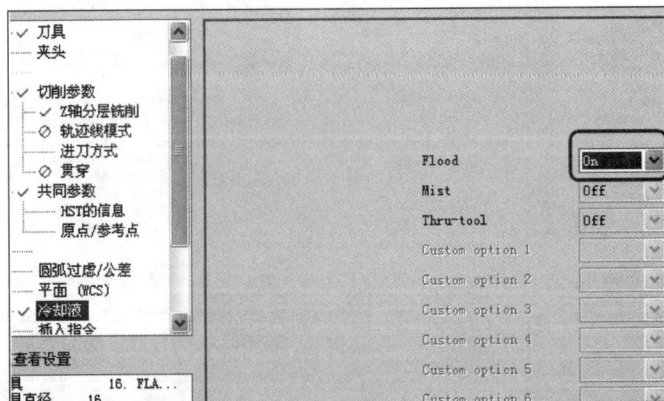

图 4-97　设置冷却液

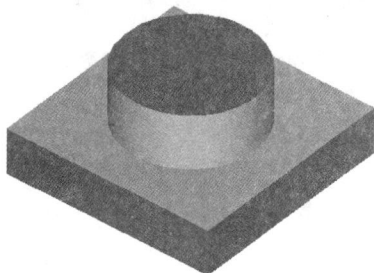

图 4-98　刀路仿真结果

技能小秘密

本任务重新绘制一个圆弧作为辅助轮廓线，而不用图 4-70 所示的轮廓线，主要是为了提高生产效率。

5. 铣外形

选择"外形铣削"刀路。选择"刀具路径/外形铣削"命令，选择串连轮廓线（图 4-99），打开"2D 刀具路径-外形铣削"对话框，选择"刀具"选项，单击"从刀库中选择"按钮，在打开的对话框中选择 ϕ6mm 平底刀（图 4-100），双击选中，修改刀补（图 4-101），设置刀具切削参数（图 4-102），设置切削参数（图 4-103），设置 Z 轴分层铣削参数（图 4-104），设置进/退刀削参数（图 4-105），设置共同参数（图 4-106），设置冷却液（图 4-107），完成"外形铣削"刀路设置，刀路仿真结果如图 4-108 所示。

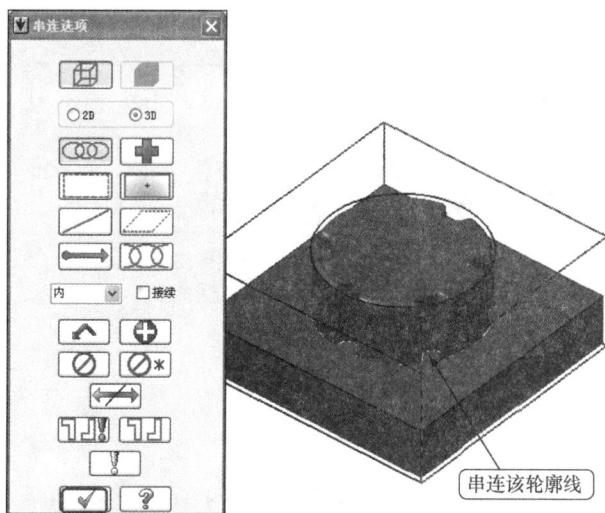

图 4-99　选择轮廓线

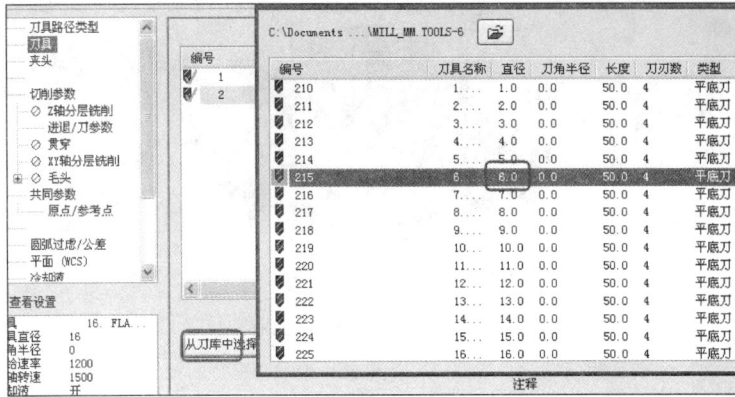

图 4-100　选择刀具

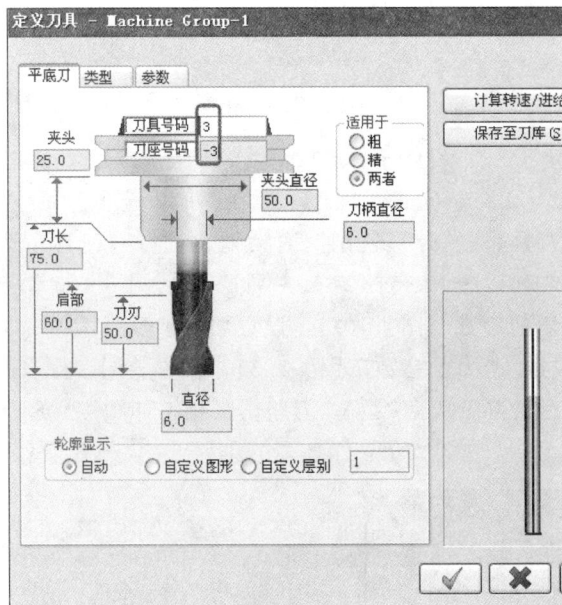

图 4-101　修改刀补

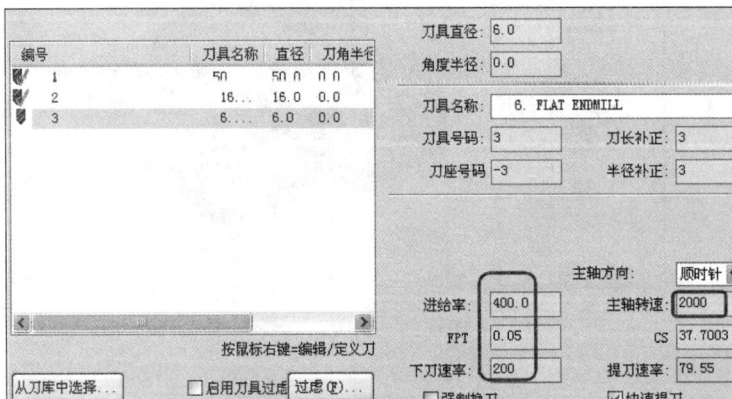

图 4-102　设置刀具切削参数

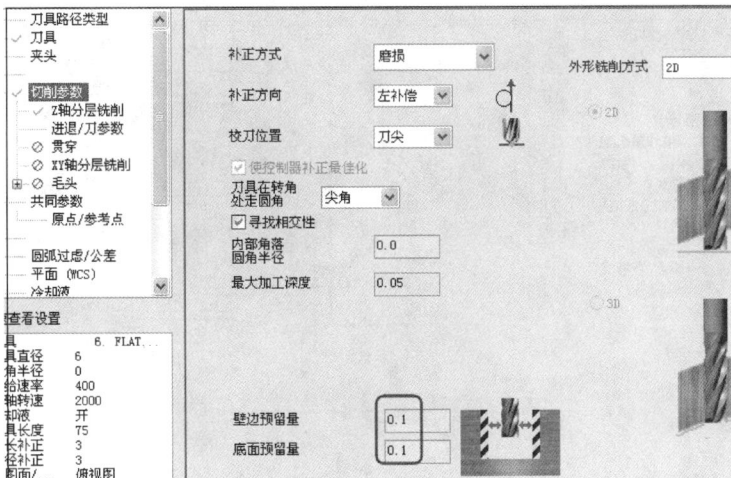

图 4-103　设置切削参数

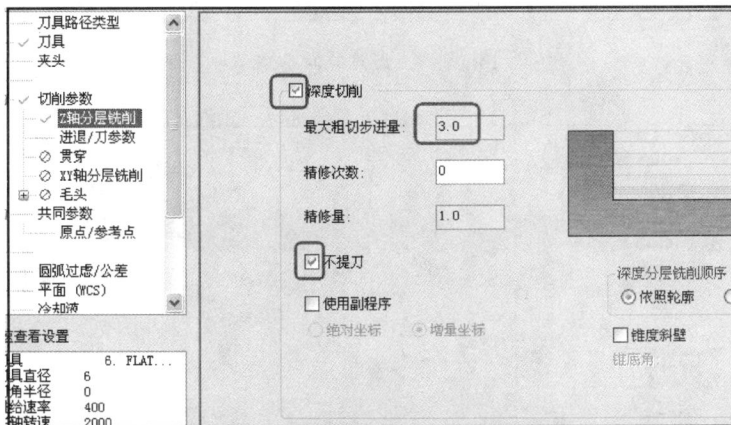

图 4-104　设置 Z 轴分层铣削参数

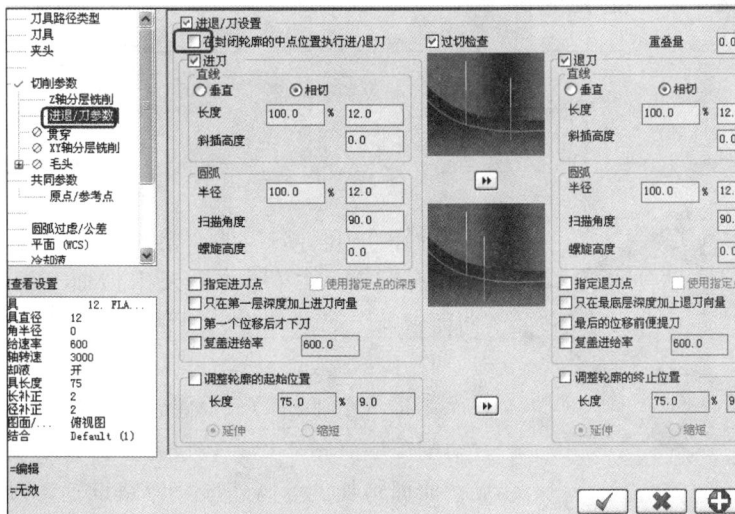

图 4-105　设置进/退刀参数

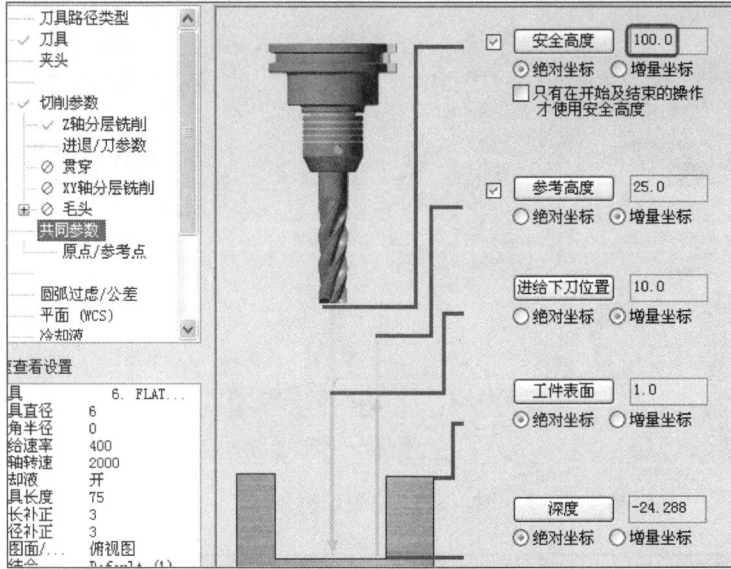

图 4-106　设置共同参数

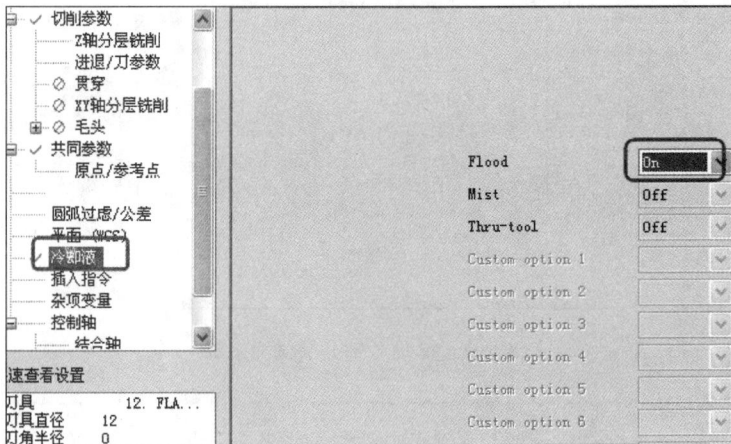

图 4-107　设置冷却液

6. 等高外形精加工

图 4-108　刀路仿真结果

选择"刀具路径/曲面精加工/精加工等高外形"命令（图 4-109），窗选曲面及干涉面（图 4-110），打开"曲面精加工等高外形"对话框，继续选择 ϕ6mm 平底刀，打开冷却液，设置刀具切削参数（图 4-111），设置曲面参数（图 4-112），设置精加工参数（图 4-113），设置切削深度（图 4-114），设置整体误差（图 4-115），完成"曲面精加工等高外形"刀路设置，刀路仿真结果如图 4-116 所示。

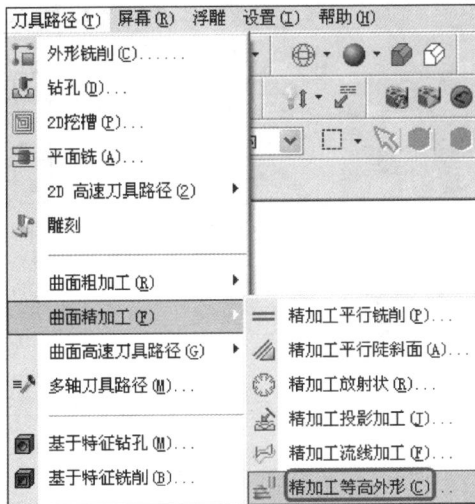

图 4-109　选择"精加工等高外形"命令

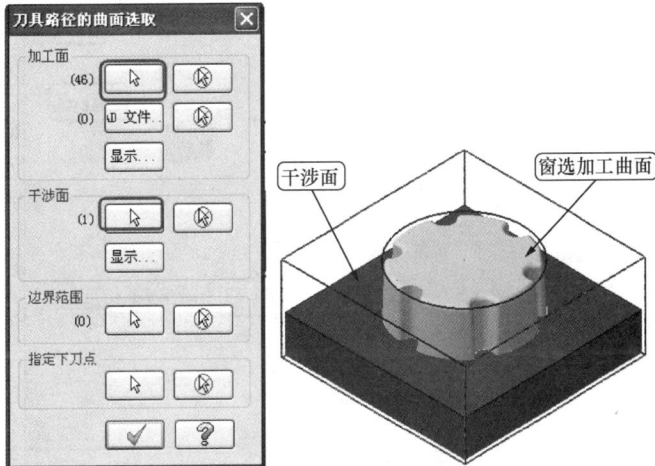

图 4-110　选择加工曲面、干涉面

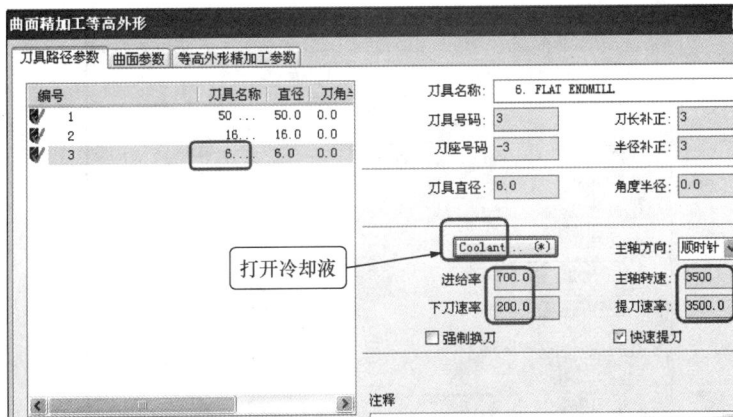

图 4-111　设置刀具切削参数

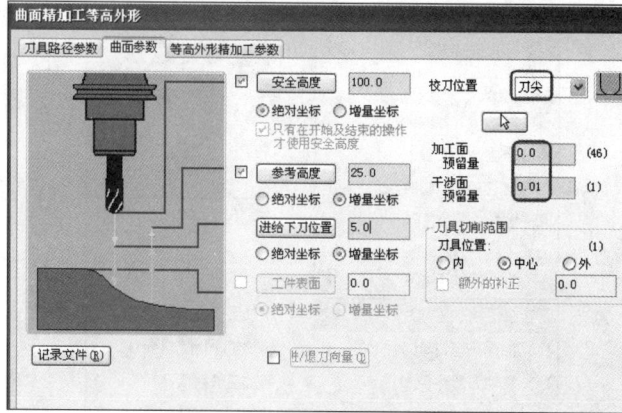

图 4-112　设置曲面参数

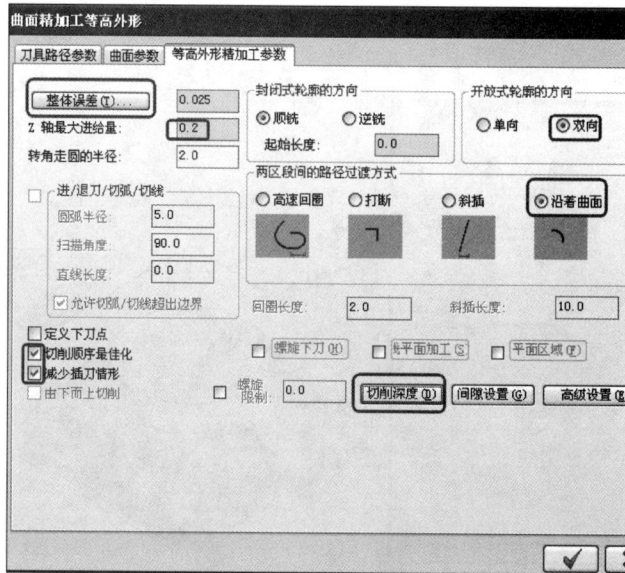

图 4-113　设置精加工参数

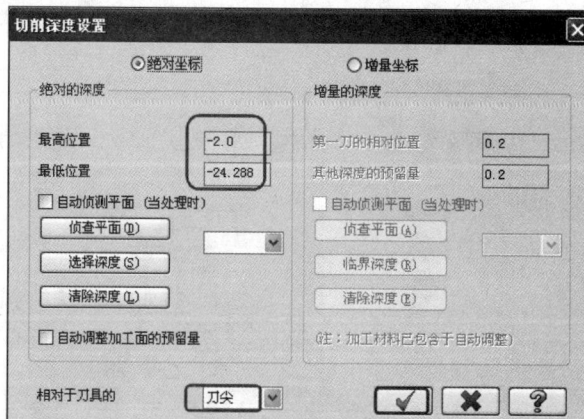

图 4-114　设置切削深度

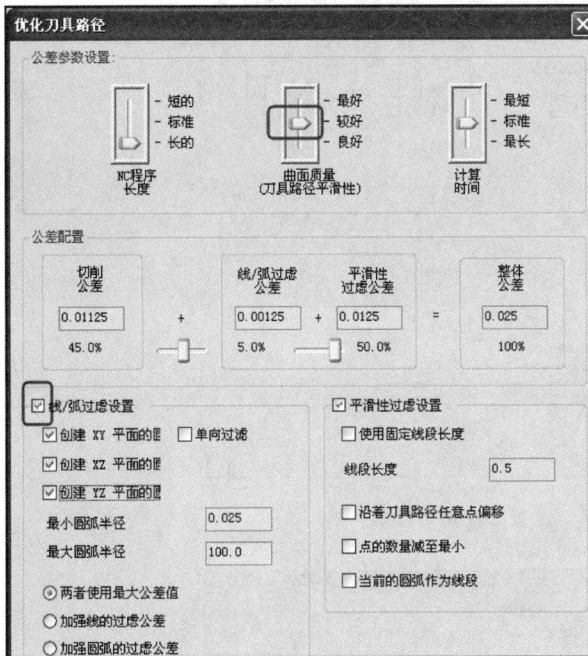

图 4-115　设置整体误差

图 4-116　刀路仿真结果

7. 放射状精加工

选择"刀具路径/曲面精加工/精加工放射状"命令，窗选圆弧曲面，打开"刀具路径的曲面选取"对话框，选择原点为放射中心点（图 4-117），单击"确定"按钮，打开"曲面精加工放射状"对话框，选择"刀具"选项，单击"从刀库中选择"按钮，在打开的对话框中选择 ϕ4mmR2 球刀，双击选中，修改刀补，打开冷却液，设置刀具切削参数（图 4-118），设置曲面参数（图 4-119），设置放射状精加工参数（图 4-120），设置整体误差（图 4-121），设置间隙（图 4-122），完成"放射状精加工"刀路设置，刀路仿真结果如图 4-123。

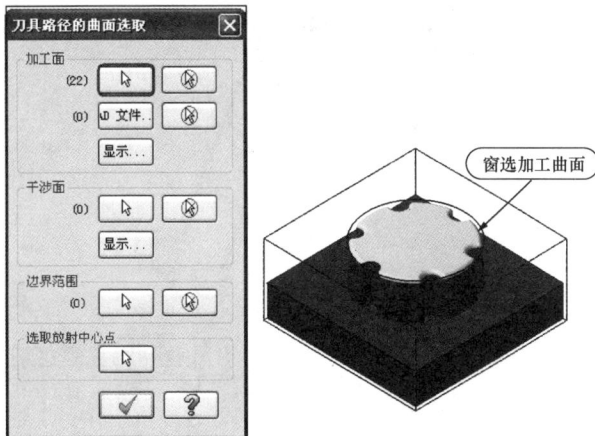

图 4-117　选择加工曲面

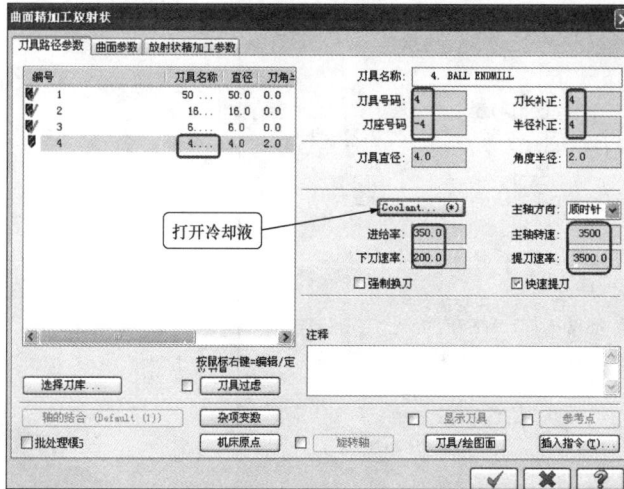

图 4-118　设置刀具切削参数

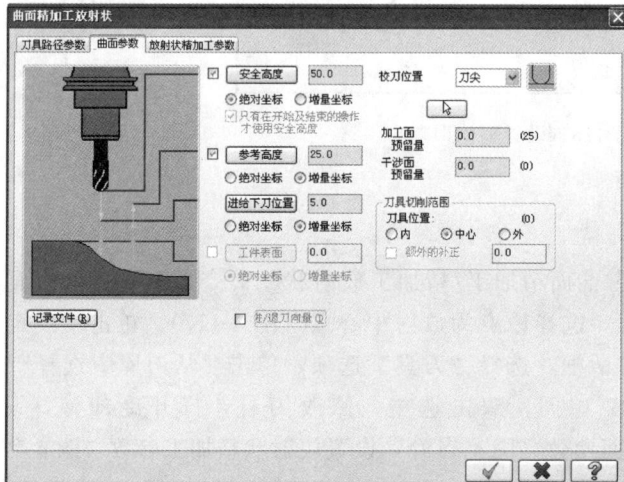

图 4-119　设置曲面参数

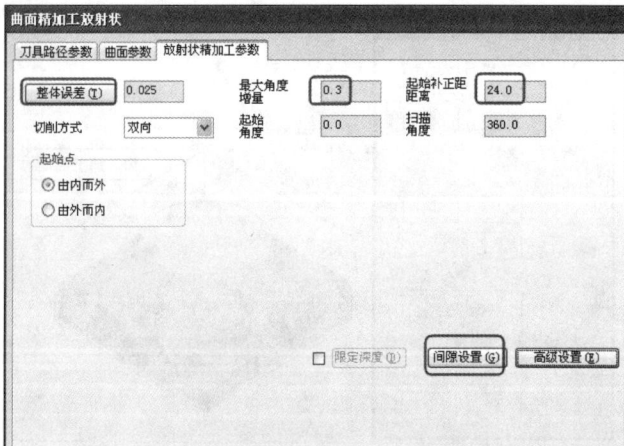

图 4-120　设置放射状精加工参数

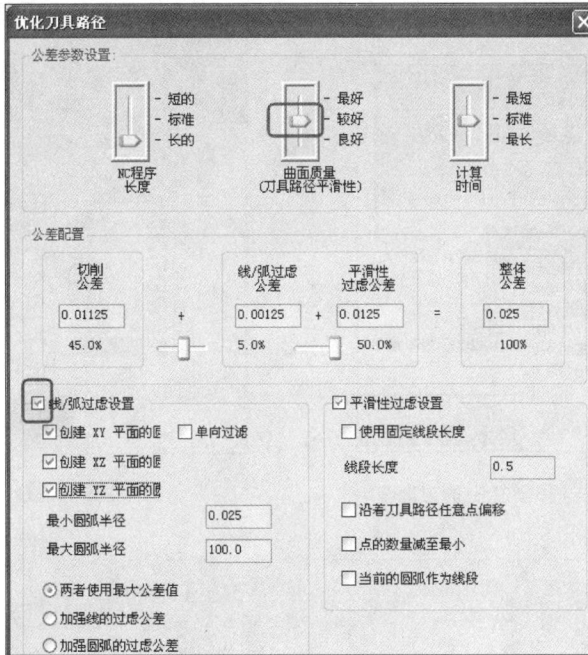

图 4-121　设置整体误差

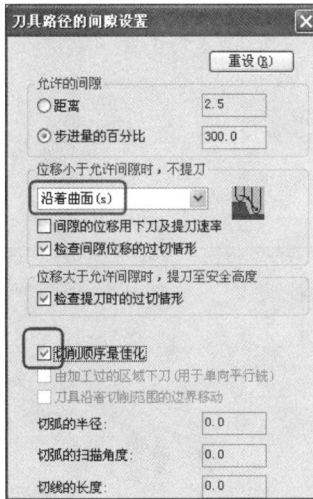

图 4-122　设置间隙

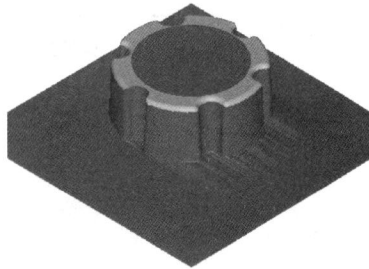

图 4-123　刀路仿真结果

8. 2D 高速中心除料精加工

2D 高速中心除料精加工只要复制前面的"2D 高速中心除料粗加工"刀路即可。在刀具操作管理器中选择"2D 高速中心除料刀路"选项，右击，在弹出的快捷菜单中选择"复制"命令（图 4-124），然后在 ▶ 空白处右击，在弹出的快捷菜单中选择"粘贴"命令（图 4-125）。打开复制的刀路，修改刀具切削参数（图 4-126），设置切削参数（图 4-127），修改 Z 轴分层铣削参数（图 4-128），重新计算刀路（图 4-129），结果如图 4-130 所示，完成刀路的复制，刀路仿真结果如图 4-131 所示。

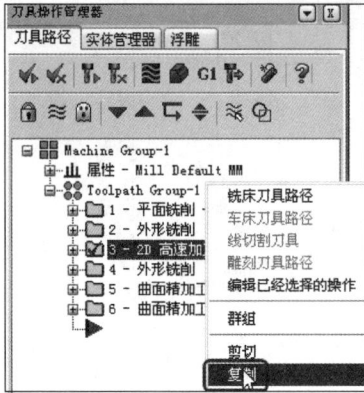

图 4-124　选择要复制的刀路

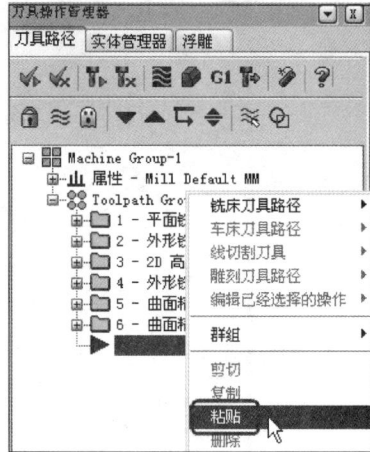

图 4-125　粘贴刀路

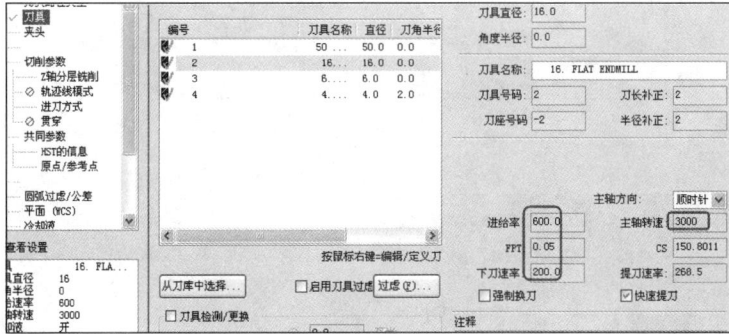

图 4-126　修改刀具切削参数

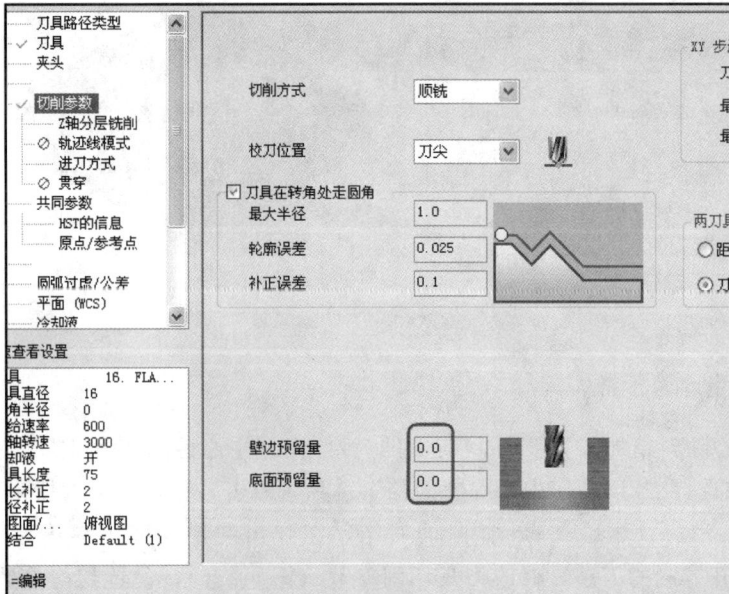

图 4-127　修改切削参数

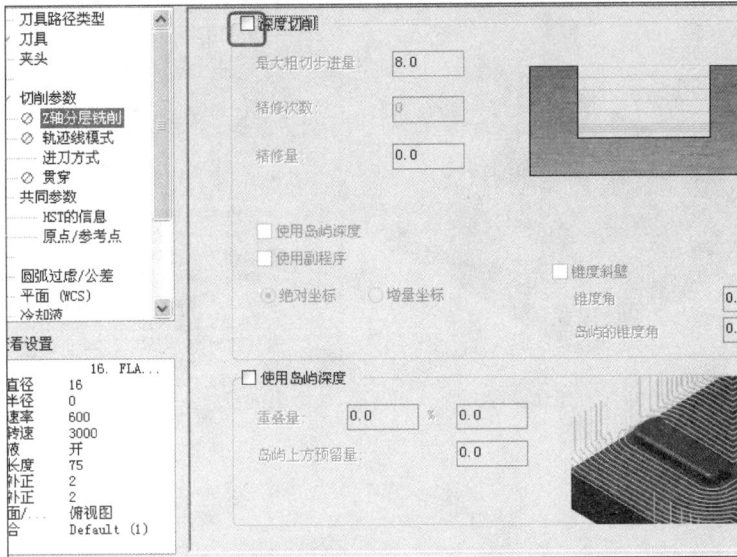

图 4-128　修改 Z 轴分层铣削参数

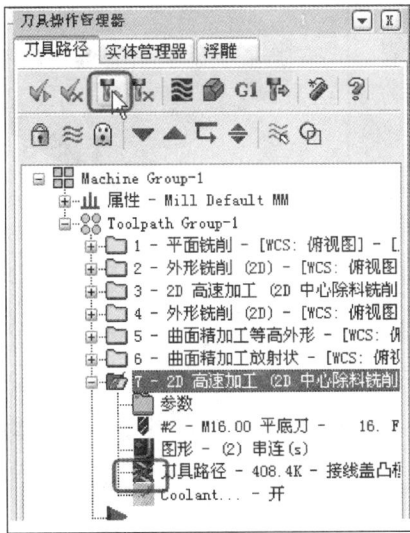

图 4-129　重新计算刀路

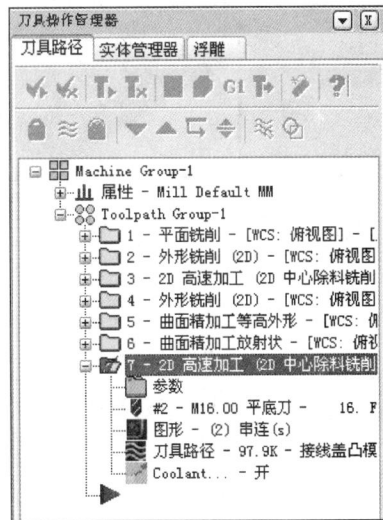

图 4-130　重新计算后的刀路

9. 刀路验证与后处理

1）刀路验证。在"刀具操作管理器"对话框中单击"选择所有操作"按钮 ，单击"验证"按钮 （图 4-132），打开"验证"对话框，勾选"碰撞停止"复选框，单击"最终结果"按钮（图 4-133），仿真结果如图 4-134 所示。

2）后处理。本刀路分两次后处理，第一次是刀路 1 和刀路 2 后，第二次为其余刀路。结果如图 4-135 所示。

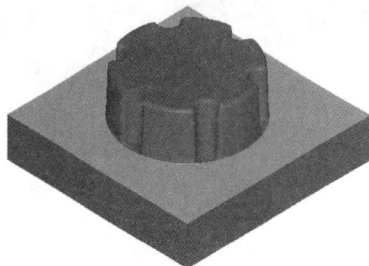

图 4-131 刀路仿真结果

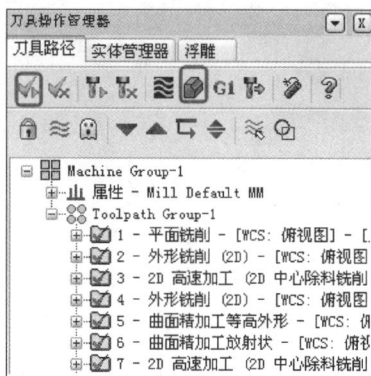

图 4-132 选择所有刀路

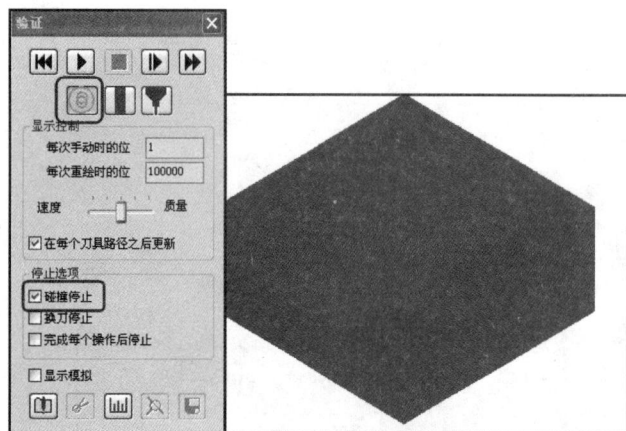

图 4-133 设置实体验证

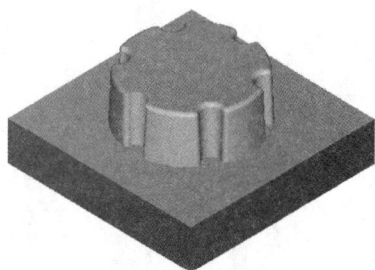

图 4-134 实体仿真结果

图 4-135 后处理生成的程序

🏵 项目小结

本项目以接线盖凸模为例，介绍了由实体生成曲面造型的方法。在生成凸模时采用布尔切割的方法。在曲面加工部分需要注意以下几点：

1）铣平面和外轮廓要注意零件的翻身。

2）采用 2D 中心除料与曲面加工相结合的方法，主要是提高表面质量及生产效率。

3）在曲面精加工等高外形刀路时，通过控制刀路的深度，提高生产效率。

4）在放射状精加工刀路时，提高对加工曲面的选取及起始补正距离的设置，提高零件的生产效率。

5）后处理时刀路要分开进行。

🏵 实训练习

1）根据拉杆零件图（图 4-136）完成拉杆凸模（图 4-137）的设计与制造。

2）根据烟灰缸三维尺寸图（图 4-138）完成烟灰缸凸模的设计与制造。

3）完成图 4-139 所示的零件的建模及数控编程。

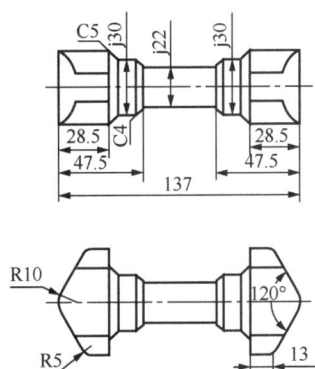

图 4-136　拉杆

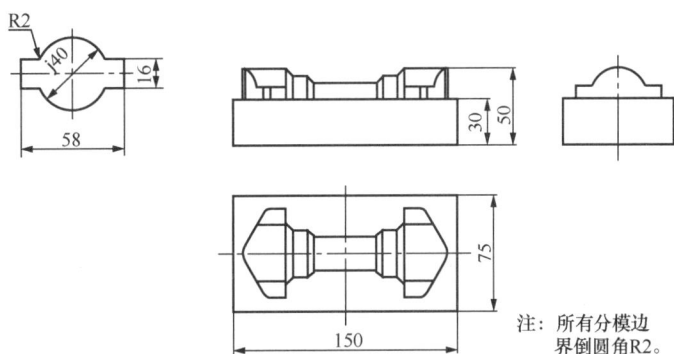

图 4-137　拉杆锻模凸模

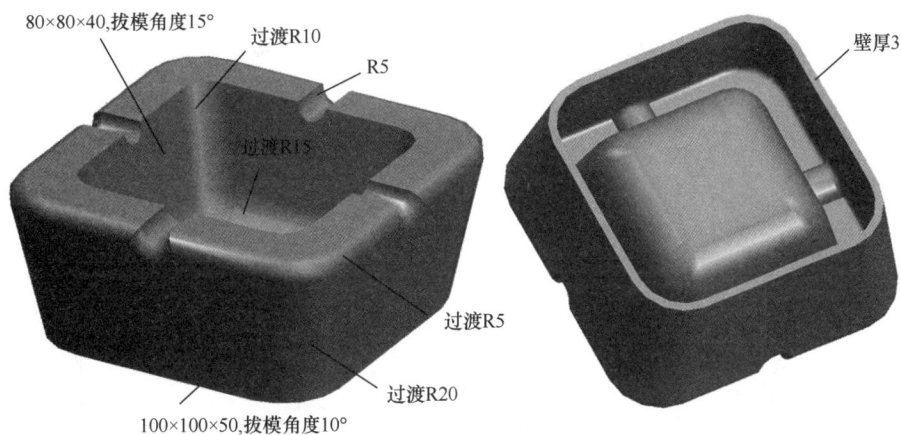

图 4-138　烟灰缸

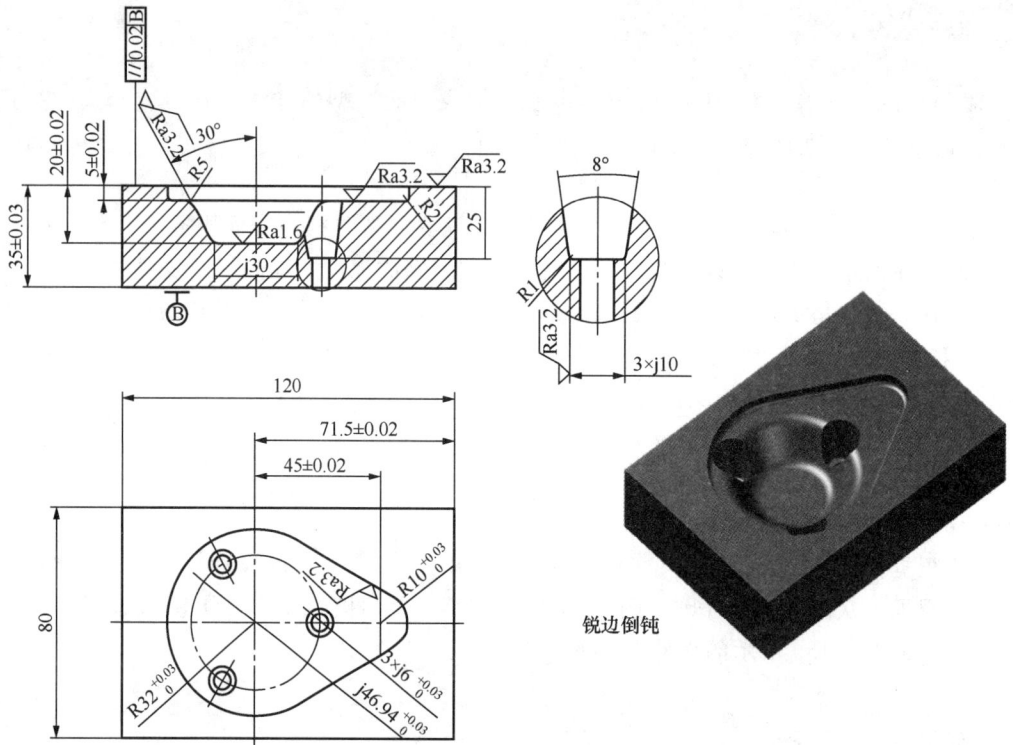

图 4-139　零件

项目 5

冷却套的工艺设计与制造

项目简介

冷却套是某型号主轴的一个零件，其材料为 40Cr 钢。本项目要求根据零件图（图 5-1）

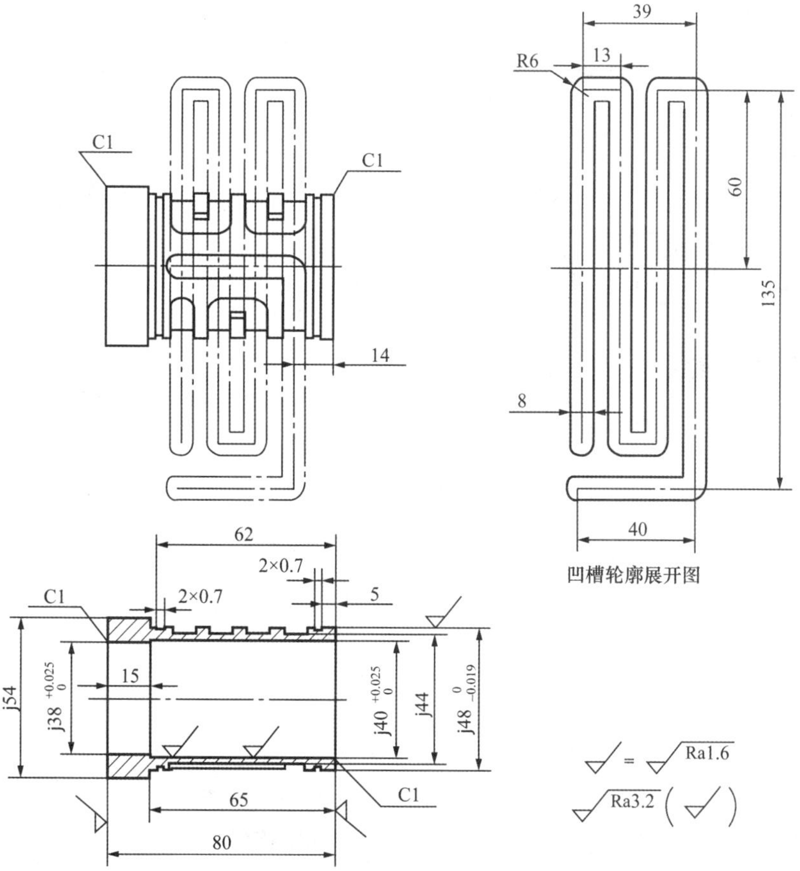

凹槽轮廓展开图

图 5-1　冷却套

完成其机械加工工艺设计与制造。零件造型部分主要涉及不同软件之间的数据交换、修改图素属性、平移、旋转实体等命令；CAM 部分主要涉及数控车的车端面、粗车、精车、镗孔、切槽及四轴加工刀路。

项目分析

冷却套的加工属于批量生产，材料为 40Cr 钢，毛坯建议采用无缝钢管。至于凹槽的加工，建议采用四轴加工，为便于四轴铣削加工的装夹，建议采用两件合一的毛坯，待凹槽加工完毕再利用车床将工件切割并车削端面。具体的工艺过程一般包括：毛坯（无缝钢管）—数控车—数控铣凹槽—切断—钳工—检查—入库。在数控铣凹槽及切断加工时要考虑使用弹性夹套。本项目主要工序见表 5-1。

表 5-1　冷却套的主要工序

1. 毛坯	2. 数控车	3. 数控铣凹槽	4. 切割

❋ 任务分解

任务 5.1　冷却套的数控车削加工
任务 5.2　冷却套的四轴铣削加工

❋ 知识点、技能点

知识点：

◇ 平移　　　　　　　　　　　◇ 车端面
◇ 精车　　　　　　　　　　　◇ 合并文件
◇ 粗车循环　　　　　　　　　◇ 2D 挖槽
◇ 旋转实体　　　　　　　　　◇ 径向车削循环
◇ 替换轴

技能点：

◇ 交换数据　　　　　　　　　◇ 设置四轴刀路
◇ 修改图层　　　　　　　　　◇ 修改串连轮廓线的起始点
◇ 设置数控车削刀路　　　　　◇ 设置旋转轴

![基础知识]

1. 合并文件

使用"文件/合并文件"命令，可以单一合并 MCX 文件，也可以将多个图形文件合并到一个文件中（图 5-2）。

操作步骤：

① 执行"文件/合并文件"命令；

② 在选定文件夹中指定文件名和文件类型；

③ 设置合并参数（比例、旋转、镜像、属性等）。

图 5-2　合并文件

2. CAD/CAM 软件的数据转换

在 Mastercam 打开文件的"文件类型"列表中选择相应的文件类型，如图 5-3 所示，即可打开相应的模型文件，新版软件可以直接打开的文件有很多种。

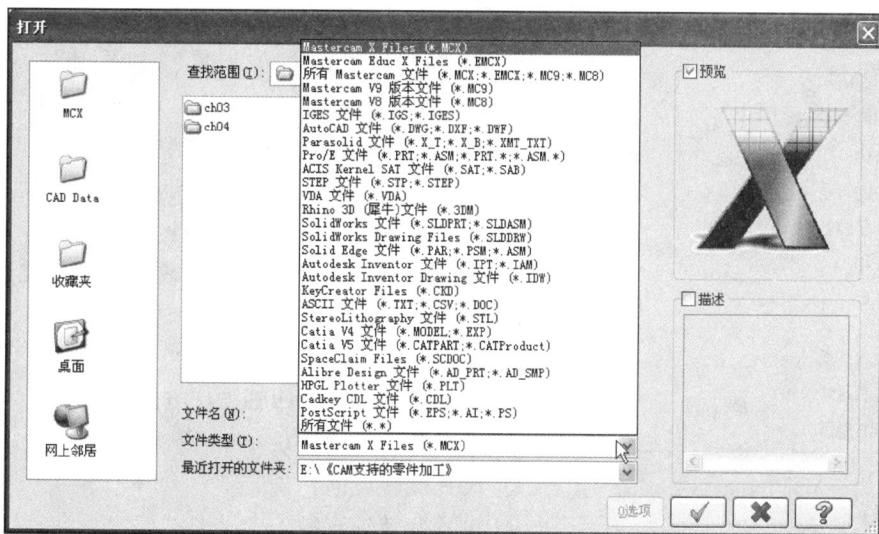

图 5-3　打开文件类型

Mastercam 系统内置下列数据转换器：IGES、Parasolid、SAT（ACISsolids）、DXF、CADL、STL、VDL、VDA 和 ASCII，还可以直接与其他 CAD/CAM 系统（如 AutoCAD（DWG）、STEP、Catia 和 Pro-E）进行数据转换。

它支持如下多种数据交换标准。

1）输入 Parasolid、SAT 和 Inventor 文件时，可转为实体、曲面或线架。

2）输入 STEP、Pro-E 文件后，可转为实体、曲面或线架。

3）可输出 Parasolid 和 SAT 文件。

4）可直接读取 SolidWorks 和 SolidEdge 文件。

5）SolidsManager 可以维护实体的构造树，还可以调整构造顺序或编辑设计参数。

6）实体特征数据包括体积、面积和重心位置。

7）自动生成实体的多视图。

8）可标注尺寸。

3. Mastercam 的车削功能

车削加工是数控加工中的一个重要领域，在机械加工中应用广泛。通常使用数控车床来加工轴类、盘类等回转体零件。典型的车削加工包括轮廓车削、端面车削、切槽、钻孔、镗孔、车螺纹、倒角、滚花、攻螺纹和切断等。

在 Mastercam 中，大多数车削加工可以看做在 XZ 平面上的二维加工。如果仅定义车削刀具路径（图 5-4），则可以只在绘图平面中绘制出一半的 2D 轮廓图形。

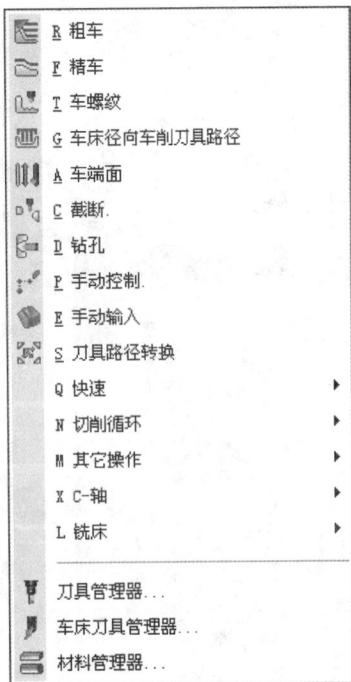

图 5-4   车削刀具路径菜单

4. 旋转轴控制

在旋转轴控制（图 5-5）中，旋转形式有以下几种。

1）"定位旋转轴"加工："定位旋转轴"加工是 Mastercam 软件四轴加工基本用法，常用于旋转角度固定、待此角度 XYZ 动作加工完成后才旋转角度做加工的情况。

2）"3 轴"加工：旋转轴的"3 轴"加工是 Mastercam 软件四轴加工常用用法之一，用于加工面为不规则面，Z 轴深度需随形状随时移动的情况。

3）"替换轴"加工："替换轴"加工用于加工在同样直径圆上，以旋转轴代替其中一个加工轴进行加工的情况。"替换轴"加工为 Mastercam 软件四轴加工应用最为广泛的一种加工方式。

操作步骤：

① 选择"替换轴"四轴加工方式；

② 设置要取代的轴；

③ 设置旋转方向；

④ 设置旋转轴直径。

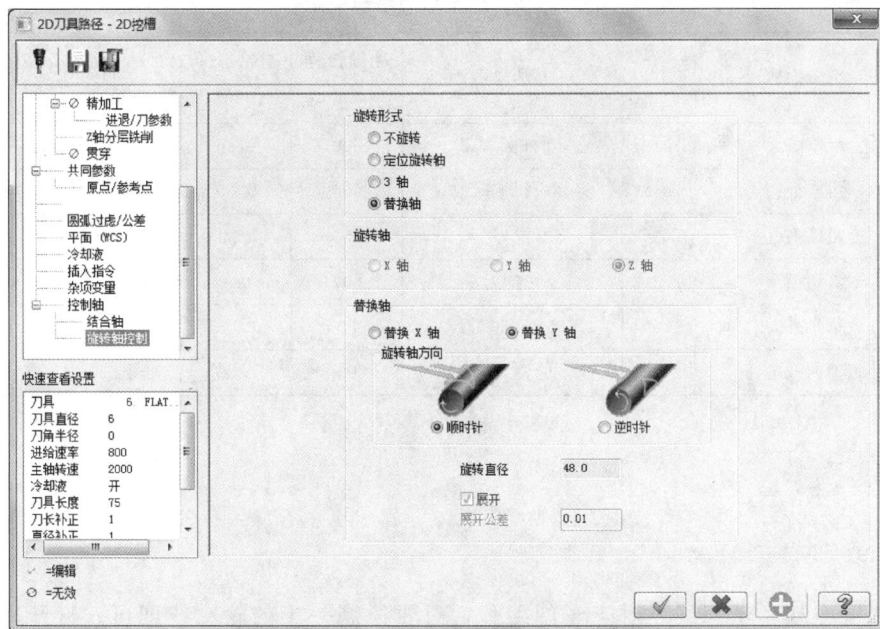

图 5-5　旋转轴控制

任务 5.1　冷却套的数控车削加工

任务分析

本任务针对数控车工序的内容进一步细化，主要内容及参数见表 5-2 和表 5-3。

表 5-2　数控车包含的工步内容

1. 粗车端面	2. 粗车外圆	3. 粗镗内孔
4. 切槽	5. 精车外圆	6. 精镗内孔端面

表 5-3　具体工步的参数清单

工步	工步内容	刀号	刀具规格	主轴转速/(r/min)	进给速度/(mm/r)	背吃刀量/mm	刀尖半径/mm
1	粗车端面	T0101	80°外圆车刀	600	0.25	2	0.8
2	粗车外圆	T0101	80°外圆车刀	600	0.25	2	0.8
3	粗镗内孔	T0202	镗刀	600	0.4	2	0.8
4	切槽	T0303	切槽刀	600	0.1	0.1	
5	精车外圆	T0404	55°外圆车刀	2000	0.05	0.1	0.4
6	精镗内孔端面	T0505	镗刀	2000	0.05	0.1	0.4

操作过程

1. AutoCAD 与 Mastercam 数据交换

1）提取冷却套轮廓线。对于车削编程，只要绘制一半的轮廓线即可。打开冷却套的 AutoCAD 文件，另存文件为"冷却套轮廓线.dwg"（图 5-6），通过删除、修改等命令得到其半个轮廓线，结果如图 5-7 所示。

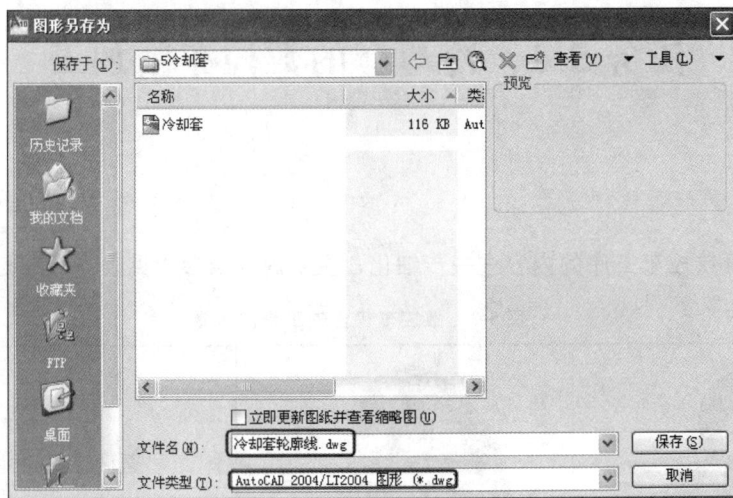

图 5-6　另存文件

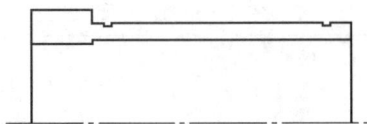

图 5-7　冷却套轮廓线

2）生成毛坯轮廓线。利用偏移、镜像、删除等命令生成其轮廓线，在操作过程中要考虑将来使用的切断刀宽度，这里选择 3mm 切断刀，保存文件。结果如图 5-8 所示。

3）AutoCAD 与 Mastercam 数据交换。打开 Mastercam，选择"文件/打开文件"命令，打开"打开"对话框，选择保存的轮廓线文件（图 5-9），单击"确定"按钮，这是可能看不见轮廓线，只要单击"适度化"按钮 ✛，就可以看到轮廓线。

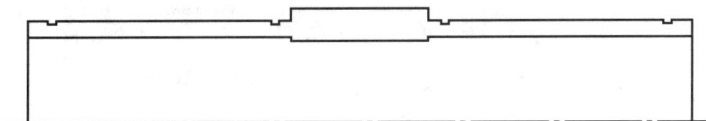

图 5-8 毛坯轮廓线

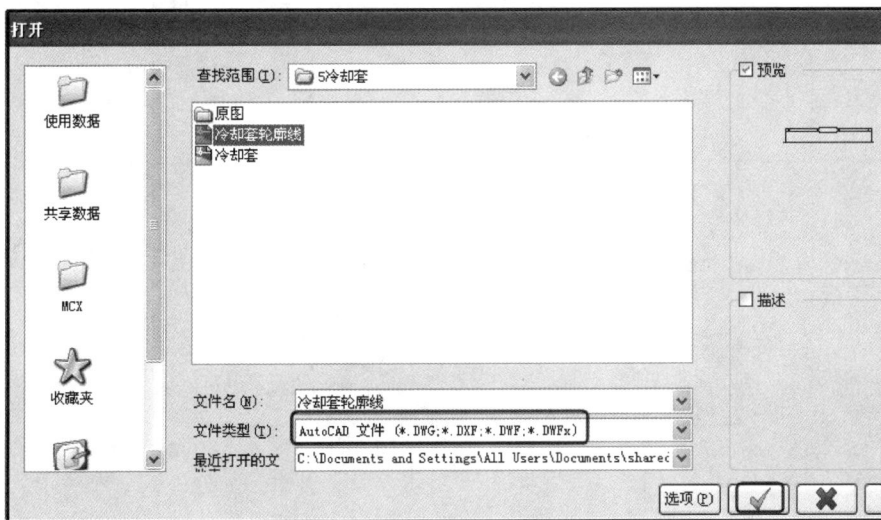

图 5-9 选择保存的轮廓线文件

4）轮廓线图素管理。单击层别，打开"层别管理"对话框，发现有若干层是空层，右击空层，在弹出的快捷菜单中选择"清除未使用的层别"命令（图 5-10）。结果如图 5-11所示。

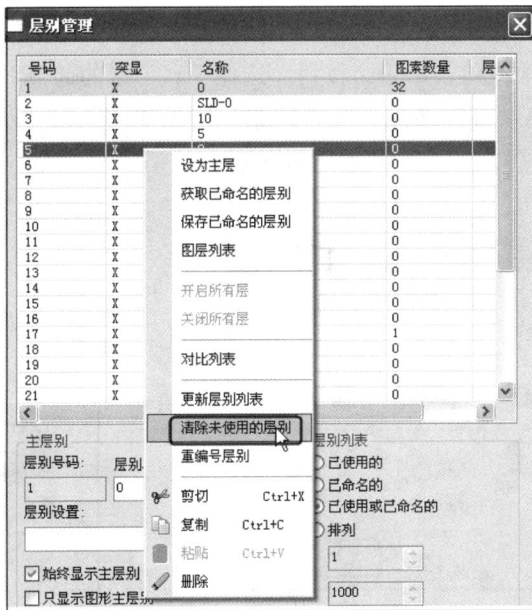

图 5-10 原层别管理器

图 5-11 　现层别管理器

5）改变图素的颜色。由于 AutoCAD 软件的轮廓线层是白色，而白色在 Mastercam 中是图素被选中的颜色，因此要将其转换为常见的草绿色。窗选要改变的轮廓线，将鼠标指针移到"颜色 10"处，右击，打开"颜色"对话框（图 5-12），单击"确定"按钮，完成颜色的修改。

6）平移图素。按 F9 键，打开坐标原点，发现轮廓线偏离坐标原点（图 5-13），窗选所有图素，利用"平移转换"命令 ，打开"平移选项"对话框，选中"移动"单选按钮，在"从一点到另点"选项组单击第一个按钮，选择平移图素的起点和终点（图 5-14），单击"确定"按钮，清除颜色，删除两端的垂直图素，结果如图 5-15 所示。保存文件为"冷却套铣 . MCX-6"，同时另存为"冷却套车 . MCX-6"。

图 5-12 　"颜色"对话框

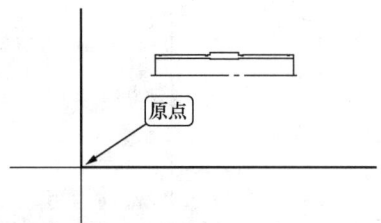

图 5-13 　平移前图素的状态

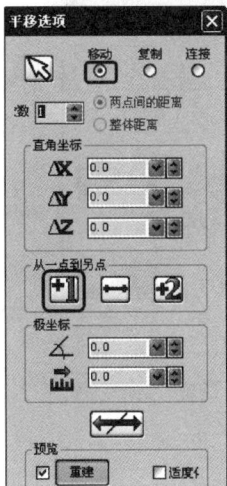

图 5-14　"平移选项"对话框　　　　　　　　　图 5-15　平移后的图素

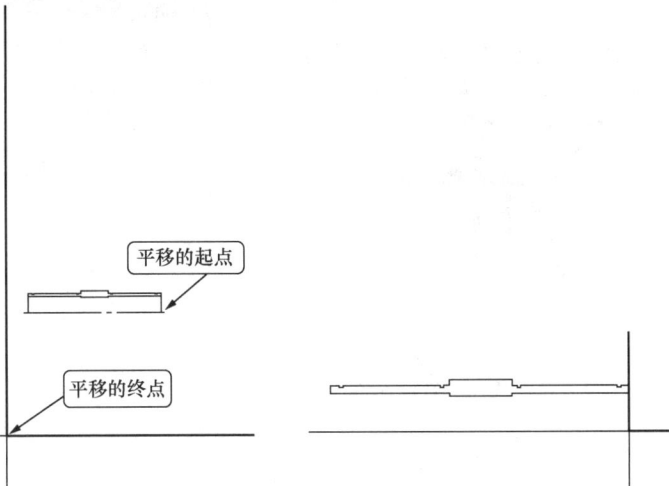

2. 数控车环境设置

选择"机床类型/车/默认"命令，单击"平面"按钮，从打开的列表中选择"车床直径/＋D＋Z（WCS）"选项（图 5-16），完成车削环境的设置。

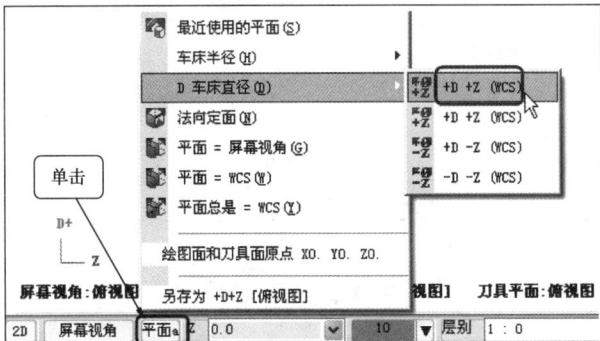

图 5-16　设置车削环境

3. 设置素材

在刀具路径管理器中，选择"素材设置"选项（图 5-17），打开"机器群组属性"对话框（图 5-18）。在"素材设置"选项卡中，单击"素材"选项组中的"参数"按钮，打开"材料"对话框，设置毛坯钢管尺寸 $\phi55\times\phi36\times166$（图 5-19），单击"确定"按钮，完成毛坯的设置。再单击"夹头设置"选项组中的"参数"按钮，打开"夹爪设置"对话框，设置相关参数（图 5-20），完成素材设置。

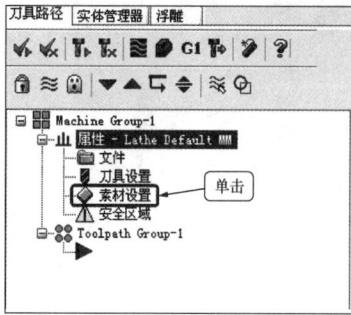

图 5-17　选择"素材设置"选项

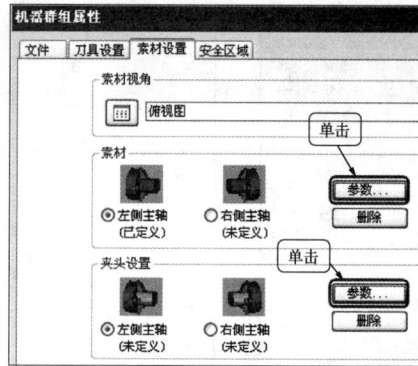

图 5-18　素材设置

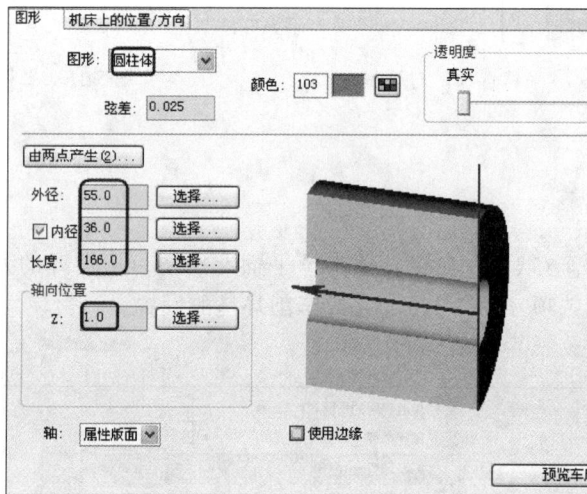

图 5-19　设置毛坯

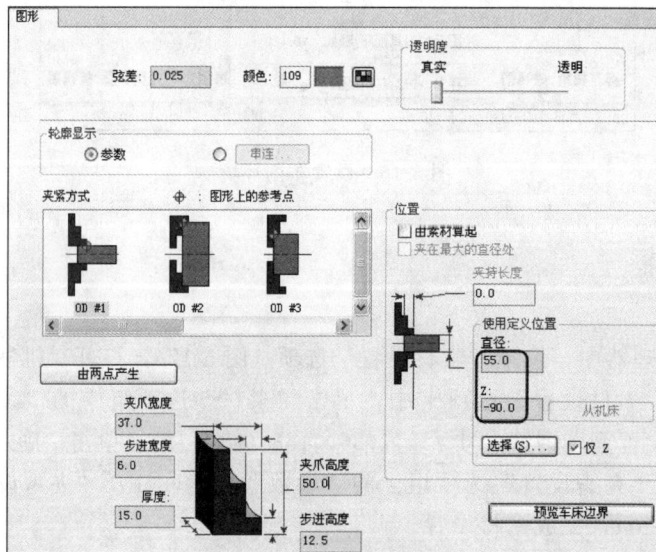

图 5-20　设置夹爪

4. 车端面

选择"刀具路径/车端面"命令，打开"车床-车端面属性"对话框。选择"刀具路径参数"选项卡，选择 T0101 车刀，设置刀路参数（图 5-21），单击"定义"按钮，在打开的"原点位置-用户定义"对话框中设置换刀点（图 5-22）。单击"参考点"按钮，在打开的"参考点"对话框中设置参考点坐标（图 5-23）。选择"车端面参数"选项卡，设置车端面参数（图 5-24）。单击"确定"按钮，仿真结果如图 5-25 所示。

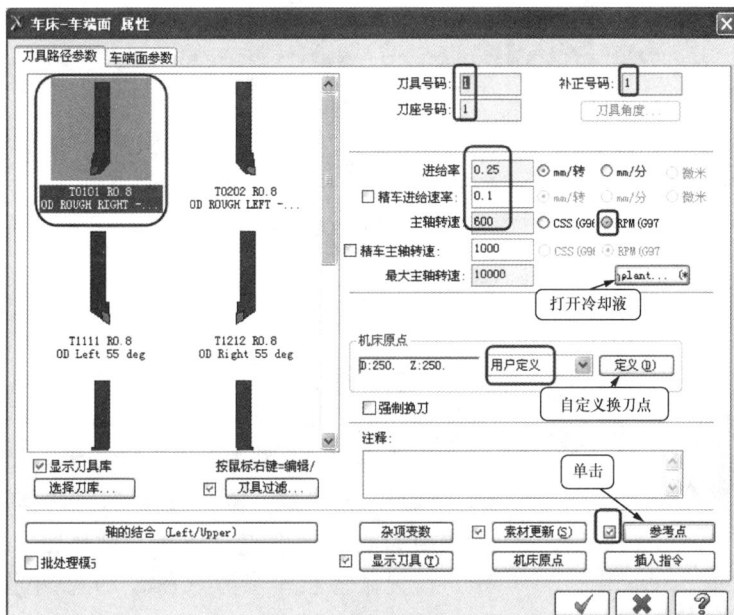

图 5-21　设置刀路参数

图 5-22　设置换刀点

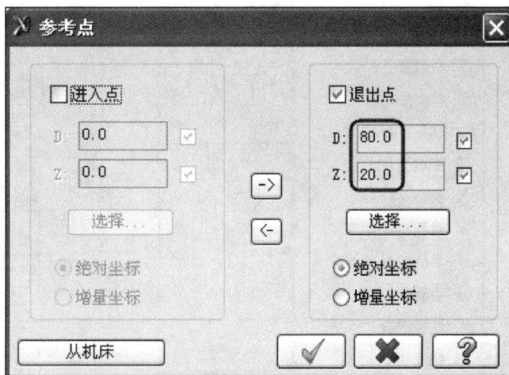

图 5-23　设置参考点

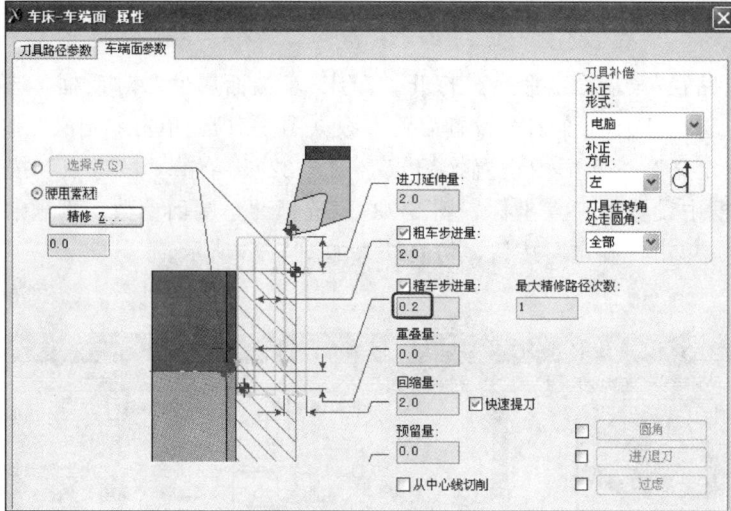

图 5-24　设置车削端面参数

图 5-25　仿真结果

5. 粗车外圆

　　选择"刀具路径/循环车削/粗车"命令（图 5-26），选择部分串连轮廓线（图 5-27）。打开粗车循环属性对话框，选择"刀具路径参数"选项卡，仍选择 T0101 车刀，设置刀路参数（图 5-28），打开冷却液，方法同上，设置换刀点和参考点。选择"循环粗车的参数"选项卡，设置循环粗车参数（图 5-29）。单击"进刀参数"按钮，打开"进刀的车削参数"对话框，设置进刀参数（图 5-30）。单击"确定"按钮，仿真结果如图 5-31 所示。

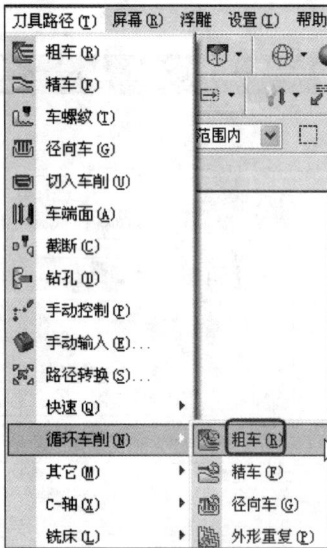

图 5-26　选择"粗车"命令

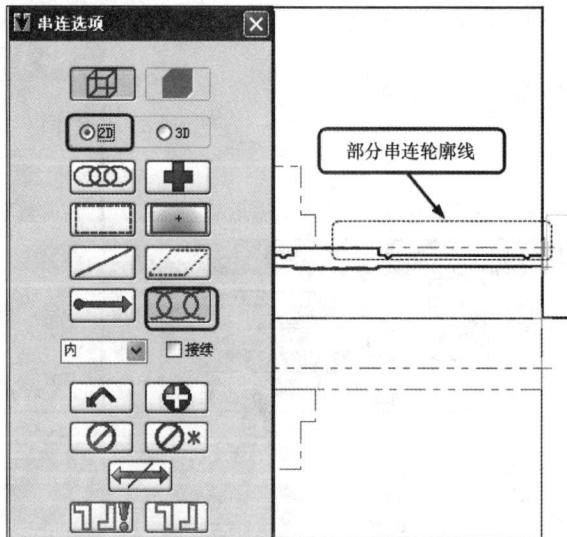

图 5-27　选择倒圆角的边

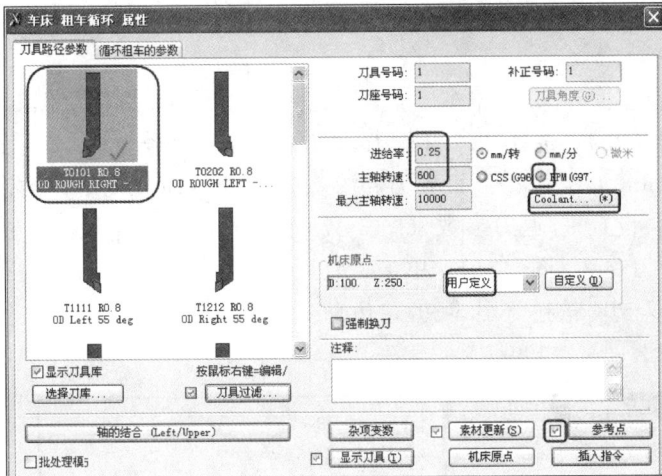

图 5-28　设置粗车的刀路参数

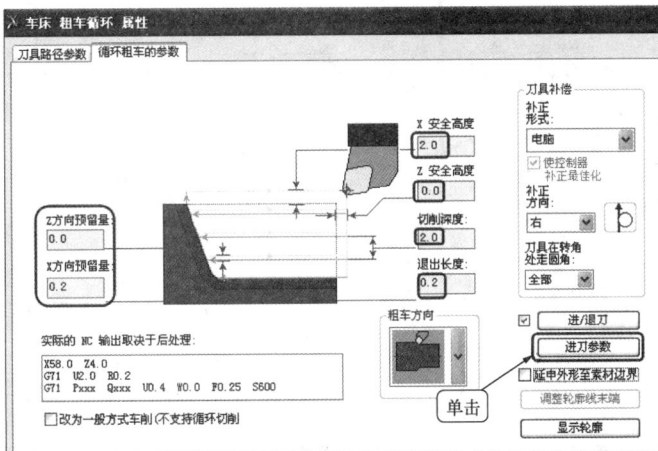

图 5-29　设置循环粗车参数

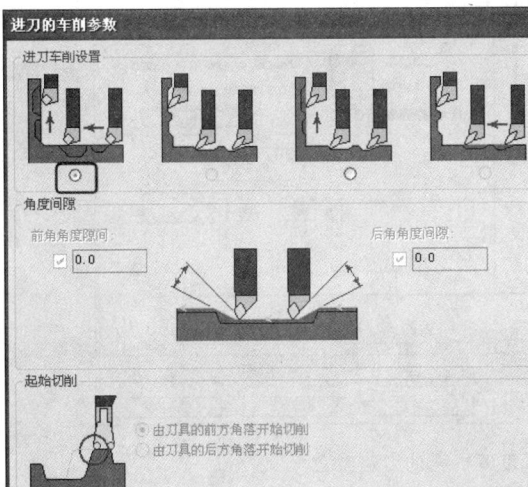

图 5-30　设置进刀参数

图 5-31　实体仿真结果

6. 粗镗内孔

选择"刀具路径/循环车削/粗车"命令，选择部分串连轮廓线（图 5-32），打开粗车循环属性对话框（图 5-33），选择 T7272 镗刀，双击，修改刀号为 T0202（图 5-34），修改刀片圆角半径为 0.8mm（图 5-35），设置刀路参数，打开冷却液，设置换刀点。设置循环粗车参数（图 5-36），设置进/退刀参数（图 5-37），完成镗孔刀路设置。在"刀具操作管理器"对话框中选择刀路 3（图 5-38），单击"验证"按钮，为清晰看清内孔的仿真结果，在"验证"对话框中双击 ✔ 按钮（图 5-39），仿真结果如图 5-40 所示。

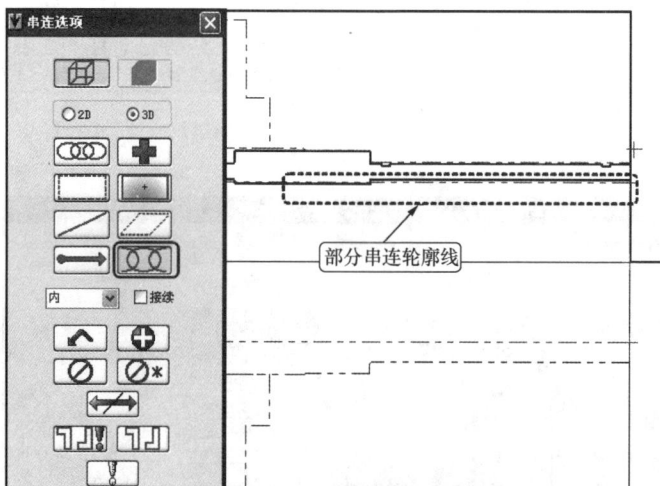

图 5-32　选择内孔轮廓线

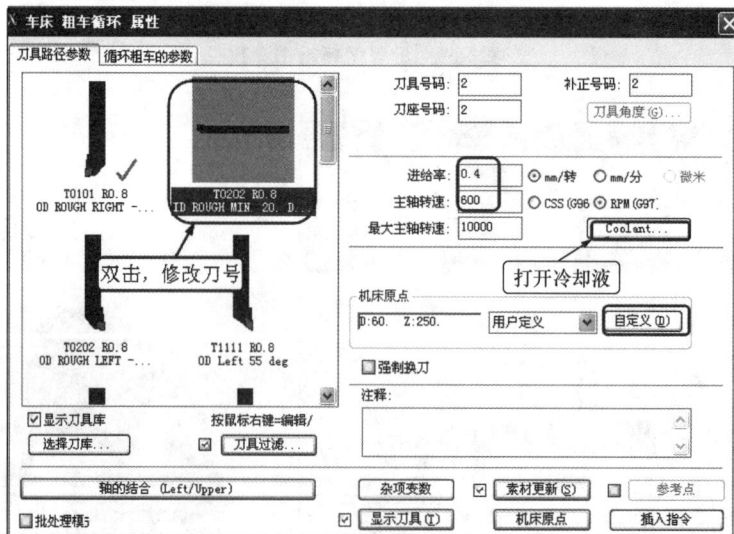

图 5-33　设置镗孔的刀路参数

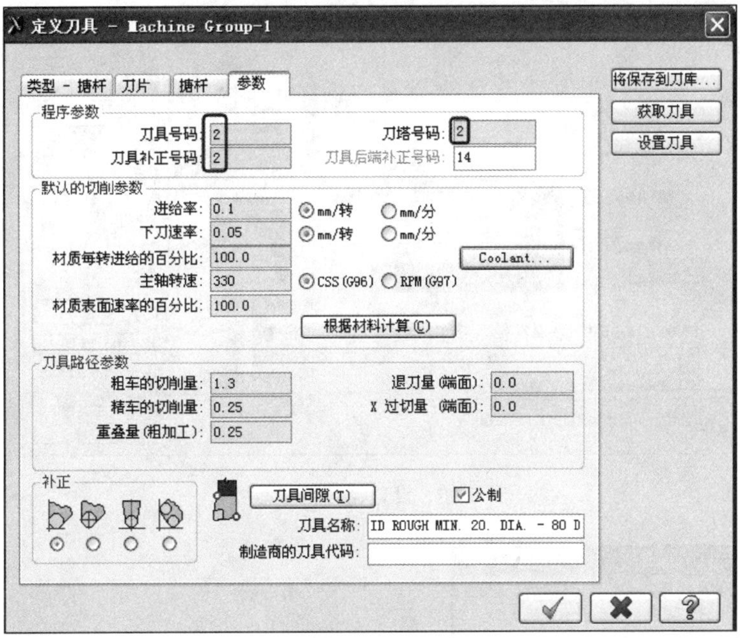

图 5-34　修改刀号

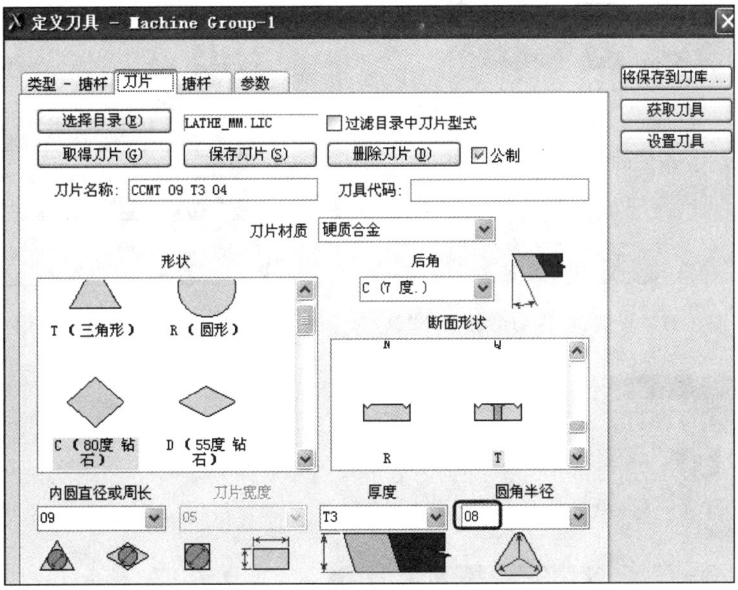

图 5-35　修改刀片圆角半径

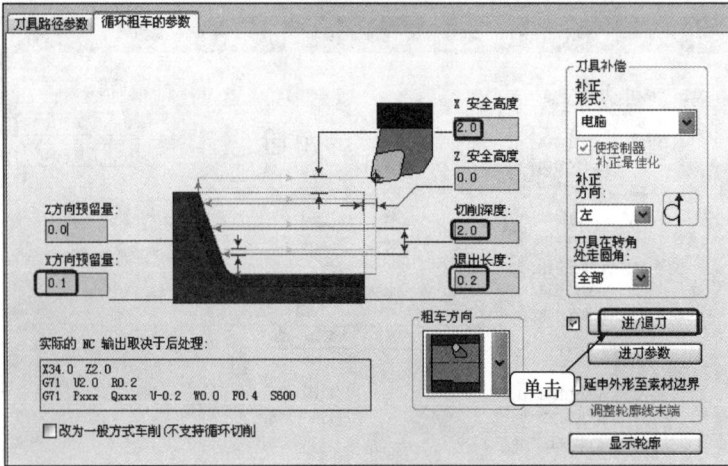

图 5-36　设置循环粗车参数

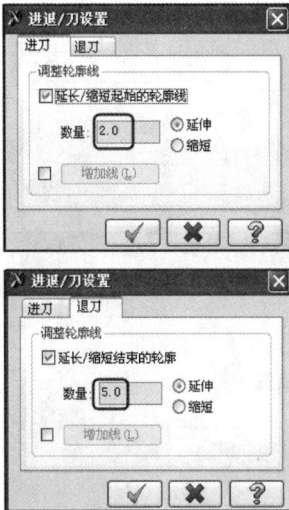

图 5-37　设置进/退刀参数

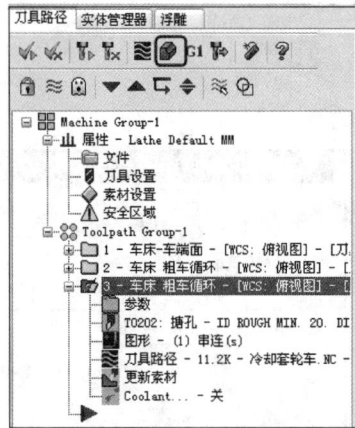

图 5-38　选择刀路仿真

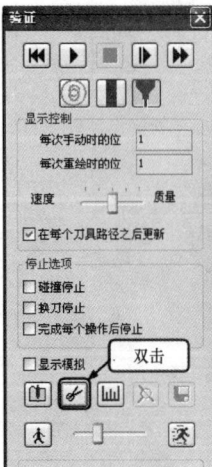

图 5-39　设置仿真方式

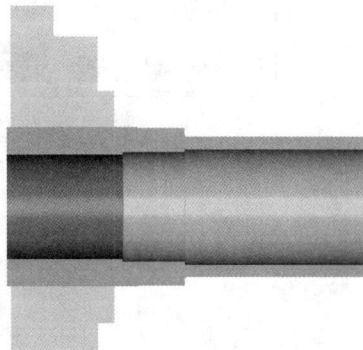

图 5-40　仿真结果

7. 切槽

选择"刀具路径/循环车削/径向车"命令,打开"径向车削的切槽选项"对话框
(图 5-41),单击"确定"按钮。分别选择槽的一个交点,按 Enter 键,打开切槽参数对话
框,选择 T4141 车槽刀,修改刀号为 T0303,打开冷却液,设置换刀点(图 5-42),设置径
向外形参数(图 5-43),设置径向粗车参数(图 5-44),关闭径向精加工,单击"确定"按
钮,仿真结果如图 5-45 所示。

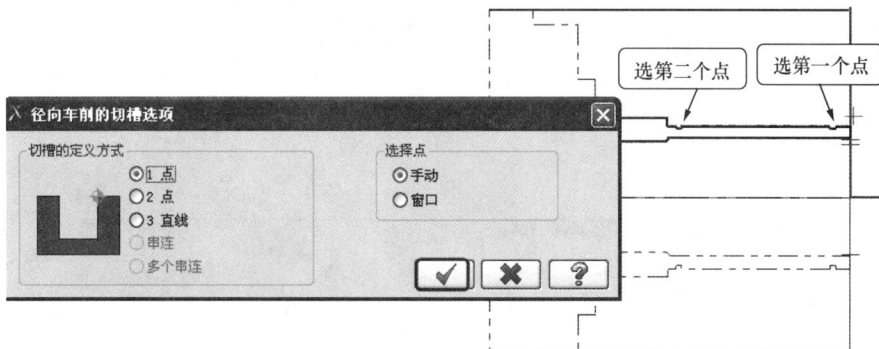

图 5-41 选择内孔轮廓线

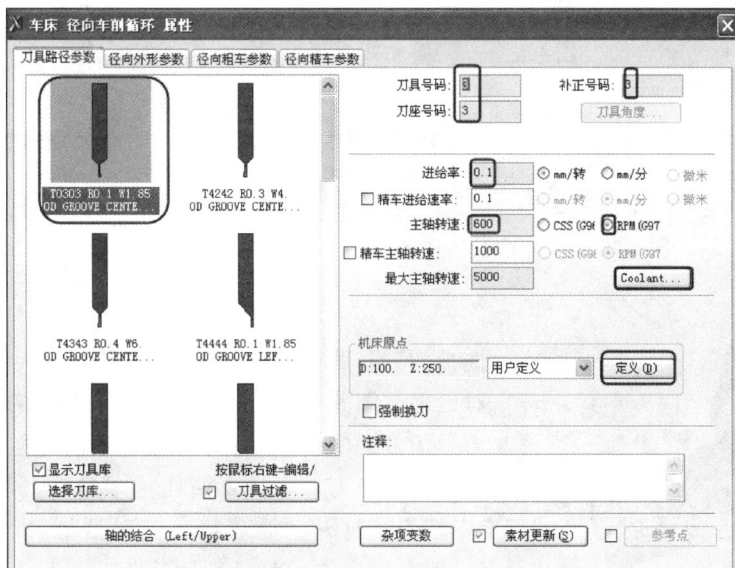

图 5-42 设置切槽的刀路参数

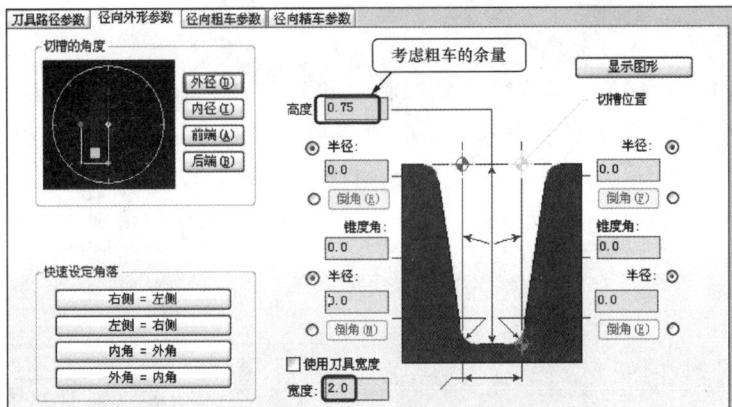

图 5-43　设置径向外形参数

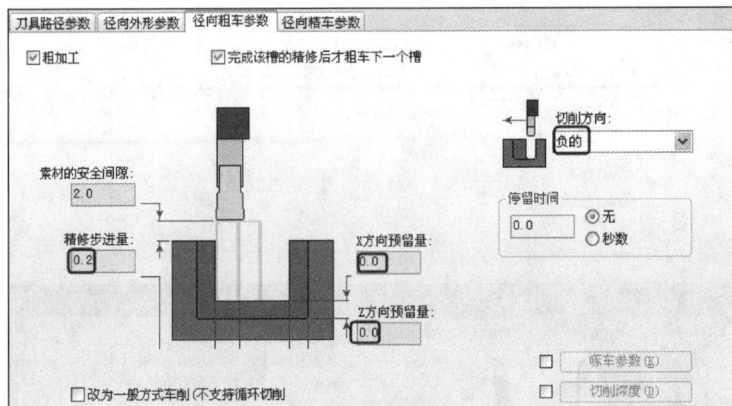

图 5-44　设置径向粗车参数

8. 精车外圆

图 5-45　仿真结果

选择"刀具路径/循环车削/精车"命令，打开"精车循环"对话框（图 5-46），选择刀号为 T1212 的 55°外圆车刀，修改刀号为 T0404，修改刀片的圆角半径为 0.4mm，打开冷却液，设置换刀点，设置循环精车参数（图 5-47），单击"确定"按钮。打开"循环精车"对话框（图 5-48），单击"是"按钮，生成"一般精车"刀路。打开"车床-精车　属性"对话框，设置精车参数（图 5-49）。单击"进刀参数"按钮，在打开的"进刀的车削参数"对话框中设置进刀参数（图 5-50），仿真结果如图 5-51 所示。

图 5-46 设置精车的刀路参数

图 5-47 设置循环精车参数

图 5-48 "循环精车"对话框

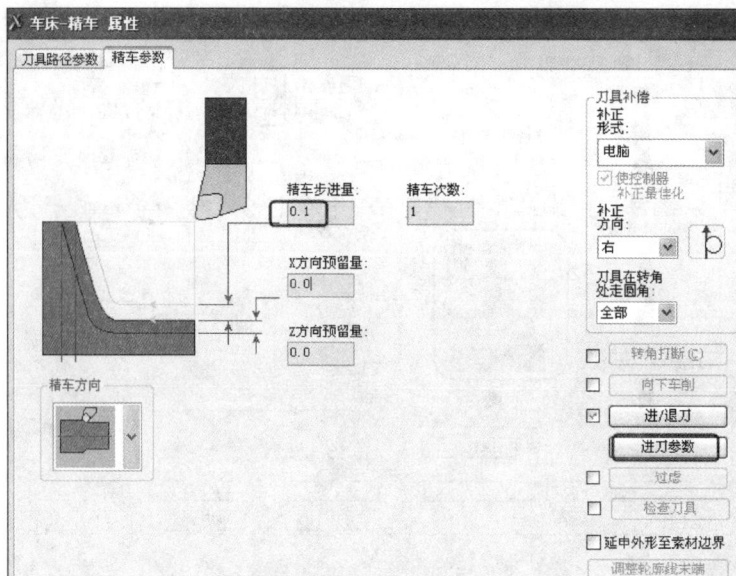

图 5-49　设置精车参数

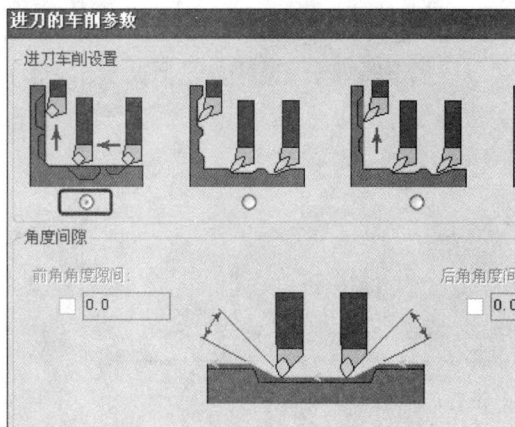

图 5-50　设置进刀参数

图 5-51　仿真结果

9. 精镗内孔

　　选择"刀具路径/循环车削/精车"命令，选择部分串连轮廓线（同粗镗刀路）。打开
"精车循环"对话框，选择 T7272 镗刀，双击，修改刀号为 T0505，设置刀路参数，打开冷
却液，设置换刀点（图 5-52），设置循环精车参数（图 5-53），单击"确定"按钮。打开
"循环精车"对话框，单击"是"按钮，生成"一般精车"刀路。设置精车参数（图 5-54），
设置进/退刀参数和进刀参数（方法同粗镗刀路），完成精镗孔刀路设置。仿真结果如
图 5-55 所示。

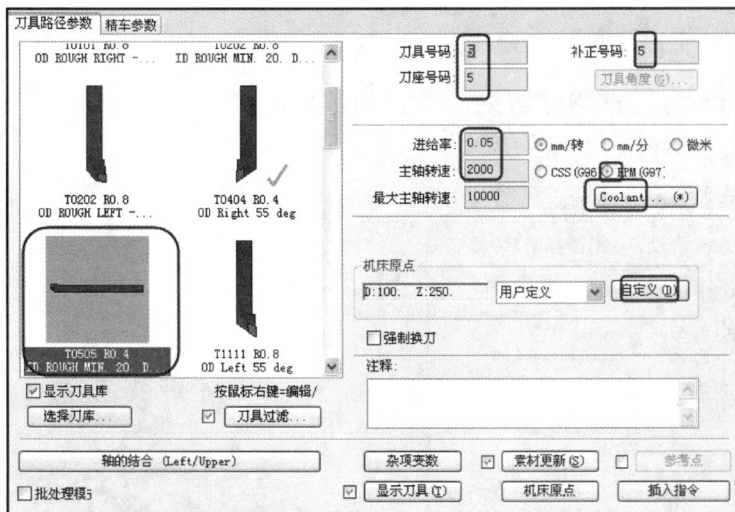

图 5-52 设置精车的刀路参数

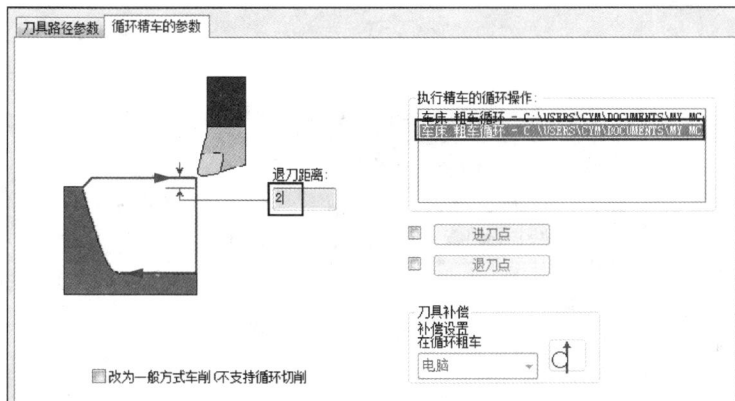

图 5-53 设置循环精车参数

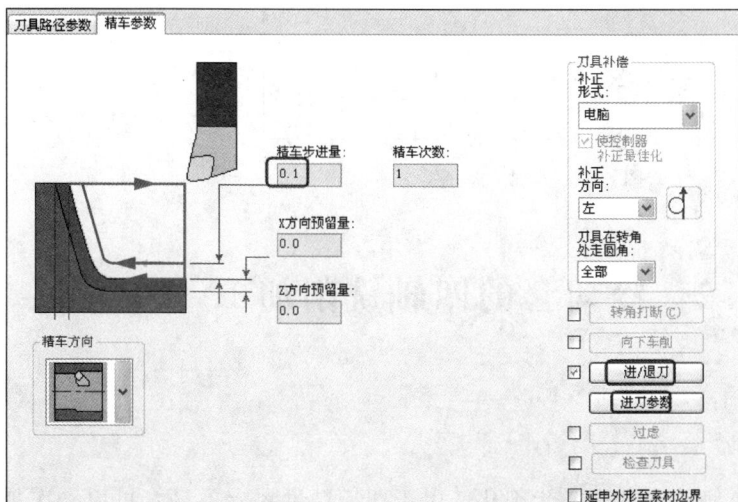

图 5-54 设置精车参数

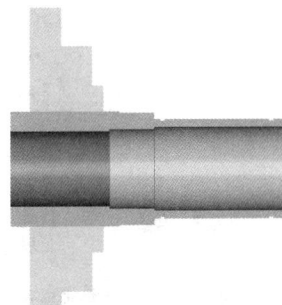

图 5-55 仿真结果

10. 刀路模拟与后处理

在刀路管理器中，选择所有刀路（图 5-56），单击"验证"按钮，结果如图 5-57 所示。单击 G1 按钮，结果如图 5-58 所示。

图 5-56　选择所有刀路

图 5-57　仿真结果

图 5-58　生成的程序

任务5.2　冷却套的四轴铣削加工

任务分析

本任务针对数控铣凹槽工序的内容进一步细化，由于凹槽精度要求不高，可以一次加工到位。其主要内容及参数见表 5-4 和表 5-5。

表 5-4 数控铣凹槽包含的工步内容

1. 四轴铣凹槽	2. 四轴铣另一端凹槽

表 5-5 具体工步的参数清单

工步	工步内容	刀号	刀具规格	主轴转速 /(r/min)	进给速度 /(mm/min)	余量 /mm
1	四轴铣凹槽	T1	ϕ6mm 平底刀	2000	800	0

操作过程

1. 加工前准备

1) 提取凹槽轮廓线。在 AutoCAD 中打开"冷却套.dwg"的 CAD 源文件，只留下凹槽轮廓线，其余均删除，另存文件为"冷却套凹槽轮廓线.dwg"。

2) 合并文件。打开前面保存的"冷却套铣.MCX-6"文件，选择"文件/合并文件"命令，在"打开"对话框中找到保存的"冷却套凹槽轮廓线.dwg"文件，单击"打开"按钮，单击"确定"按钮，单击"适度化"按钮，结果如图 5-59 所示。

3) 平移凹槽轮廓线。先参照前面的方法对层别进行处理，删除空层。然后将凹槽轮廓线移至图层 3。利用"转换平移"命令 ，在打开的"平移选项"对话框中设置"移动"、"从一点到另点"选项，参考图样，选择从中心线的交点移到（−14，0，0），结果如图 5-60 所示。

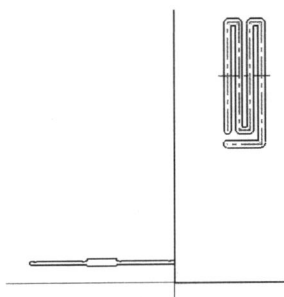

图 5-59 合并后的图形

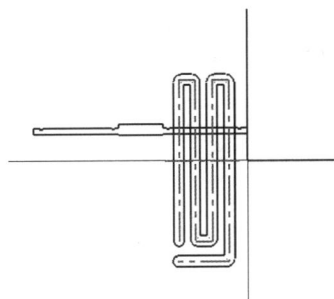

图 5-60 平移后的图形

4) 创建毛坯。设置当前图层为毛坯 10，选择"实体旋转"命令 ，打开"串连选项"对话框，选择冷却套轮廓线，单击"确定"按钮，选择中心线作为旋转轴，打开"旋转实体的设置"对话框（图 5-61），单击"确定"按钮，结果如图 5-62 所示。

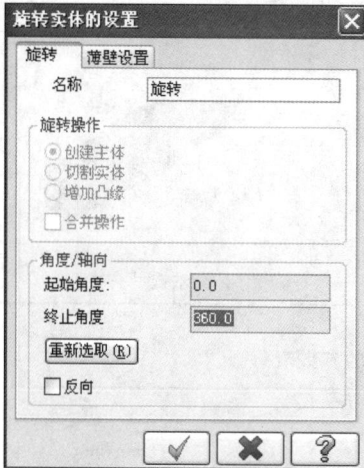

图 5-61　设置旋转实体

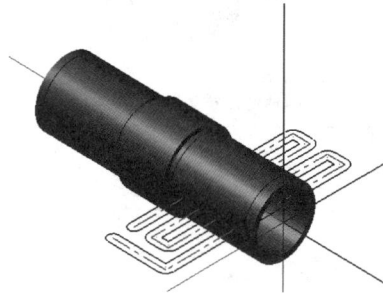

图 5-62　生成的实体

2. 四轴铣凹槽

设置机床类型为默认铣床，设置毛坯材料为刚刚生成的实体。选择"刀具路径/2D 挖槽"命令，选择串连凹槽轮廓线。打开"2D 刀具路径-2D 挖槽"对话框，选择"刀具"选项，单击"从刀库中选择"按钮，在打开的对话框中选择 ϕ6mm 平底刀，双击选中，修改刀补，设置刀具切削参数（图 5-63），设置切削参数（图 5-64），设置粗加工参数（图 5-65），设置进刀方式（图 5-66），设置 Z 轴分层铣削参数（图 5-67），设置共同参数（图 5-68），设置旋转轴（图 5-69），查看串连轮廓线的起始点（图 5-70），改变起始点（图 5-71），结果如图 5-72 所示，完成四轴刀路的设置，刀路仿真结果如图 5-73 所示，后处理生成的程序如图 5-74 所示。

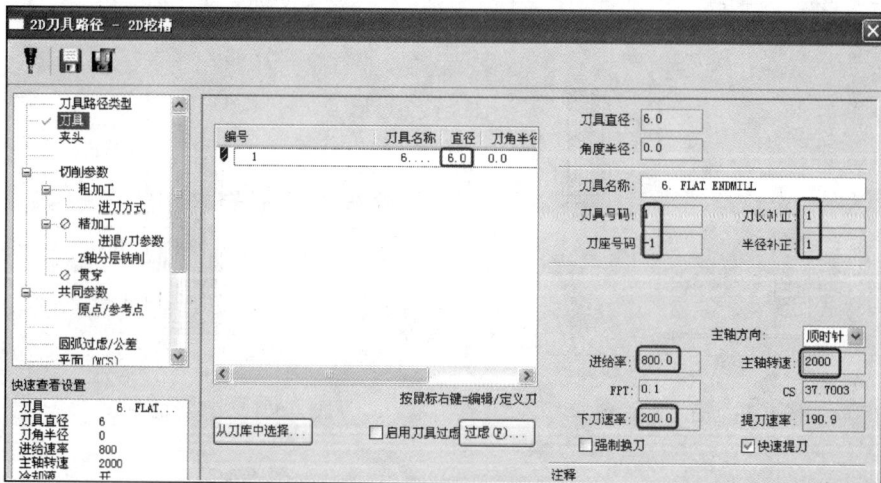

图 5-63　设置刀具切削参数

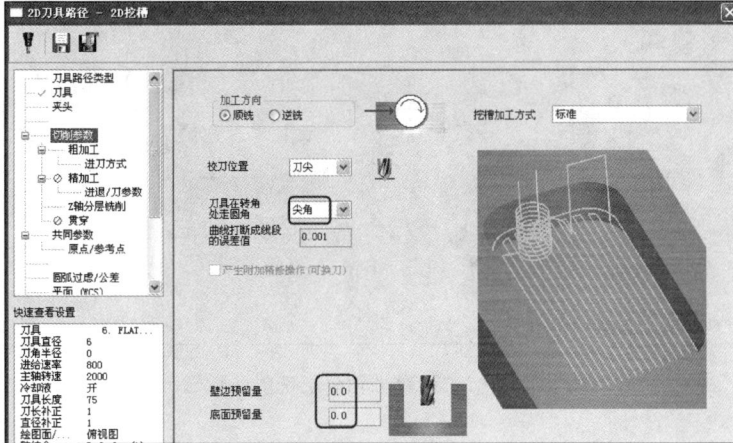

图 5-64　设置切削参数

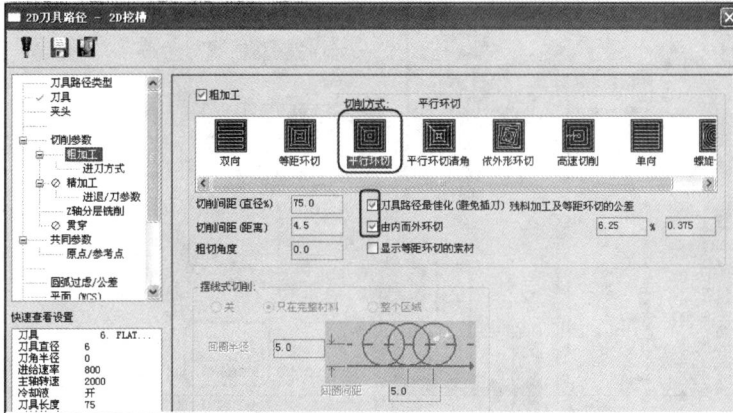

图 5-65　设置粗加工参数

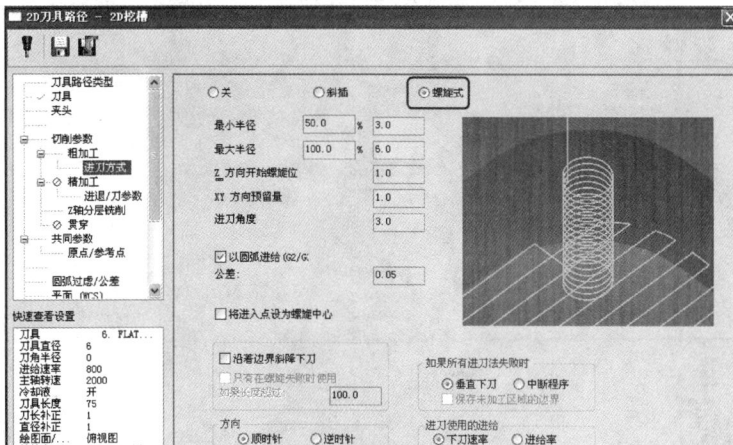

图 5-66　设置进刀方式

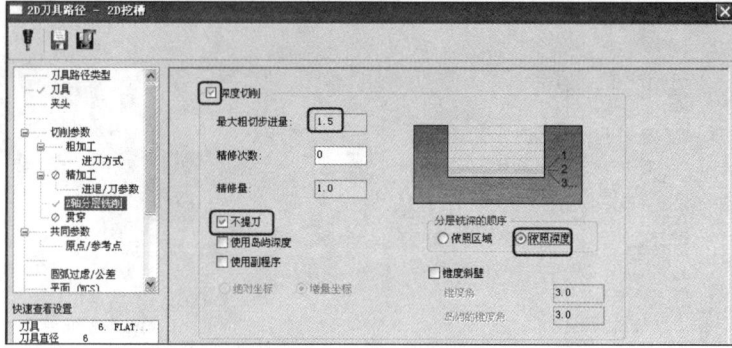

图 5-67　设置 Z 轴分层铣削参数

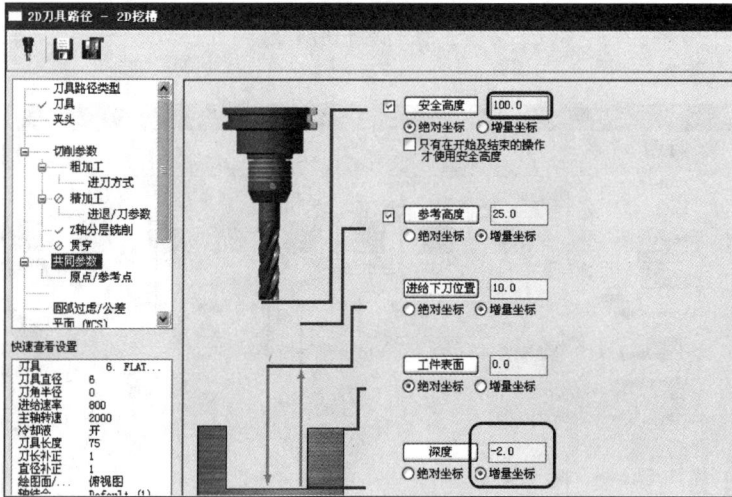

图 5-68　设置共同参数

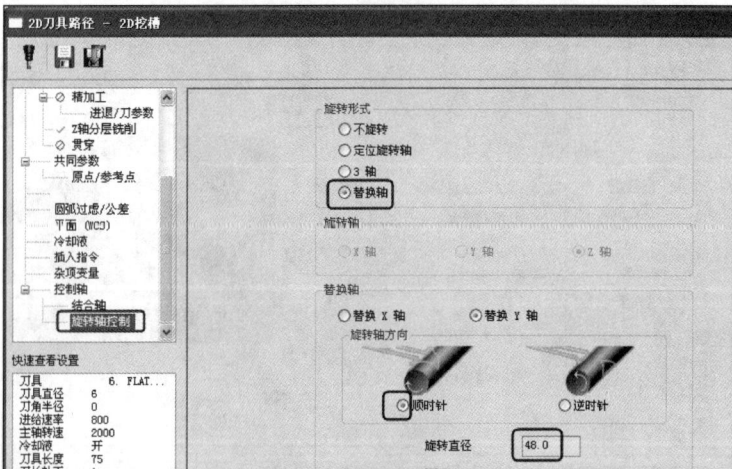

图 5-69　设置旋转轴

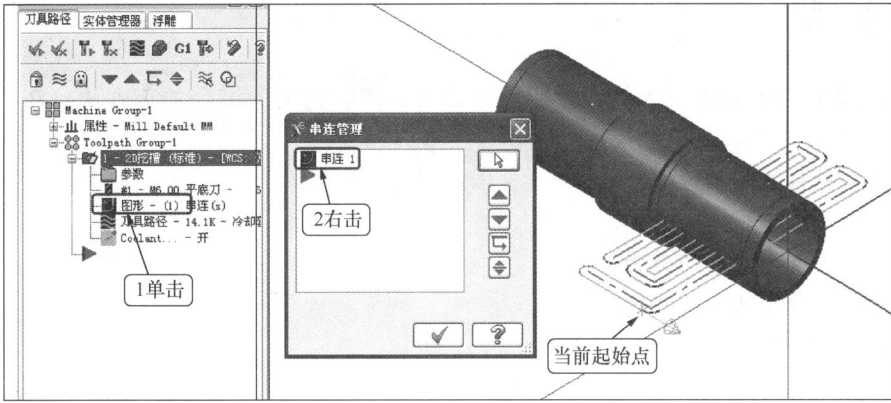

图 5-70　查看串连轮廓线的起始点

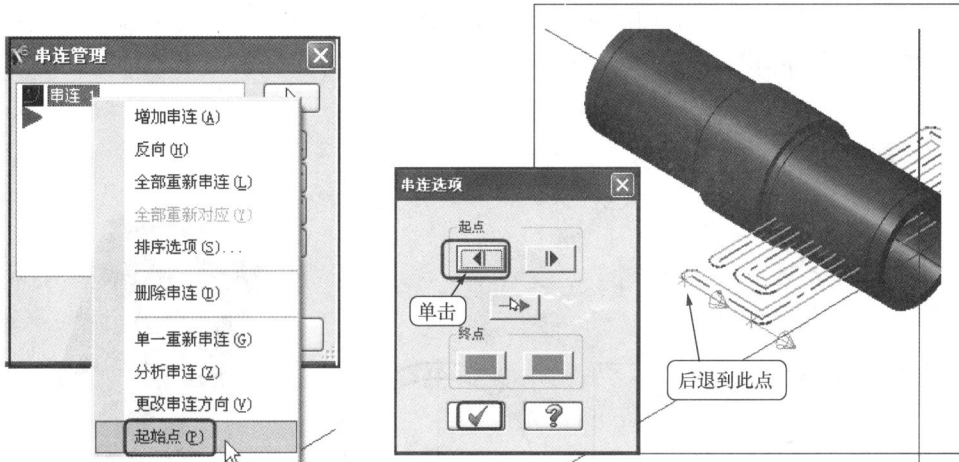

图 5-71　改变起始点

图 5-72　改变后的起始点

图 5-73　刀路仿真结果

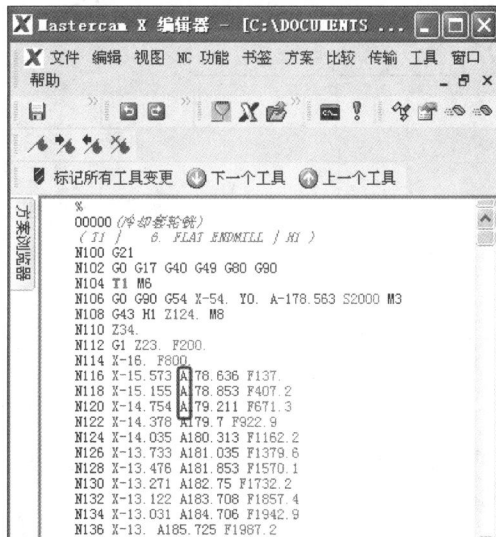

图 5-74　后处理生成的程序

❀ 项目小结

本项目以冷却套的加工为例，介绍了数控车和四轴铣削的综合加工方法。在实际操作时需要注意以下几点：

1) 不同软件之间的数据交换。
2) 数控车削工步之间的先后顺序。
3) 换刀点和参考点的设置。
4) 串连轮廓线的起始点的设置。
5) 旋转轴的设置。

❀ 实训练习

根据所给工程图（图 5-75 和图 5-76）完成零件的三维建模，设计数控加工工艺，完成零件的数控加工程序编制。

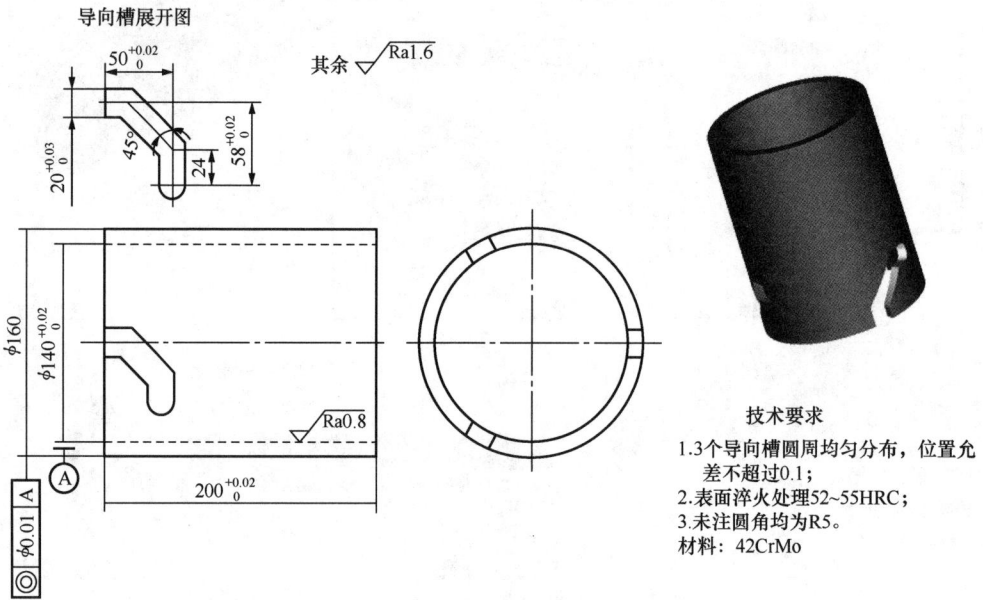

图 5-75　工程图（一）

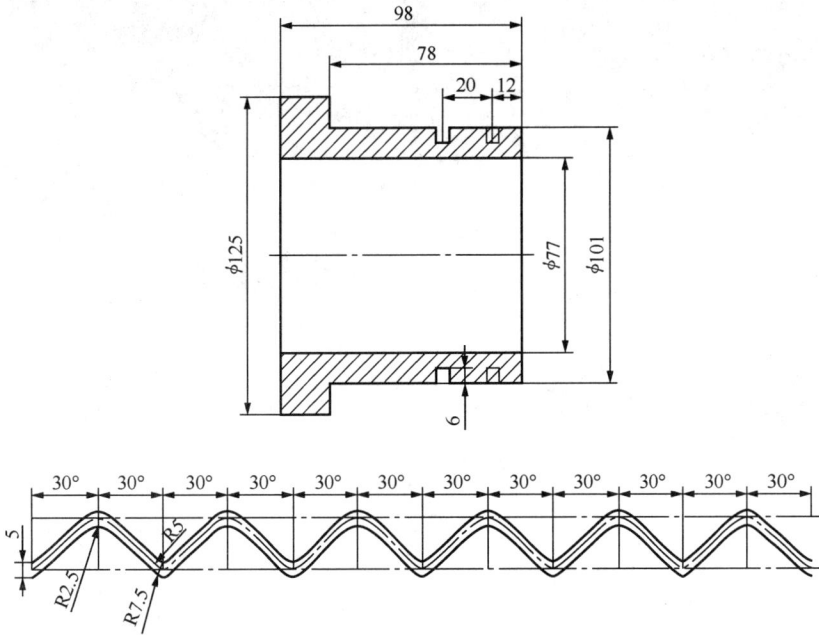

图 5-76 工程图（二）

叶轮轴的工艺设计与制造

✳ 项目简介

本项目要求利用数控车和四轴加工中心完成叶轮轴（图 6-1）的加工，毛坯为铝棒，硬铝合金 LY12。内容主要涉及样条曲线绘制、实体修剪、刀具面的创建、刀路的转换及四轴加工等。

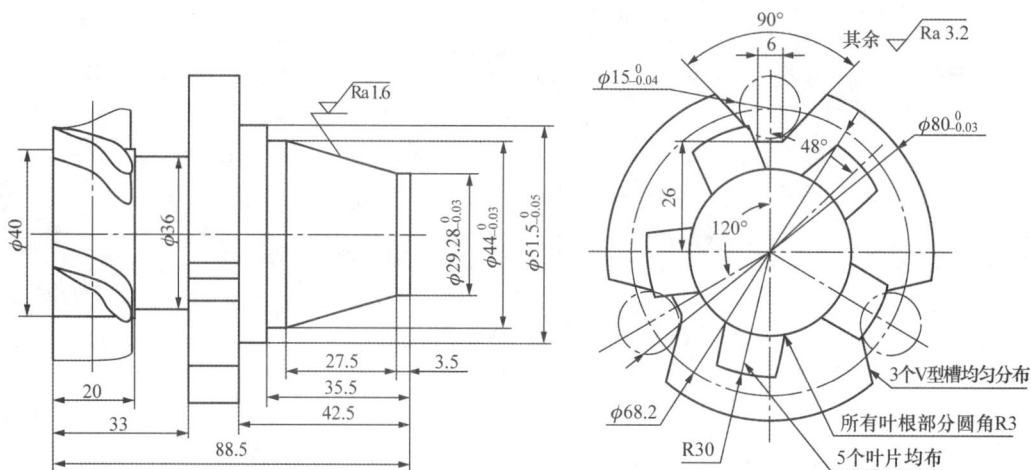

叶片轮廓线细节

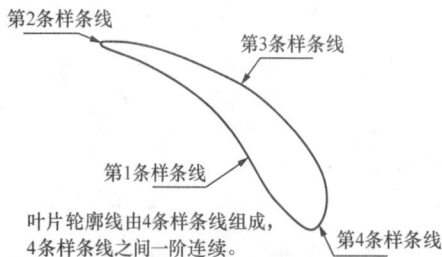

叶片轮廓线由4条样条线组成，4条样条线之间一阶连续。

第1样条线数据			第2样条线数据		
X	Y	Z	-9.725	0	7.332
7.3932	0	-7.0739	-9.836	0	7.447
4.735	0	-4.757	-9.846	0	7.607
1.388	0	0.417	-9.749	0	7.734
-9.725	0	7.332	-9.593	0	7.768

第3样条线数据			第4样条线数据		
-9.593	0	7.768	8.9249	0	-6.5121
5.634	0	1.630	8.6966	0	-6.9257
9.184	0	-4.383	8.3040	0	-7.1884
8.9249	0	-6.5121	7.8347	0	-7.2418
			7.3932	0	-7.0739

图 6-1 叶轮轴的零件图

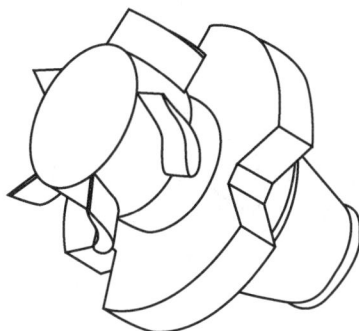

图 6-1　叶轮轴的零件图（续）

项目分析

本项目属于按指定条件加工零件，其加工工艺过程一般包括：毛坯—数控车—四轴铣叶片及 V 型槽—数控车锥面。本项目主要工序见表 6-1。

表 6-1　叶轮轴的主要工序

毛坯	数控车	四轴铣叶片及 V 型槽	数控车锥面

任务分解

任务 6.1　叶轮轴的建模
任务 6.2　叶轮轴的四轴 CAM 编程

知识点、技能点

知识点：

◇ 点　　　　　　　　　◇ 实体修剪　　　　　　◇ 四轴刀路
◇ 自动绘制曲线　　　　◇ 布尔运算　　　　　　◇ 干涉面
◇ 手动绘制曲线　　　　◇ 平移　　　　　　　　◇ 刀路转换
◇ 旋转实体　　　　　　◇ 牵引曲面

技能点：

◇ 创建构图面　　　　　◇ 设置四轴刀路参数　　◇ 创建四轴刀路
◇ 选择干涉面

❀ **基础知识**

1. 曲线绘制

Mastercam X6 样条曲线包括 SPLINE 曲线和 NURBS 曲线，前者是将所有的离散点作为曲线的节点并使曲线通过这些节点，即其形状由曲线经过的节点决定，属于参数式曲线；后者则不一定，后者是非均匀有理 B 样条曲线，其形状由控制点决定，曲线通过首点和末点，但并不一定通过中间的控制点，而是尽量按照一定的方式逼近这些中间的控制点。对于 NURBS 曲线，可通过移动它的控制点来编辑，它是一种可以比 SPINE 曲线更为光滑的且更容易调整的曲线，适用于设计模具模型的外形与复杂曲面的轮廓曲线。

其工具栏如图 6-2 所示。

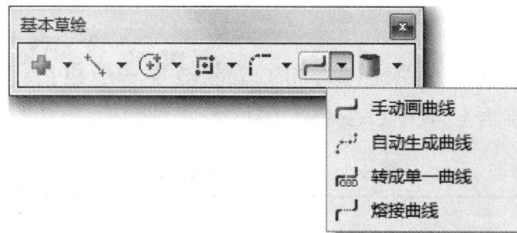

图 6-2　曲线绘制工具栏

（1）手动画曲线
"手动画曲线"指绘制曲线时按照系统提示逐个输入点来生成一条样条曲线。

选择"手动画曲线"命令时，系统将打开"曲线"操作栏。如果要在创建曲线的过程中设置曲线端点的切线方向，那么可以在指定第 1 个点之前，在"曲线端点"操作栏中单击"编辑端点"按钮 ，待在绘图区指定所有点并按 Enter 键后，则"曲线端点"操作栏如图 6-3 所示，从中可以编辑端点状态。

图 6-3　"曲线端点"操作栏

曲线端点的状态大概包括以下几种。
1）3 点圆弧：由曲线的开始（最后）3 个点所构成的圆弧，将起点处的切线方法作为曲线起点的切线方法。
2）法向：这是系统默认的选项，曲线两段的切线方向如图 6-4 所示。

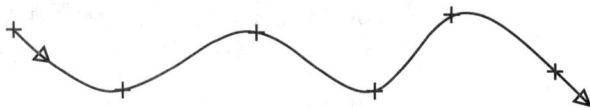

图 6-4　默认切线方向

3）至图素：选取已经绘制的图素，将其选取点的切线方向作为本曲线指定端点处的切线方向。

4）至端点：指定其他图素的某个端点的切线方向作为本曲线指定端点的切线方向。

5）角度：指定端点切线的角度。

（2）自动生成曲线

"自动生成曲线"指利用已有的 3 个点来绘制样条曲线，在执行"自动生成曲线"命令操作过程中，依次选择这 3 个点（分别作为曲线的第一点、第二点和最后一点），系统便会自动生成曲线。

2. 刀路转换

使用"刀具路径转换"功能可以对已有的一部分刀具路径进行平移、旋转或镜像操作，从而生成对整个零件加工的刀具路径。由"刀具路径转换"功能生成的刀具路径和原始的刀具路径是相互关联的，也就是说，当原始刀具路径重新计算并有改变时，其关联的转换刀具路径也随之发生变化。如果删除原始刀具路径，那么转换生成的刀具路径也可一起被删除。在某些设计场合中，巧用"刀具路径转换"功能可以大大节省刀具路径计算的时间，并简化编程工作。

在菜单栏的"刀具路径"菜单中选择"刀具路径转换"命令，打开如图 6-5 所示的"转换操作参数设置"对话框。在该对话框中，可以设置刀具路径转换的类型、方式、来源等。

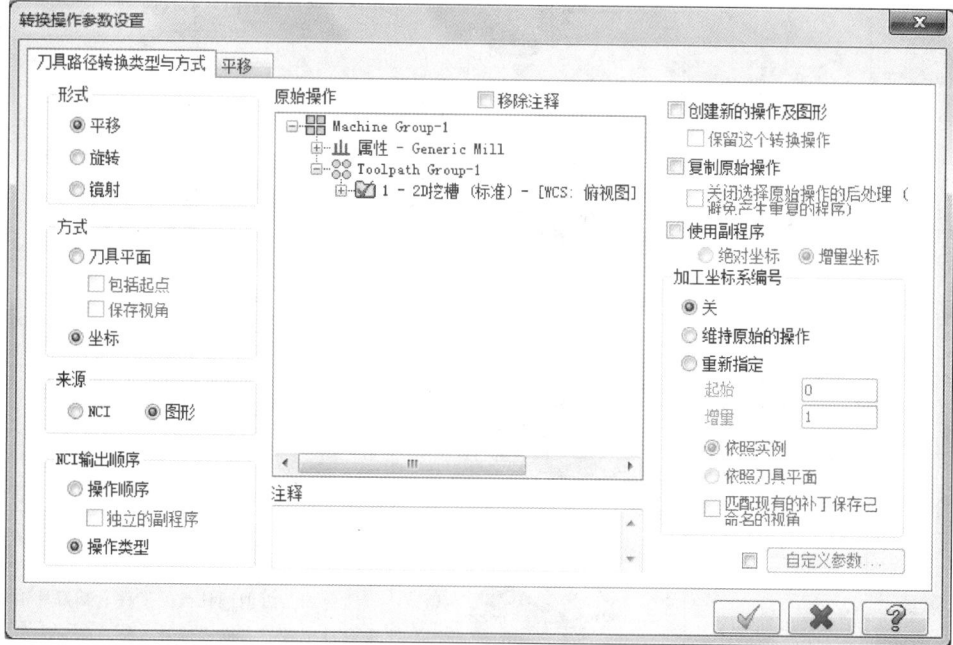

图 6-5　转换刀路对话框

3. Mastercam 的多轴加工

随着数控加工技术的快速发展，多轴加工数控设备得到了普遍的应用。多轴加工是指加工轴为三轴以上的加工，主要包括四轴加工和五轴加工。采用多轴加工的方法可以很好地实现一些形状特别或者形状复杂的曲面加工。

　　四轴加工是指在三轴的基础上增加一个回转轴，可以加工具有回转轴零件或者需沿某个轴四周加工的零件。五轴加工相当于在三轴的基础上添加两个回转轴来加工，从原理上来讲，五轴加工同时使五轴连续独立运动，可以加工特殊五面体和任意形状的曲面。

　　Mastercam 系统提供了强大的多轴加工功能。根据刀具路径建立在哪个方面可以分为标准、线架构、曲面/实体、钻孔/全圆铣削、转换到五轴和自定义应用，其中建立在标准之上的又主要包括曲线五轴加工、沿边五轴加工、曲面五轴加工、沿面五轴加工、旋转五轴加工和通道五轴加工，见表 6-2。

表 6-2　Mastercam X6 多轴刀具路径类型

计算建立在		命　令	说　明
标准	曲线五轴加工		用于对 2D、3D 曲线或者曲面边界生成五轴加工刀具路径，可以加工出非常漂亮的图案、文字和各种曲线，其刀具位置的控制设置更灵活
	沿边五轴加工		利用刀具的侧刃顺着工件侧壁进行切削，即可以设定沿着曲面边界进行加工
	曲面五轴加工		用于在一系列的 3D 曲面或者实体上生成多轴粗加工和精加工刀具路径，特别适合用在高复杂、高质量和高精度要求的加工场合
	沿面五轴加工		能顺着曲面生成五轴加工刀具路径
	旋转五轴加工		适合加工近似圆柱体的工件，其刀具轴可以在垂直设定轴的方向上旋转
	通道五轴加工		主要用于加工特殊造型和一些拐弯形接口的零件，其操作方法和其他类型的五轴加工类似

计算建立在		命　令	说　明
线架构	两曲线之间形状		加工两曲线之间形状
	平行到曲线		生成平行到曲线的多轴刀具路径
	沿着曲线切削		生成沿着曲线切削的多轴刀具路径
	投影到曲线		通过投影到曲线的线架构生成相应的多轴刀具路径
曲面/实体	平等到曲面		通过平等到曲面的方式生成用于加工曲面/实体面的多轴刀具路径，此多轴加工除了要设置常规的切削方式参数之外，还可设置曲面路径模式高级选项、处理曲面边界参数和曲面品质高级选项等
	平行切削		生成平行切削的多轴刀具路径，此多轴加工除了要设置常规的切削方式参数之外，还可设置处理曲面边界参数和曲面品质高级选项等
	两曲面之间形式		生成两曲面之间形式的多轴刀具路径，此多轴加工除了要设置常规的切削方式参数之外，还可设置曲面路径模式高级选项、处理曲面边界参数和曲面品质高级选项等
	Triangular mesh		生成网格形式的多轴刀具路径，此多轴加工除了要设置常规的切削方式参数之外，还可设置高度、加工方向、曲面品质高级选项等

计算建立在		命　令	说　明
钻孔/全圆铣削	钻孔五轴		用于在曲面上不同的方向进行钻孔加工
	全圆铣削五轴		生成全圆铣削五轴刀具路径
转换到五轴	转换到五轴		将选定刀具路径转换为五轴刀具路径
自定义应用	薄片铣削		主要用于铣削加工特殊的薄片零件
	叶轮叶片精加工		专门用于叶轮叶片精加工
	叶轮底部曲面		专门用于叶轮底部曲面加工
	叶轮底部曲面外面倾斜曲线		专门用于加工叶轮底部曲面外面倾斜曲线

续表

计算建立在	命　令	说　明
	通道专家	主要用于加工各类复杂的通道
	投影	用于生成投影多轴刀具路径，在操作过程中，需要选择加工面、投影曲线，设定最大投影距离，指定曲面误差、限制轴、碰撞检测、提刀距离和深度分层铣削等
	型腔倾斜曲线	生成型腔倾斜曲线多轴刀具路径
自定义应用	曲线控制型腔碰撞	进行曲线控制型腔碰撞操作
	4＋1 轴电极加工	生成 4＋1 轴电极加工刀具路径
	叶轮根部加工	主要用于加工叶轮根部
	叶片专家	专门用于加工叶片，其加工方式包括"叶片粗加工"、"叶片精加工"、"轮毂精修"和"圆角精修"

任务 6.1　叶轮轴的建模

本任务考虑数控车及四轴加工的要求，建议按表 6-3 进行实体建模。

表 6-3　叶轮轴的实体建模过程

步骤 1	步骤 2	步骤 3	步骤 4

操作过程

1. 叶轮轴基础建模

1）初始绘图环境设置。在"公制"的绘图环境下，将绘图平面、屏幕视角均设为"前视图"，构图深度 Z＝0，"2D"状态，同时设置轮廓线的图层，设置为第 1 层、连续线、粗实线，按 F9 键，打开坐标原点。

2）轮廓线的绘制。利用"直线"命令绘制叶轮轴的外形轮廓线，考虑后续加工的需要，将坐标原点设置在 ϕ80mm 的左侧面，绘制封闭轮廓线，结果如图 6-6 所示。

3）实体建模。利用"实体旋转"功能，建立叶轮轴基础模型，结果如图 6-7 所示，保存文件为"叶轮轴 . MCX-6"。

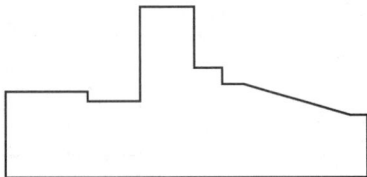

图 6-6　叶轮轴的外形轮廓线

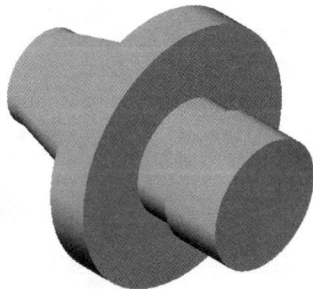

图 6-7　叶轮轴基础建模

2. 叶片建模

1）创建叶片轮廓线坐标点文件。叶片轮廓线由若干个坐标点连接而成，这些坐标点一般由三坐标测量所得，保存为记事本文件。本任务中采用手工输入将这些坐标点保存为记事本文件 yelunzhou.txt（图 6-8）。注意每组数据之间空一行。

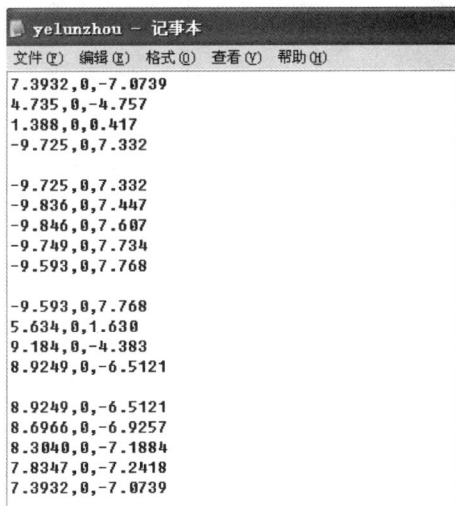

图 6-8　叶片坐标点数据

2）创建叶片轮廓线。在 Mastercam 中打开 yelunzhou.txt 文件，结果如图 6-9 所示。参看零件图样，利用"自动生成曲线"功能 先串连生成第 2、4 条样条线，然后再利用"手动画曲线"功能 连接第 1、3 条样条线，首尾相连，创建叶片轮廓线，结果如图 6-10 所示，保存文件为 yelunzhoulkx.MCX-6。

3）将叶片轮廓线导入"叶轮轴.MCX-6"文件。打开"叶轮轴.MCX-6"文件，将当前图层设为第 6 层。选择"文件/合并文件"命令，在"打开"对话框中选择 yelunzhoulkx.MCX-6，结果如图 6-11 所示。

图 6-9　坐标点的导入

图 6-10　创建叶片轮廓线

4）平移叶片轮廓线。将绘图平面设为"前视图"，利用"平移"功能 将叶片轮廓线平移至叶轮轴的端部（图 6-12），平移结果如图 6-13 所示。

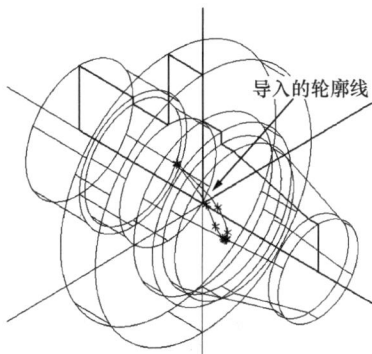

图 6-11　合并后的文件

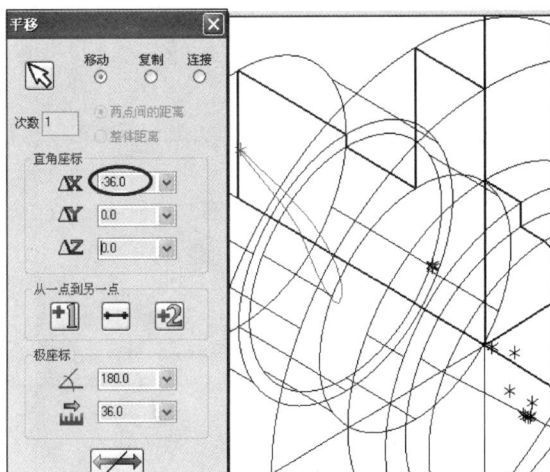

图 6-12　选择平移的轮廓线

5）创建叶片实体。将当前层设为第 7 层，利用"挤出实体"功能 ，挤出距离设为 50，结果如图 6-14 所示。

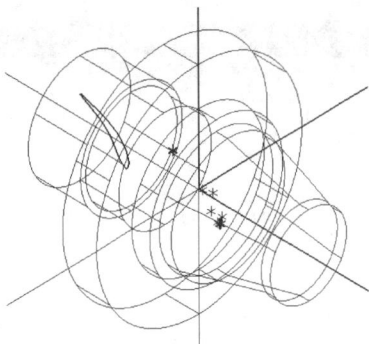

图 6-13 平移后的结果

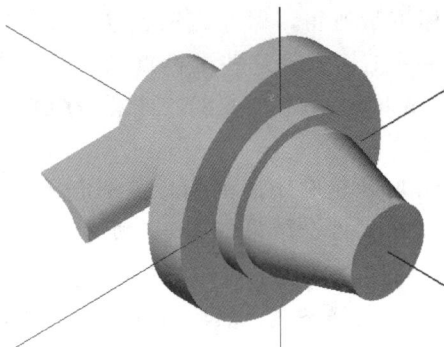

图 6-14 创建叶片实体

6）旋转叶片实体。根据图样，叶片现在的位置需要旋转 42°。将绘图平面设为"右视图"，"2D"，选择叶片，选择"旋转"功能（图 6-15），结果如图 6-16 所示。

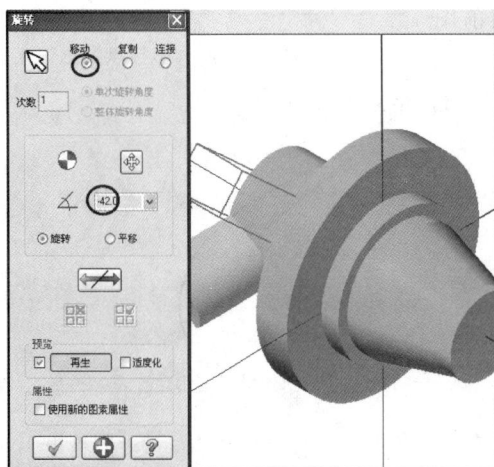

图 6-15 选择旋转的叶片

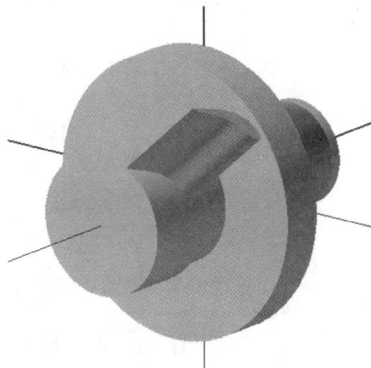

图 6-16 旋转后的叶片

7）其余叶片的建模。利用"旋转/复制"功能完成其余叶片的建模（图 6-17），结果如图 6-18 所示。

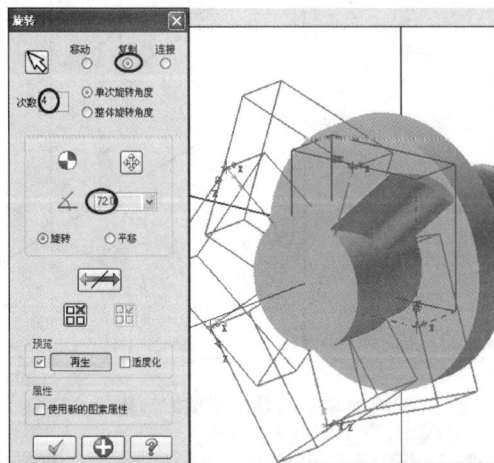

图 6-17 选择旋转复制的叶片

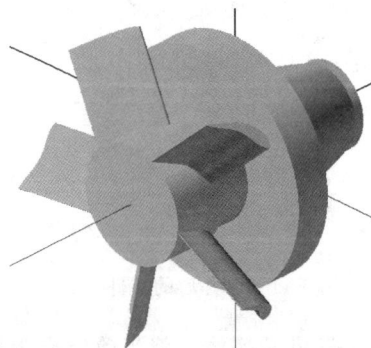

图 6-18 旋转复制后的叶片

8）将叶片与叶轮轴合并为一个实体。前面所做的叶片与叶轮轴实际是分开的，利用"布尔运算/结合"功能，将它们合并为一个实体。

9）切割叶片外形。将当前层设为第 8 层，绘图平面设为"左视图"，"2D"，构图深度 Z 设为 46，屏幕视角也设为"左视图"，利用"圆弧"功能绘制 $\phi 60$mm 的圆，再利用"牵引曲面"功能 （图 6-19），绘制深度为 30 的曲面（图 6-20），然后利用"实体修剪"功能 （图 6-21），将叶片外形变成圆柱形，关闭第 8 层，结果如图 6-22 所示。

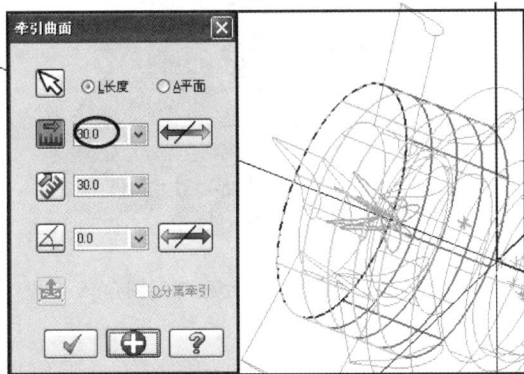

图 6-19　设置牵引曲面参数

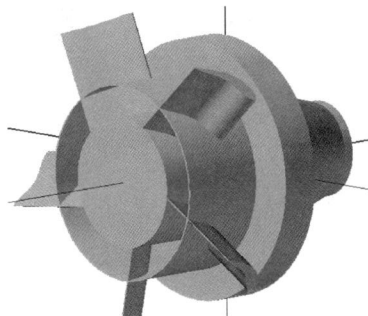

图 6-20　绘制完的牵引曲面

选择此曲面，注意箭头向内

图 6-21　用牵引曲面修剪叶片实体

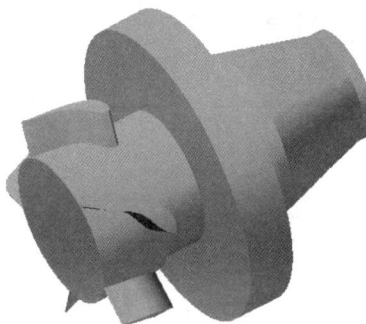

图 6-22　修剪后的叶轮轴

3. V 型槽轮建模

1）绘制 V 型槽轮廓线。将绘图平面设为"右视图"，"2D"，构图深度 Z 设为 0，屏幕视角设为"右视图"，将当前图层设为第 2 层，利用"直线"、"圆弧"、"镜像"、"修剪"、"旋转"等功能绘制 3 个 V 型槽轮廓线。结果如图 6-23 所示。

2）V 型槽建模。利用"挤出实体"功能，完成 V 型槽的切割，结果如图 6-24 所示。

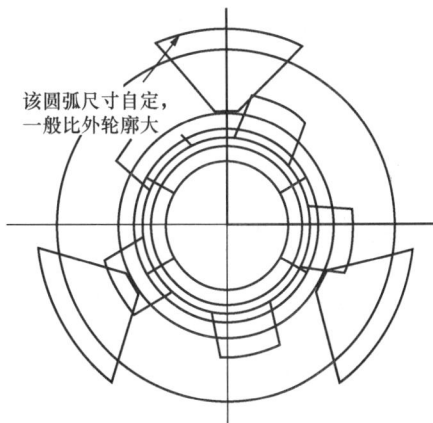

该圆弧尺寸自定，
一般比外轮廓大

图 6-23　V 型槽轮廓线的绘制

4. 叶片根部倒圆角

利用"实体倒圆角"功能▢对叶片根部倒圆角 R3，结果如图 6-25 所示。至此，完成叶轮轴的建模工作。

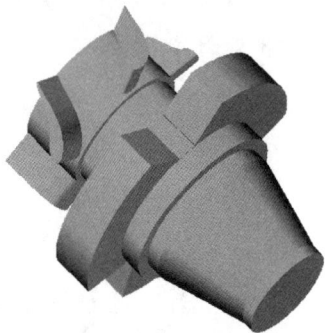

图 6-24　V 型槽建模

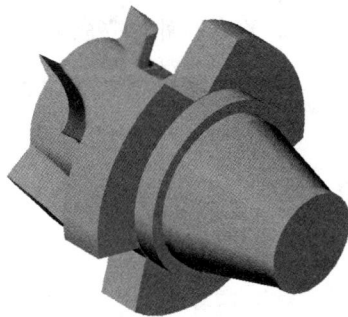

图 6-25　叶片根部倒圆角

任务 6.2　叶轮轴的四轴 CAM 编程

任务分析

本任务主要针对四轴加工，对加工叶片及 V 型槽的工步内容进一步细化，主要内容及参数见表 6-4。

表 6-4　叶轮轴四轴数控铣的主要参数清单

工步	工步内容	刀具号	刀具规格	主轴转速 /(r/min)	进给速度 /(mm/min)
1	粗铣叶片	T1	φ10mmR3 圆鼻刀	3500	700
2	精铣叶片	T2	φ6mm 球刀	6000	1200
3	粗铣 V 型槽	T3	φ10mm 平底刀	3000	1200
4	铣 V 型槽底槽	T4	φ6mm 平底刀	3000	1200
5	精铣 V 型槽	T5	φ10mm 平底刀	6500	325

操作过程

1. 加工前准备

1）创建曲面层。由于叶片机构复杂，需进行曲面加工，利用"由实体生成曲面"功能▢可以创建曲面，将当前层设为 10，在实体管理器中选择 3 个 V 型槽特征，使用"禁用"功能，将 V 型槽隐藏，然后选择叶轮轴实体，按"绘图/曲面/由实体生成曲面"步骤完成曲面的生成，打开刚才隐藏的 V 型槽特征，关闭实体层，结果如图 6-26 所示。

2）创建毛坯层。将当前层设为 11，作为毛坯层，在实体管理器中选择叶轮轴实体，复制实体，重新命名为"毛坯"，关闭其他层，结果如图 6-27 所示。打开毛坯的目录树，删除除旋转特征外的其他特征（图 6-28），结果如图 6-29所示。然后利用"圆弧"命令在叶片端绘制 φ60mm 的圆；利用"挤出实体"命令，生成叶片加工前尺寸。用同样的方法修改锥面部分为圆柱体，结果如图 6-30 所示。

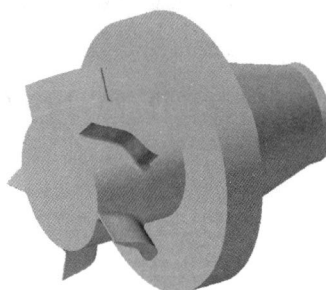

图 6-26　叶轮轴曲面

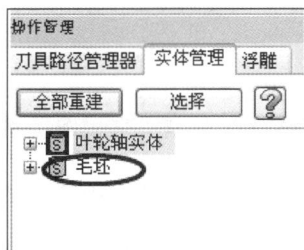

图 6-27　复制毛坯

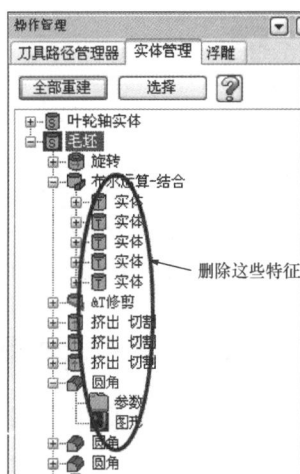

图 6-28　删除其他特征

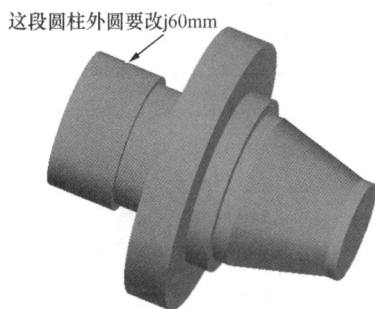

图 6-29　删除其他特征后的毛坯

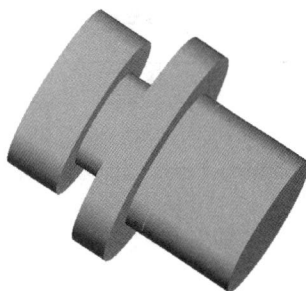

图 6-30　叶轮轴毛坯

2. 叶片加工

1）粗铣叶片。打开曲面层，关闭其他层，设置机床类型为四轴立式加工中心（图 6-31），选择"刀具路径/多轴刀具路径"命令（图 6-32），打开"多轴刀具路径-旋转五轴"对话框，选择"刀具路径类型"选项，选择"旋转五轴"选项（图 6-33），选择"刀具"选项，选择 φ10mmR3 圆鼻刀，设置切削参数（图 6-34），选择切削方式（图 6-35），留 0.5mm 加工余量，单击"曲面"按钮，选择要加工的曲面（图 6-36）。选择"刀具轴控制"选项，设置四轴的原点为坐标原点，设置刀具轴控制参数（图 6-37）。选择"碰撞控制"选项，设置碰撞控制参数（图 6-38），选择干涉曲面（图 6-39）。设置共同参数（图 6-40），设置粗加工参数（图 6-41），打开冷却液（图 6-42）。仿真结果如图 6-43 所示。

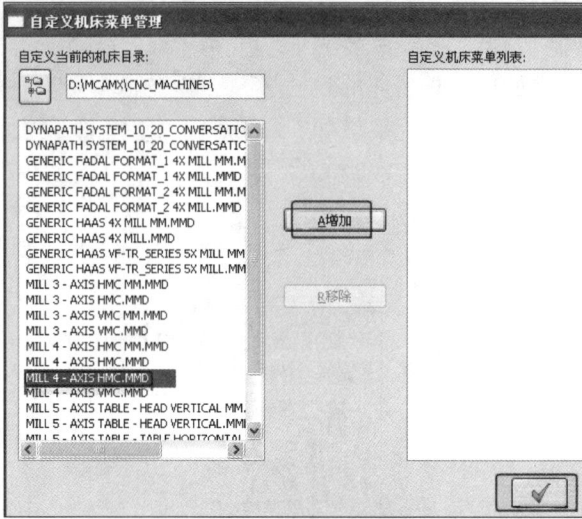

图 6-31　设置四轴加工中心

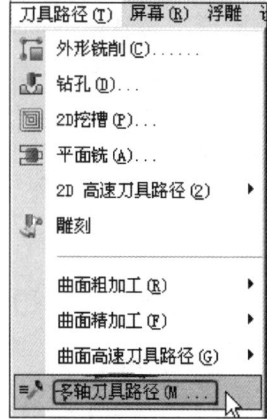

图 6-32　选择多轴刀具路径

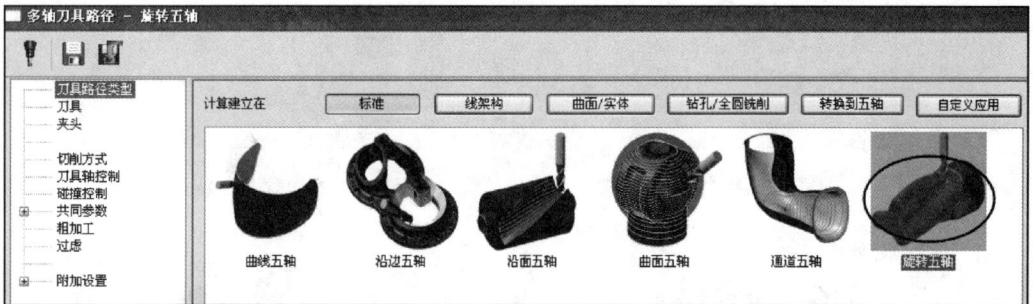

图 6-33　选择"旋转五轴"选项

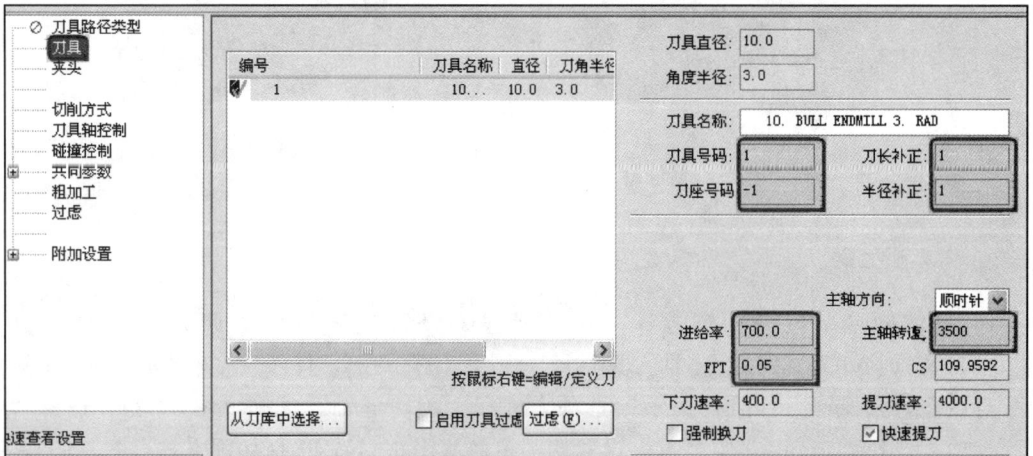

图 6-34　选择刀具，设置切削参数

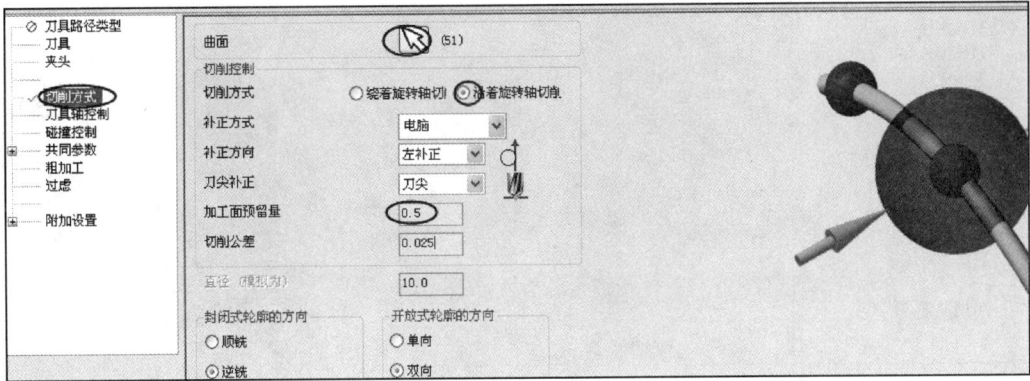

图 6-35　选择切削方式

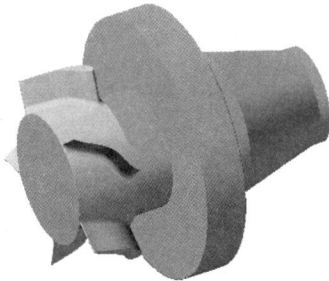

图 6-36　选择要加工的曲面

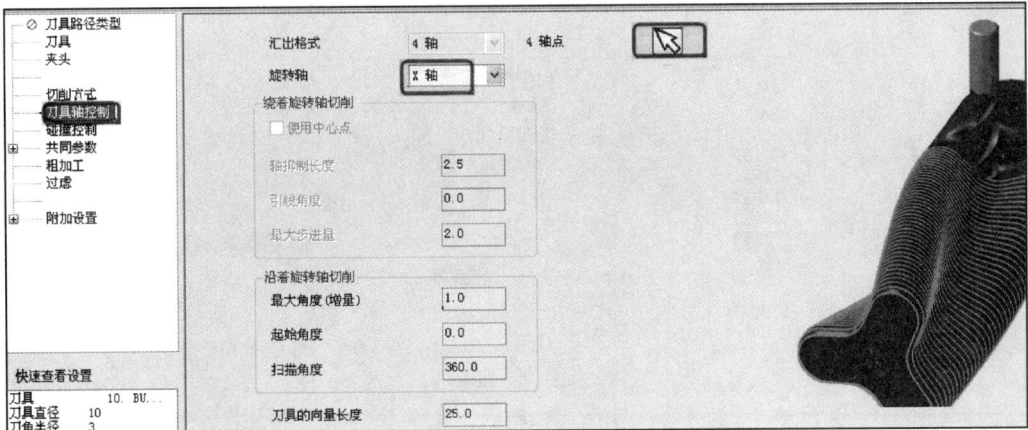

图 6-37　设置刀具轴控制参数

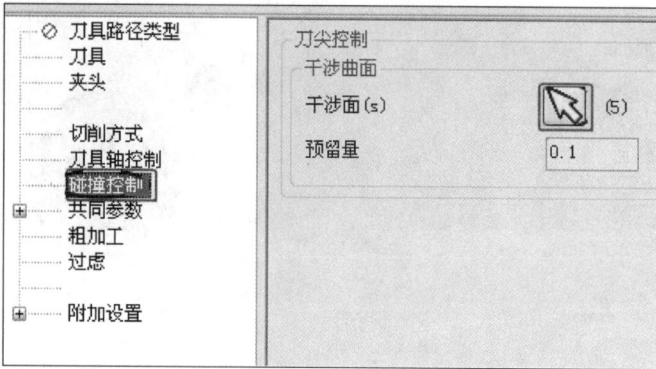

图 6-38 设置碰撞控制参数

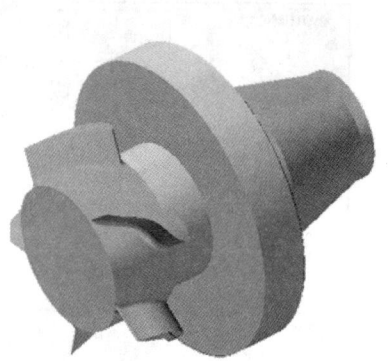

图 6-39 选择干涉曲面

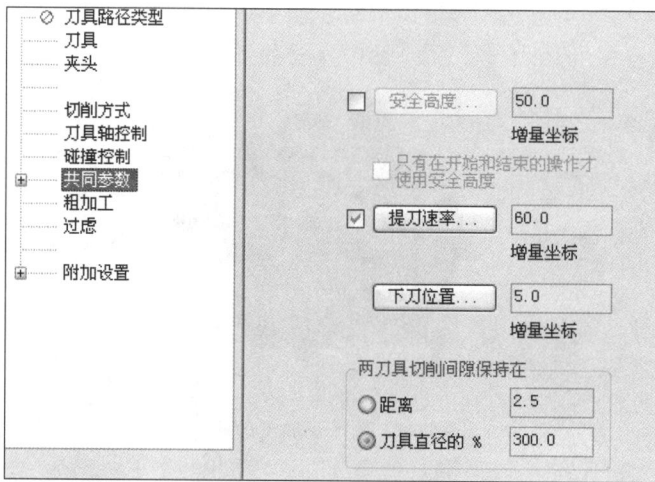

图 6-40 设置共同参数

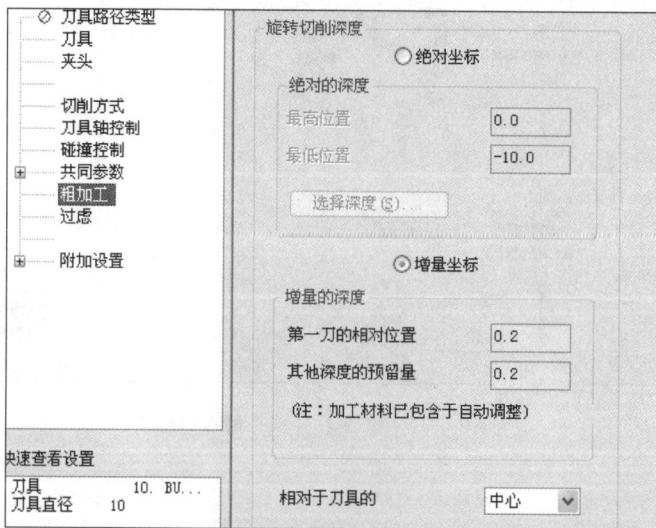

图 6-41 设置粗加工参数

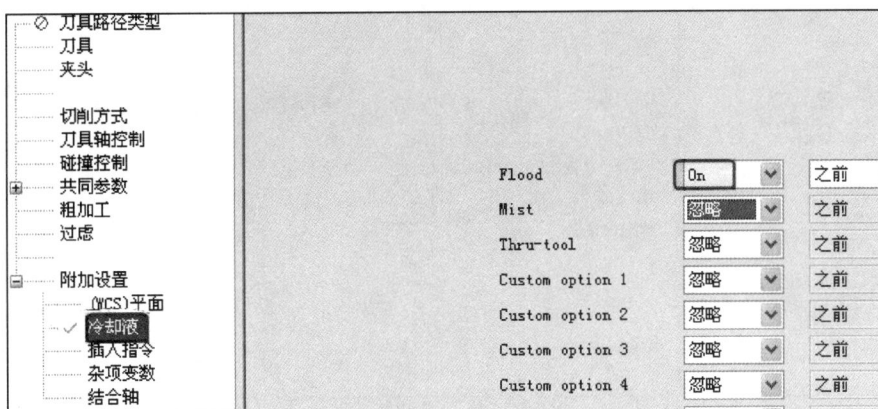

图 6-42 打开冷却液

图 6-43 仿真结果

2）精铣叶片。利用"复制"刀路功能，复制上一步刀路，选择 ϕ6mm 球刀，按图 6-44～图 6-46 修改相关参数，然后"重建"即可。

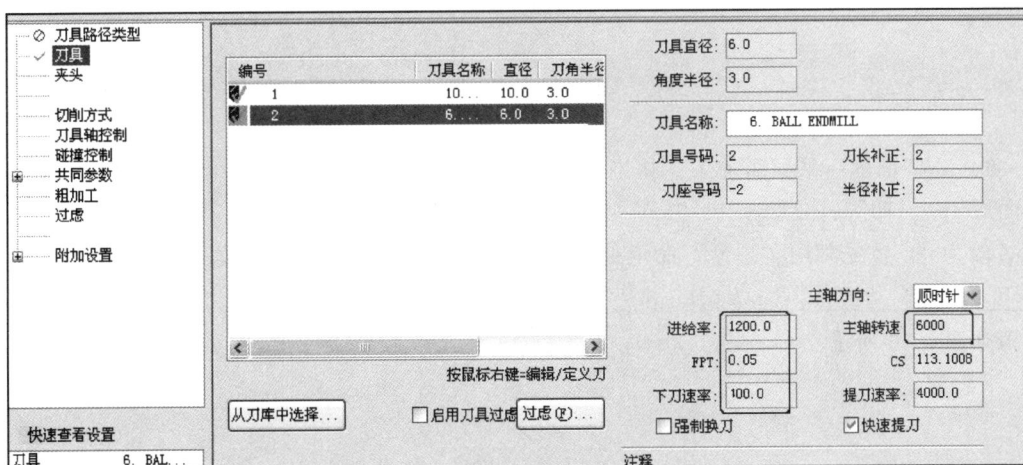

图 6-44 选择刀具，设置切削参数

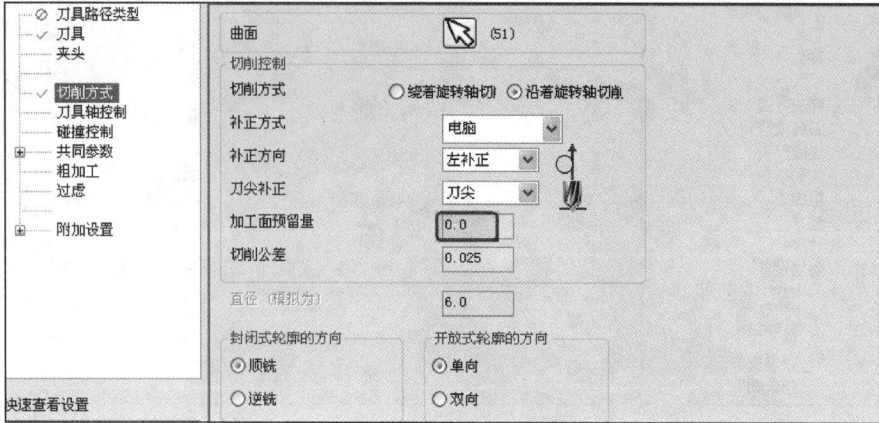

图 6-45 　选择切削方式

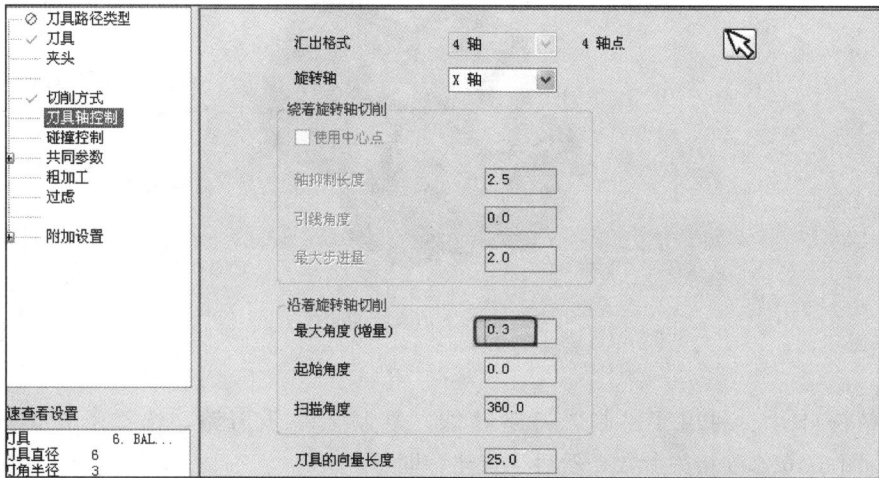

图 6-46 　设置刀具轴控制参数

3. V 型槽加工

1）V 型槽的一平面粗加工。将当前层设为第 3 层，作为 V 型槽平面的轮廓线层，关闭曲面层 10，打开实体层 5，在 "2D" 状态下，按图 6-47～图 6-49 确定刀具平面，将构图深度 Z 改为 0，首先利用 "矩形" 命令 ▣ 绘制 V 型平面的轮廓线，结果如图 6-50 所示。然后利用 "面铣" 功能 ▤，选择 φ10mm 平底刀，按图 6-51～图 6-55 完成刀路设置，加工结果模拟如图 6-56 所示。

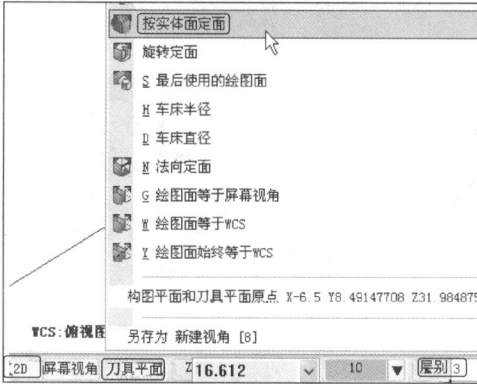

图 6-47　选择刀具平面

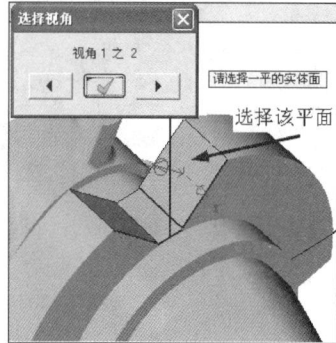

图 6-48　选择 V 型槽平面

图 6-49　确定刀具平面

图 6-50　绘制矩形轮廓线

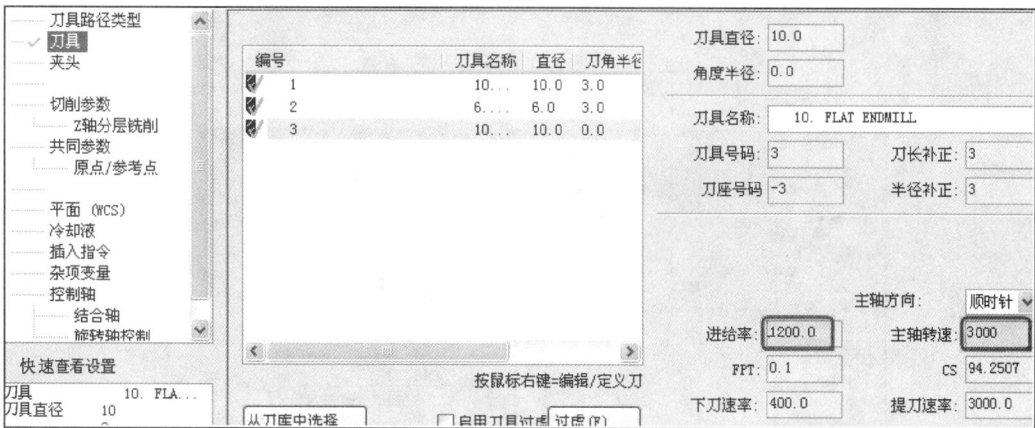

图 6-51　选择刀具，设置切削参数

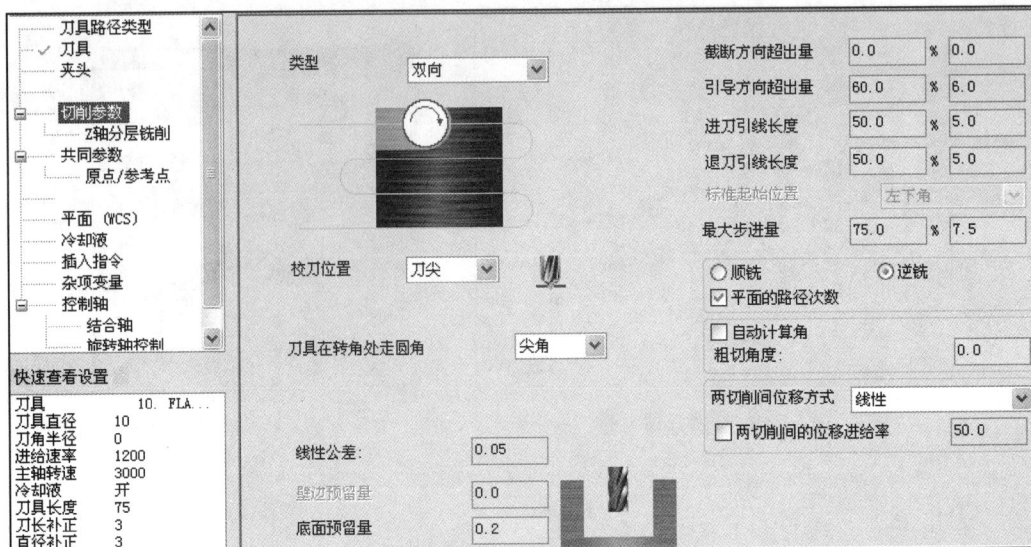

图 6-52　设置切削参数

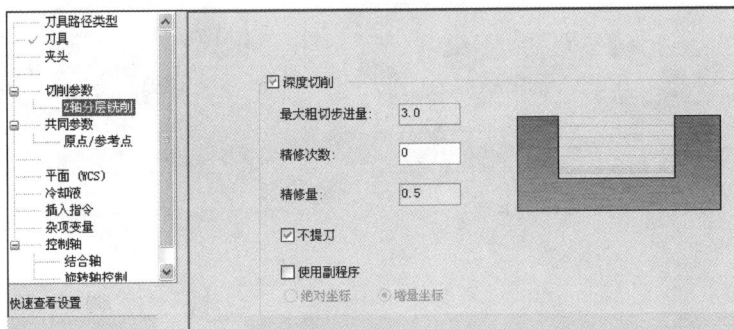

图 6-53　设置 Z 轴分层铣削参数

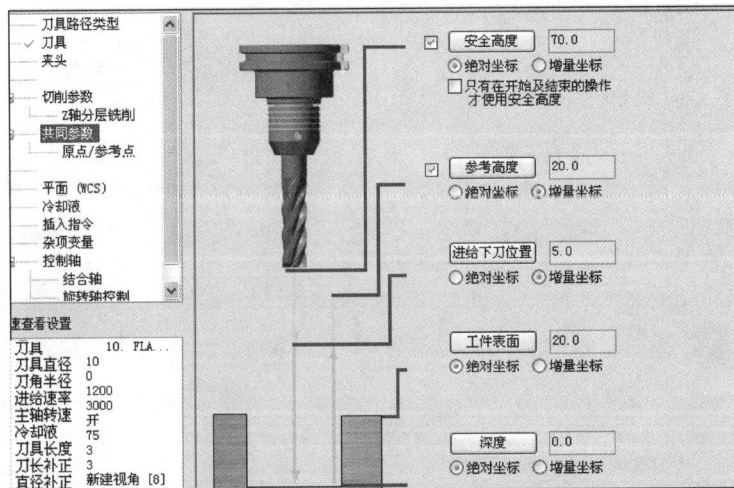

图 6-54　设置共同参数

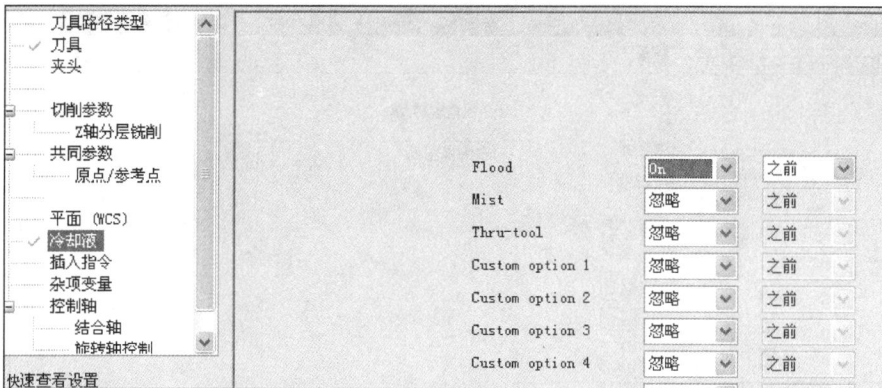

图 6-55 打开冷却液

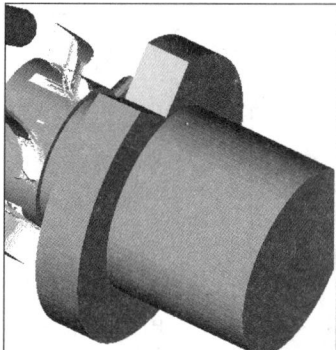

图 6-56 加工模拟结果

2）其余两个平面加工利用"刀路转换/旋转"功能完成（图 6-57 和图 6-58）。

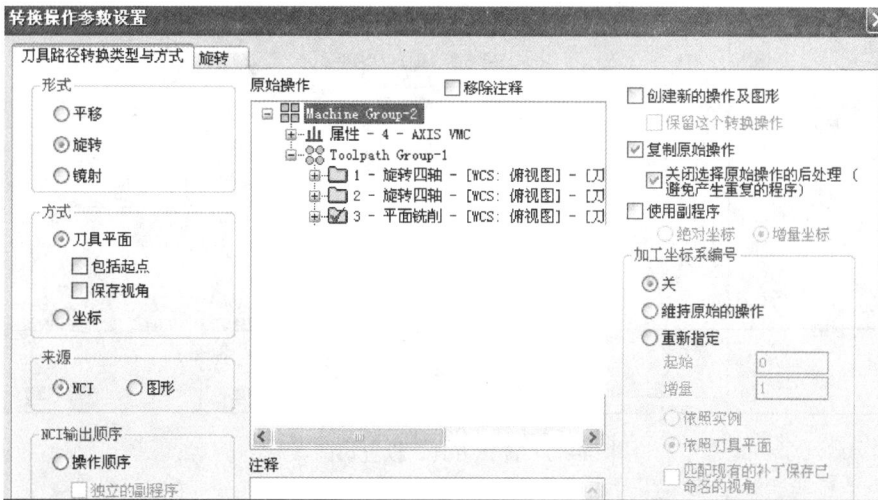

图 6-57 选择刀路旋转

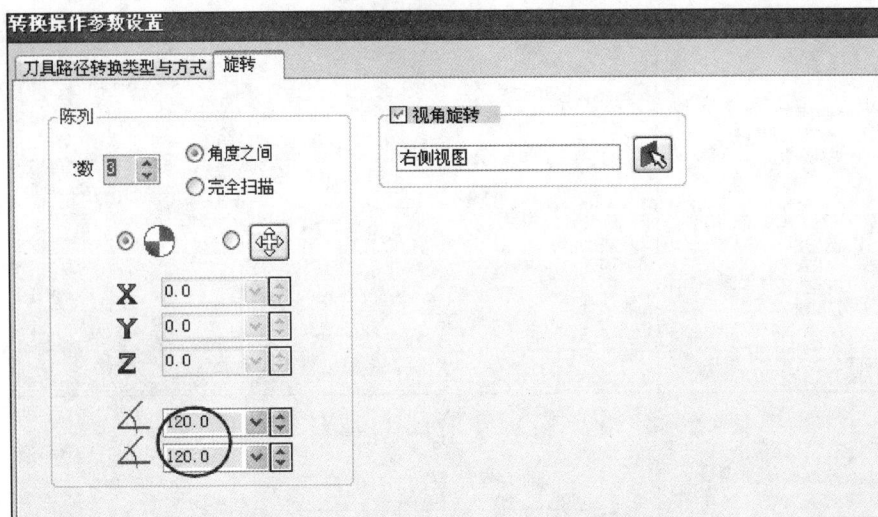

图 6-58　设置旋转参数

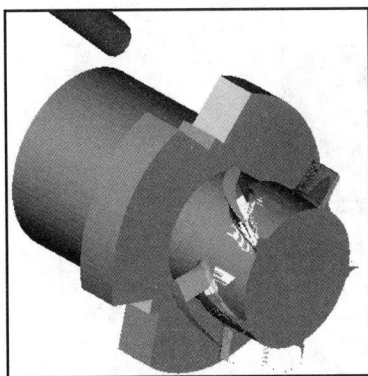

图 6-59　加工结果模拟

3）V 型槽的另一平面粗加工。参考上一步的方法完成 V 型槽另一平面的粗加工。加工加工模拟如图 6-59 所示。

4）铣 V 型槽底槽。将绘图平面设置为"俯视图"，"2D"，将构图深度 Z 改为"26"，用同样的方法在槽底绘制矩形轮廓线。利用"面铣"功能 ，选择 φ6mm 平底刀，按图 6-60～图 6-63 完成平面铣削参数设置，然后参考前面的步骤完成刀路的旋转复制，加工结果模拟如图 6-64 所示。

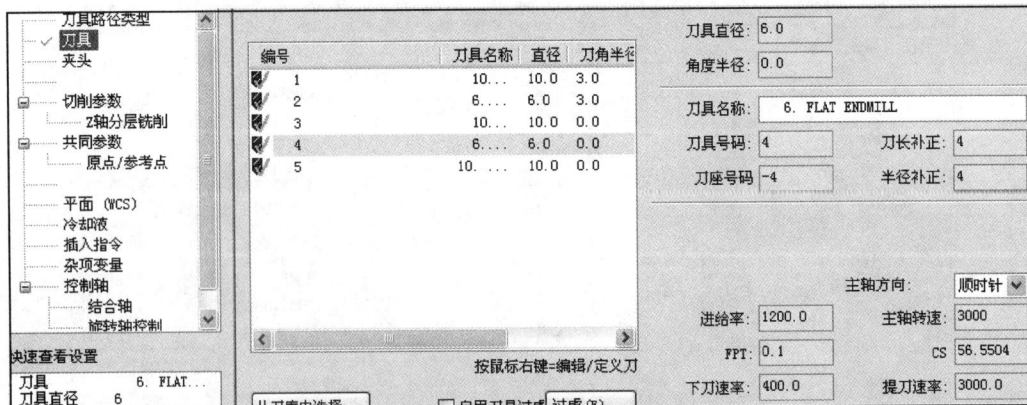

图 6-60　选择刀具，设置切削参数

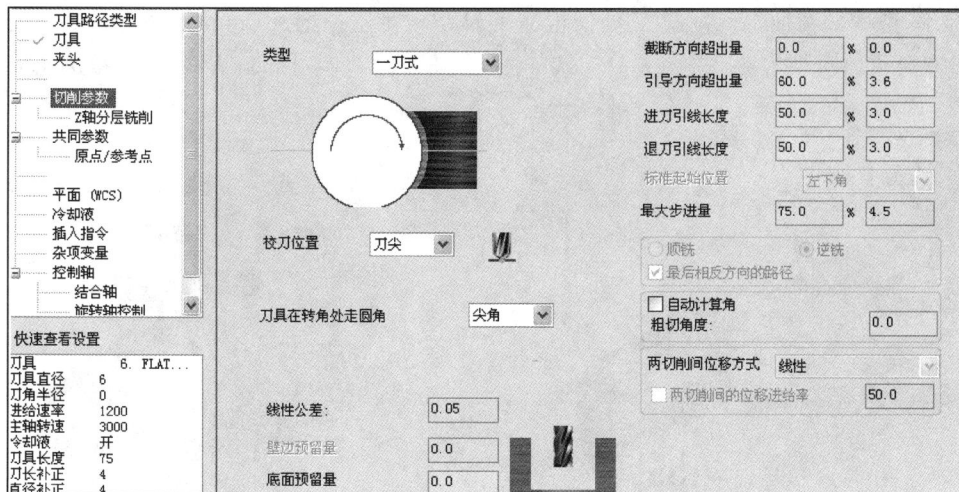

图 6-61　设置切削参数

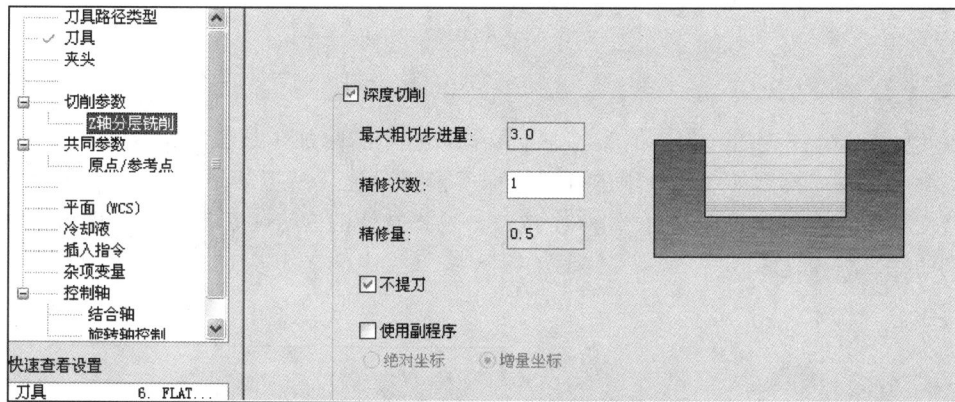

图 6-62　设置 Z 轴分层铣削参数

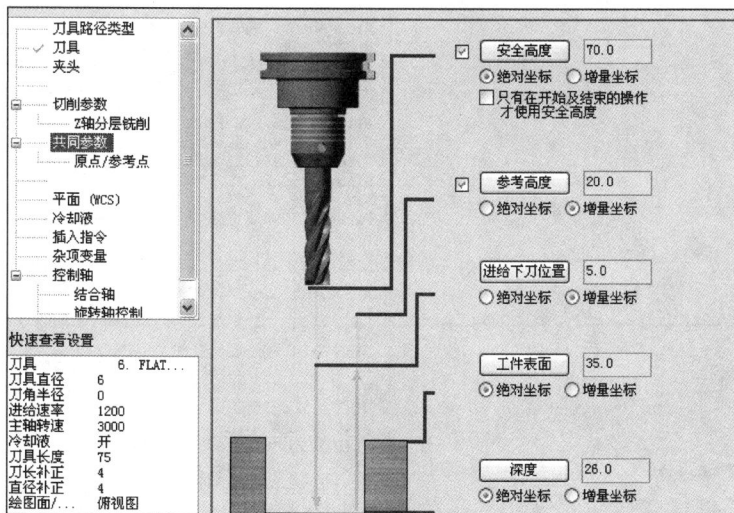

图 6-63　设置共同参数

5）V 型槽的精加工。复制 V 型槽粗加工刀路，新建一把 ϕ10mm 平底刀，修改切削参数，Z 方向预留量设为 0，关闭"分层铣深"，重建刀路，即可完成 V 型槽的精加工，加工结果模拟如图 6-65 所示。

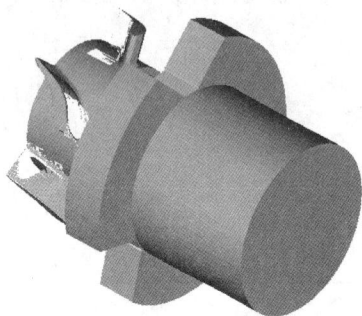

图 6-64　加工结果模拟

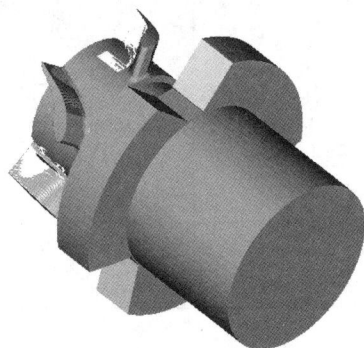

图 6-65　加工结果模拟

4. 叶轮轴的四轴仿真验证

叶轮轴 CAM 编程后，为了解实际加工效果，防止实际加工过程中出现的过切、干涉、撞刀等影响工件、机床的现象，须进行实体加工模拟验证，模拟结果如图 6-66 所示。刀路经检查无误后，在操作管理器中单击 G1 按钮，选择默认的 FANUC 后处理，即可生成机床能识别的 NC 程序（图 6-67）。

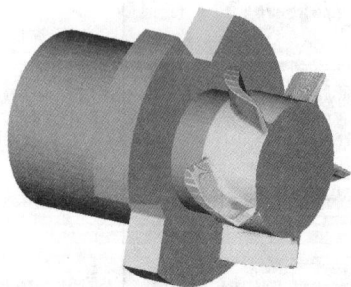

图 6-66　叶轮轴四轴模拟结果

```
%
O0000 (叶轮轴)
(DATE=DD-MM-YY - 09-11-11 TIME=HH:MM - 14:04)
(MCX FILE - D:\0-20110718JI
OCAIBIANXIE\叶轮轴.MCX)
(NC FILE - D:\0-20110718JIAOCAIBIANXIE\叶轮轴.NC)
(MATERIAL - ALUMINUM MM - 2024)
(T1 | 10. BULL ENDMILL 3. RAD | H1 | XY STOCK TO L
N100 G21
N102 G0 G17 G40 G49 G80 G90
N104 T1 M6
N106 G0 G90 G54 X-51.5 Y0. A90. S3500 M3
N108 G43 H1 Z76.999
N110 Z21.999
N112 G1 Z16.999 F400.
N114 X-51.485 Z17.322 F700.
N116 X-51.477 Z17.377
N118 Z17.392
N120 X-51.47 Z17.433
N122 X-51.44 Z17.643
N124 X-51.417 Z17.741
N126 X-51.411 Z17.779
N128 X-51.397 Z17.826
N130 X-51.366 Z17.958
N132 X-51.359 Z17.98
N134 X-51.352 Z17.984
N136 X-51.302 Z18.156
N138 X-51.152 Z18.519
N140 X-50.962 Z18.862
N142 X-50.735 Z19.182
N144 X-50.474 Z19.475
N146 X-50.181 Z19.736
N148 X-49.861 Z19.964
N150 X-49.517 Z20.153
```

图 6-67　自动生成的 NC 程序

❀ 项目小结

本项目以叶轮轴的加工为例,介绍了四轴铣削的综合加工方法。在实际操作时需要注意以下几点:

1)对于复杂特征,加工时可以将需要加工的部分转换成曲面,然后进行加工。

2)对四轴加工中的倾斜平面加工,可以先建立适当的刀具平面,然后利用二维刀具路径进行加工。

3)对于相似的刀具路径,可以利用路径的转换来完成。

❀ 实训练习

根据所给图样(图 6-68~图 6-70),完成曲面建模,并设计数控加工工艺,使用适当的功能完成零件的数控加工程序编制。

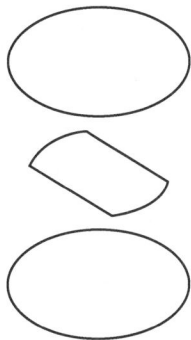 
图 6-68 图样(一)

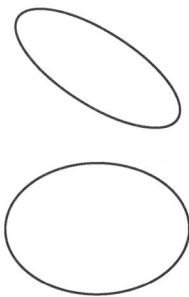 
图 6-69 图样(二)

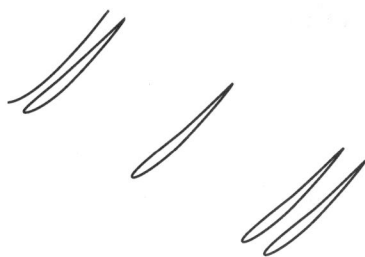 
图 6-70 图样(三)

整体二级叶轮的工艺设计与制造

❋ 项目简介

本项目要求完成整体二级叶轮（图 7-1）的五轴加工。内容主要涉及曲面组的提取、五轴加工刀路的选择、加工曲面组与检测曲面组的选取、刀具的轴向控制、刀路过渡与连接等。

图 7-1　整体二级叶轮的模型

项目分析

叶轮加工的工艺过程一般包括：毛坯—数控车叶轮外形—五轴铣叶轮。本项目主要工序见表 7-1。

表 7-1　叶轮加工的主要工序

1. 毛坯	2. 数控车叶轮外形	3. 五轴铣叶轮

任务分解

任务 7.1　叶轮的曲面提取
任务 7.2　叶轮的五轴编程

知识点、技能点

知识点：

◇ 曲面组　　　　　　◇ 检查曲面　　　　　◇ 集线器
◇ 刀轴控制　　　　　◇ 叶轮专家

技能点：

◇ 创建叶轮专家　　　◇ 设置曲面组　　　　◇ 五轴加工模拟

基础知识

1. 多轴铣削刀具刀具轴控制

（1）刀具轴向的控制方式

四轴或五轴加工时的刀具轴矢量定义、理解刀具轴的矢量变化是四轴或五轴加工的基础。四轴或五轴加工的关键技术之一是刀具轴的矢量（刀具轴的轴线矢量）在空间是否发生变化，而刀具轴的矢量变化是通过摆动工作台或主轴的摆动来实现的。五轴加工的关键就是通过控制刀具轴矢量在空间位置的不断变化或使刀具轴的矢量与机床原始坐标系构成空间某个角度，利用铣刀的侧刃或底刃切削加工来完成。五轴铣削加工刀具轴矢量控制方式见表 7-2。

表 7-2　刀具轴矢量控制方式

方式	说　明	图　例
直线	刀轴总是通过用户定义直线上的点	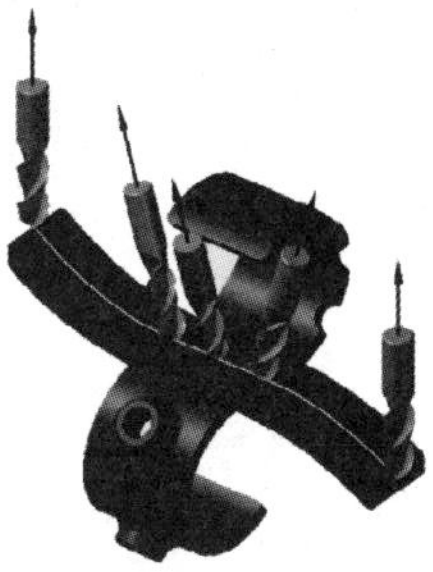

方式	说　　明	图　　例
平面	刀具轴线垂直于选定的平面	
曲面模式	刀具轴线垂直于选定的曲面	
到……点	刀具轴的矢量远离空间某点	
从……点	刀具轴的矢量指向空间某点	
串连	选择已有的线段、圆弧、曲线或任何串连的几何图素来控制刀具的轴向，刀轴总是通过串连的图素	
边界	通过一个边界图形来控制刀具轴向，刀轴处于边界中点	

（2）引线角度

引线角度（图 7-2）是刀轴与切削方向所成角度。正角时为前倾角，负角时为后倾角。通过定义引线角度可以使切削接触点不在刀尖上。

（3）侧边倾斜角度

侧边倾斜角度（图 7-3）使刀轴绕切削方向侧旋一个角度，避免刀尖切削，正角时为右倾，负角时为左倾。设置侧倾角能有效避免刀具干涉。

图 7-2 引线角度

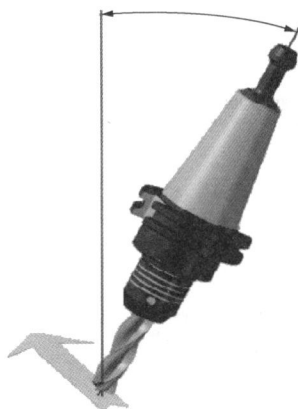

图 7-3 侧边倾斜角度

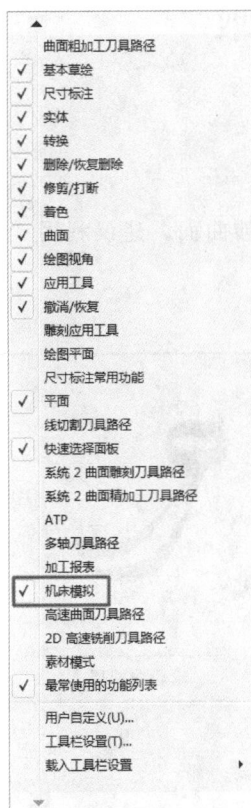

2. 机床仿真

五轴加工跟三轴加工最大的不同就是，前者由于工作台或刀头的摆动和旋转，加工过程中容易发生主轴或刀头刀具跟工件、夹具、工作台碰撞。区别于三轴加工只需注意到刀头跟工件的碰撞，我们将其称为机台碰撞。这样通过仿真无碰撞的程序，就可以放心地在五轴机床上运行。

在工具栏空白处右击，在弹出的快捷菜单（图 7-4）中选择机床模拟，从而调出"机床模拟"工具栏（图 7-5）。选择启动模拟设置，在"机床模拟"对话框（图 7-6）中选择相应的机床、夹具和素材，从而开始模拟。

图 7-5 "机床模拟"工具栏

图 7-4 工具栏快捷菜单

图 7-6　"机床模拟"对话框

任务 7.1　叶轮的曲面提取

任务分析

　　由于叶轮的加工曲面复杂，为便于选择加工曲面及干涉曲面，建议利用"复制"命令按表 7-3 设置不同曲面层。

表 7-3　叶轮的曲面层设置

1. 叶片及圆角层	2. 轮毂曲面层

任务 7.2 叶轮的五轴编程

任务分析

本任务针对叶轮五轴工序的内容进一步细化，主要工步包括：粗铣轮毂曲面—精铣大叶片曲面—精铣小叶片曲面—精铣轮毂曲面。主要内容及参数见表 7-4 和表 7-5。

表 7-4 五轴加工包含的工步内容

| 1. 粗铣轮毂曲面 | 2. 精铣大叶片曲面 | 3. 精铣小叶片曲面 | 4. 精铣轮毂曲面 |

表 7-5 具体工步的参数清单

工步	工步内容	刀号	刀具规格	主轴转速 /(r/min)	进给速度 /(mm/min)	余量 /mm
1	粗铣轮毂曲面	T1	φ5mm 锥度球刀	6000	4800	0.5
2	精铣大叶片曲面	T2	φ4mm 锥度球刀	12000	2400	0
3	精铣小叶片曲面	T2	φ4mm 锥度球刀	12000	2400	0
4	精铣轮毂曲面	T2	φ4mm 锥度球刀	12000	2400	0

操作过程

1. 创建毛坯

打开"叶轮.MCX-6"源文件，创建毛坯层 20，数控车床车削的叶轮半成品就是五轴加工的毛坯，绘制图 7-7 所示的叶轮半成品轮廓线，利用"旋转"命令创建毛坯，结果如图 7-8 所示。

2. 创建夹具

为真实模拟五轴机床上加工叶轮的实际工作状况，必须考虑实际装夹方式对叶轮加工的影响。一种方式是在车削半成品时直接留一段圆柱凸台用于装夹（图 7-9），这种情况适于单件生产；另一种方式是设计一种专用夹具。

本任务考虑设计一种夹具，创建"夹具层 30"，夹具装夹零件效果如图 7-10 所示。

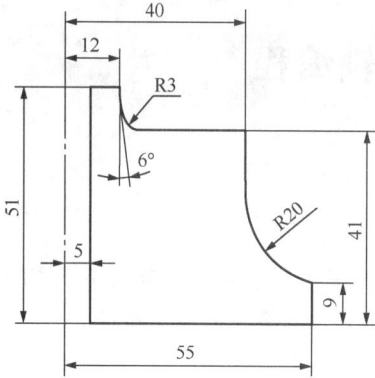

图 7-7 叶轮半成品轮廓线

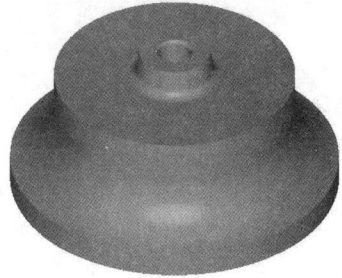

图 7-8 叶轮半成品

图 7-9 增加凸台的叶轮

图 7-10 叶轮装在夹具上

3. 粗铣轮毂曲面

1）选择机床。选择"机床类型/铣床/机床列表管理"命令，打开"自定义机床菜单管理"对话框，选择"MILL 5-AXIS TABLE-TABLE HORIZONTAL MM MMD-6"选项（图 7-11）。

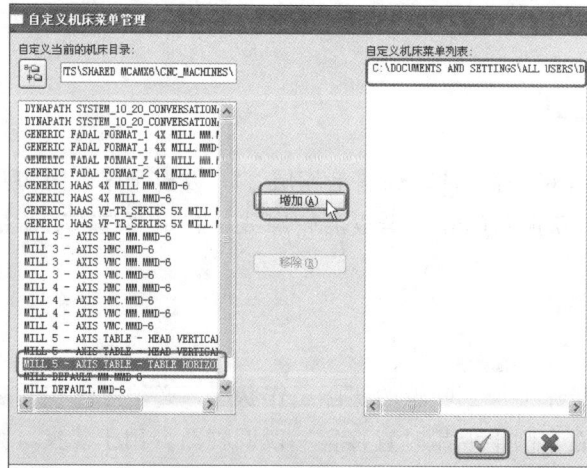

图 7-11 选择五轴机床

2）选择"刀具路径/多轴刀具路径"命令（图 7-12），打开"多轴刀具路径-曲线五轴"对话框，单击"自定义应用"按钮（图 7-13），选择"叶片专家"选项（图 7-14），创建新刀具（图 7-15），选择锥度刀（图 7-16）。根据刀具手册，设置 ϕ5mm 锥度球刀参数（图 7-17）；设置刀具切削参数（图 7-18）；设置夹头参数（图 7-19）；设置切削方式（图 7-20），加工方式为"粗加工"；设置定义组件参数（图 7-21），单击"叶轮片圆角"按钮，选择"叶轮片圆角"层中两大叶片之间的曲面，包括圆角（图 7-22），单击"集线器"按钮，选择轮毂曲面（图 7-23）；设置刀具轴向控制参数（图 7-24）；设置共同参数（图 7-25）；设置边界参数（图 7-26）；设置其他操作参数（图 7-27），完成刀路的设置，刀路仿真结果如图 7-28 所示。

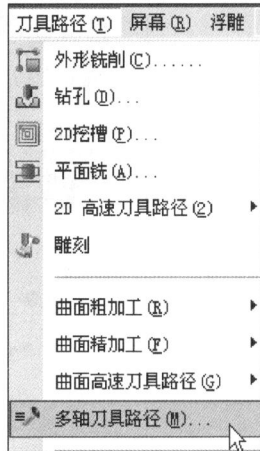

图 7-12 选择"多轴刀具路径"命令

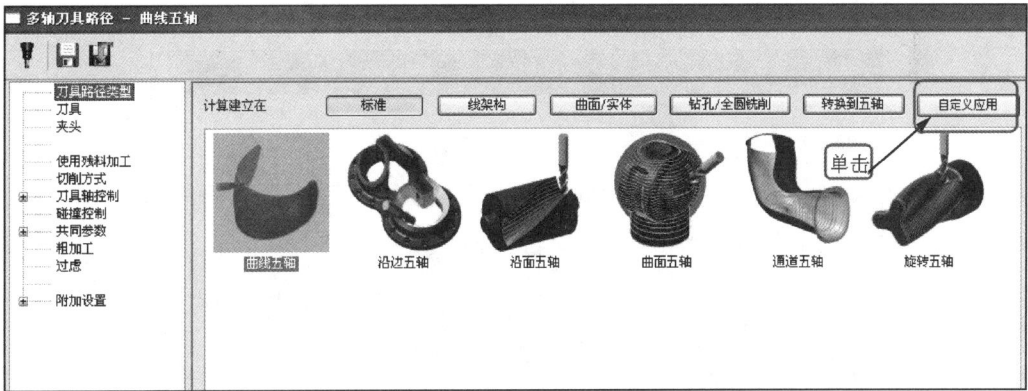

图 7-13 "多轴刀具路径-曲线五轴"对话框

图 7-14 选择"叶片专家"选项

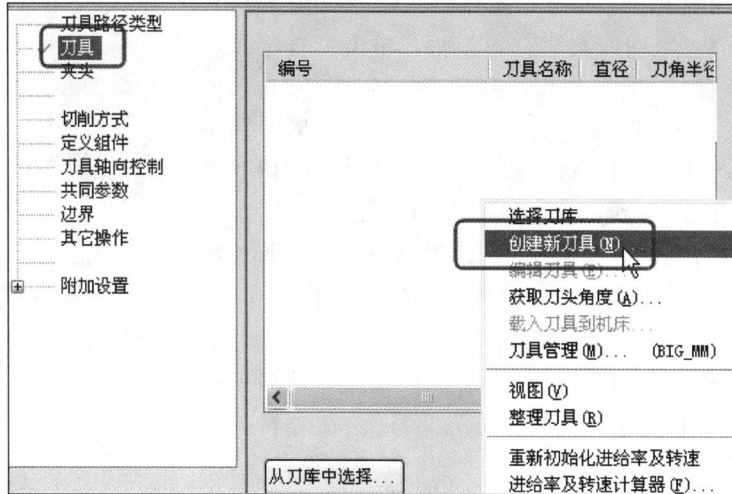

图 7-15　创建新刀具

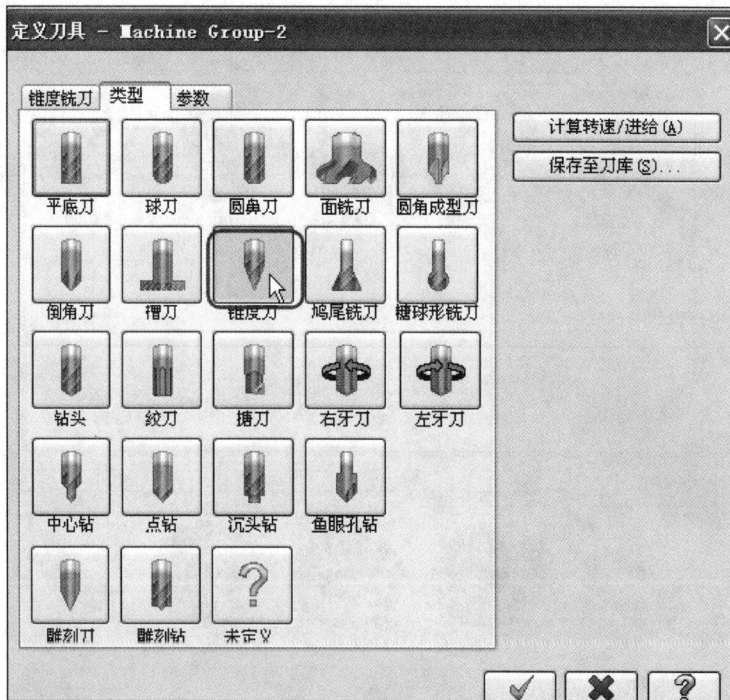

图 7-16　选择锥度刀

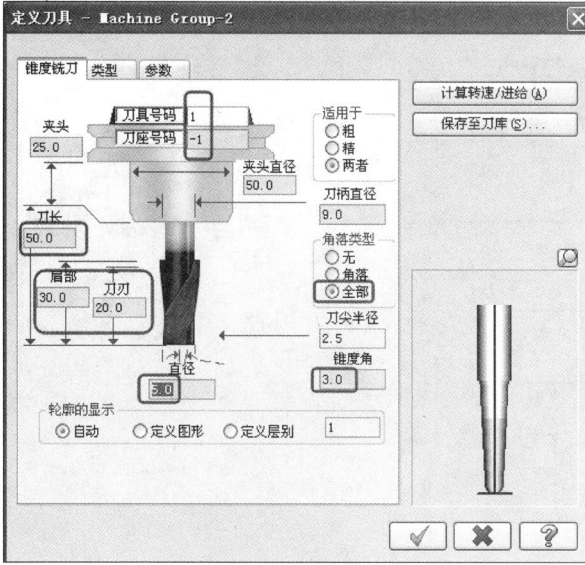

图 7-17　设置锥度刀参数　　　　　　　　　图 7-18　设置刀具切削参数

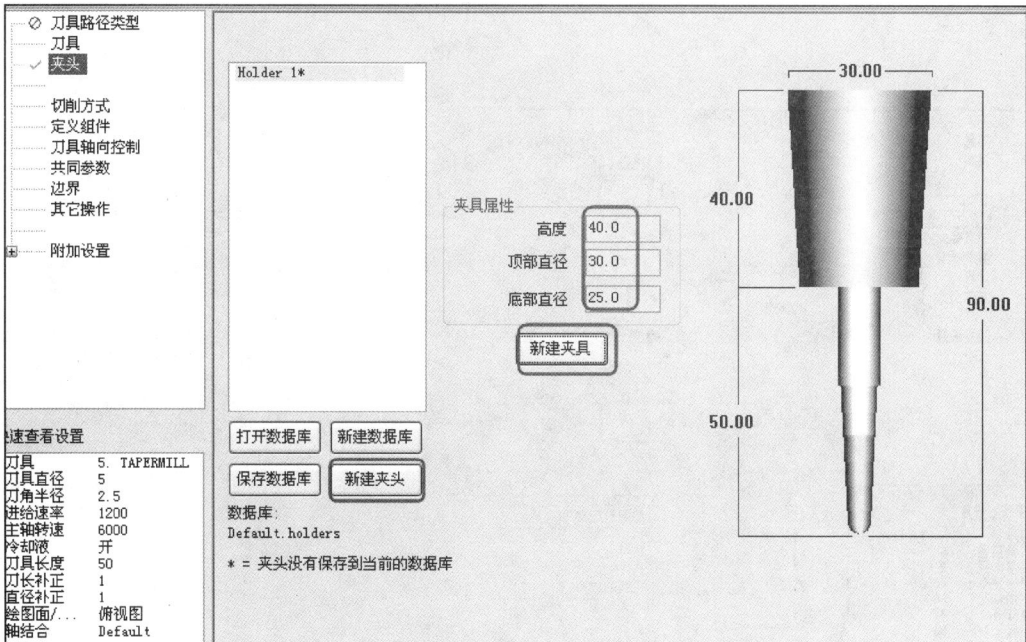

图 7-19　设置夹头参数

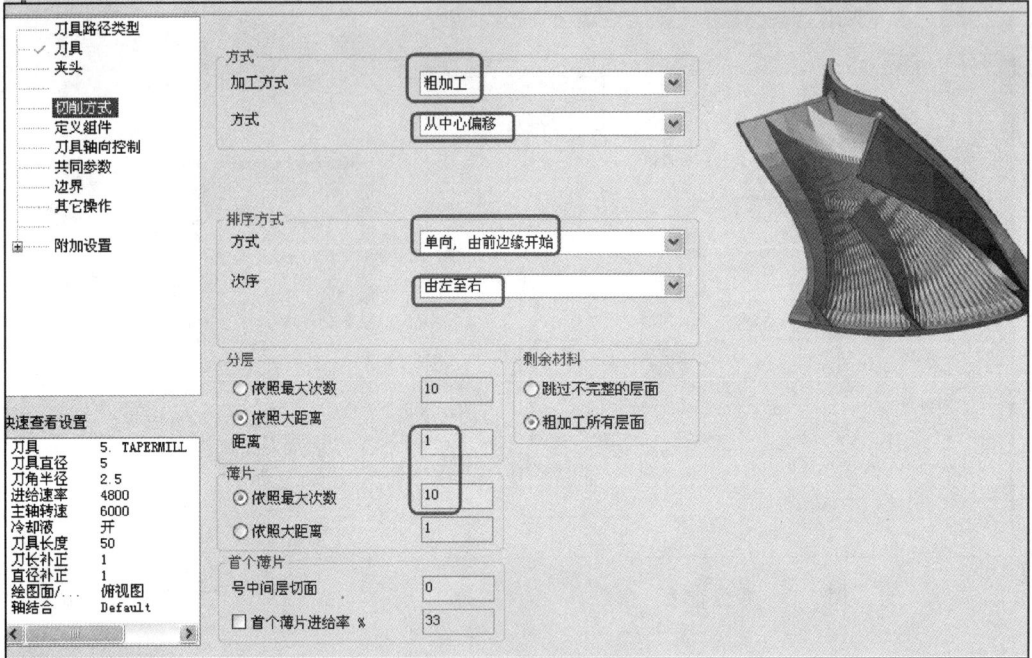

图 7-20　设置切削方式（参数与所给文件不同）

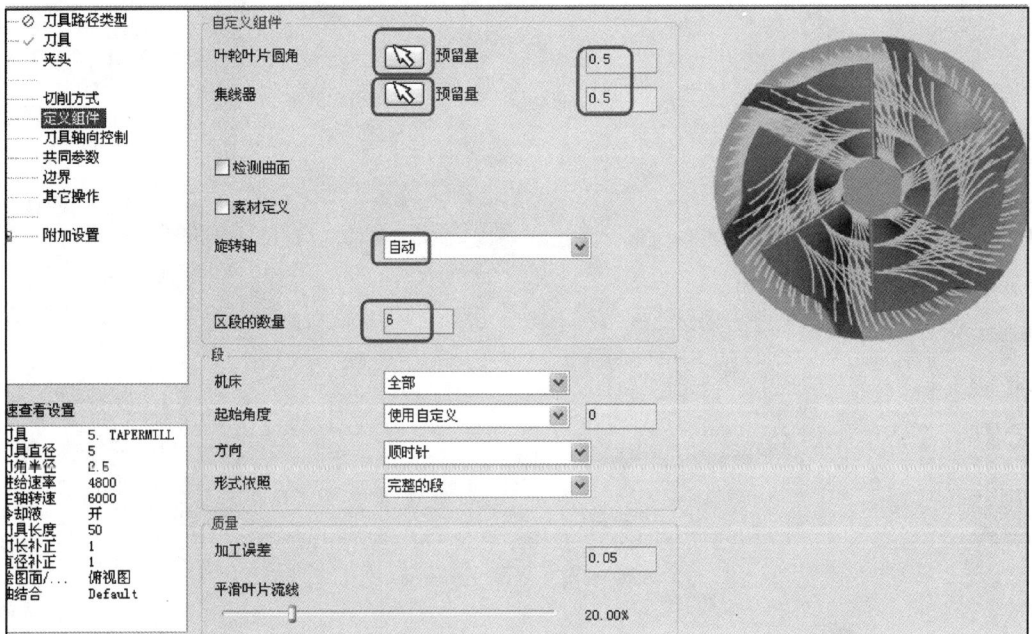

图 7-21　设置定义组件参数

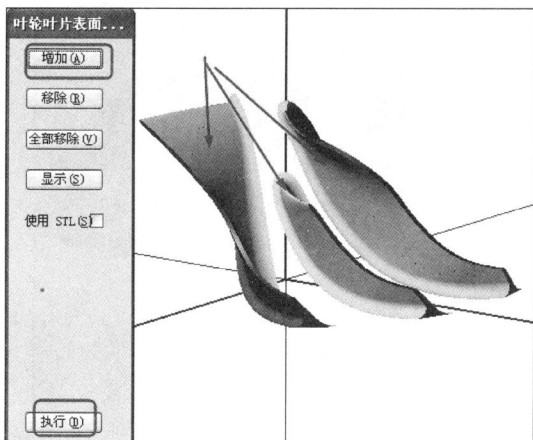

图 7-22　选择两大叶片之间的曲面

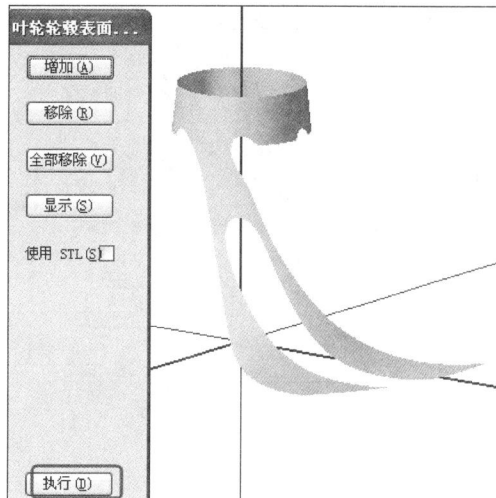

图 7-23　选择轮毂曲面

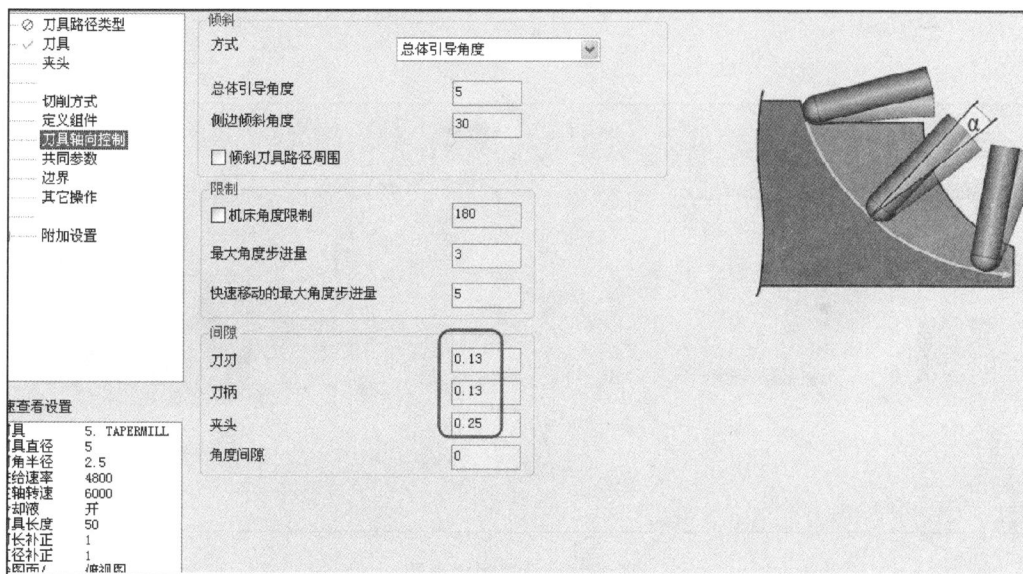

图 7-24　设置刀具轴向控制参数

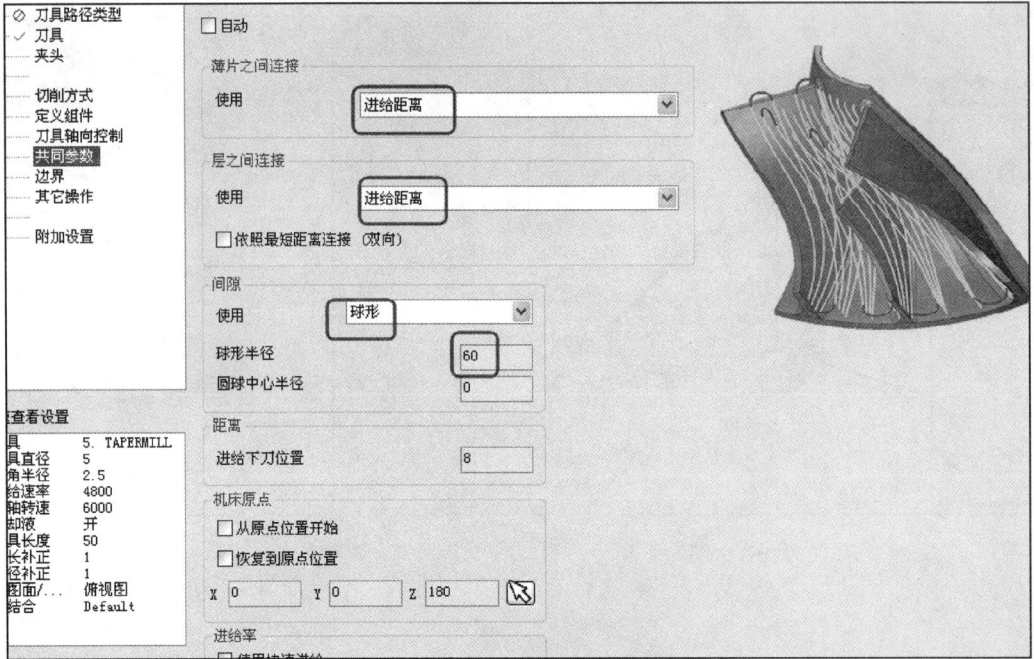

图 7-25　设置共同参数

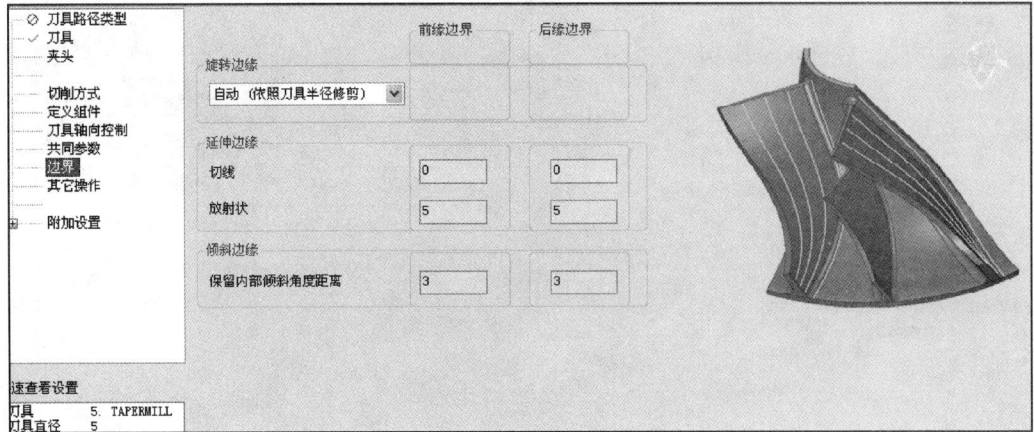

图 7-26　设置边界参数

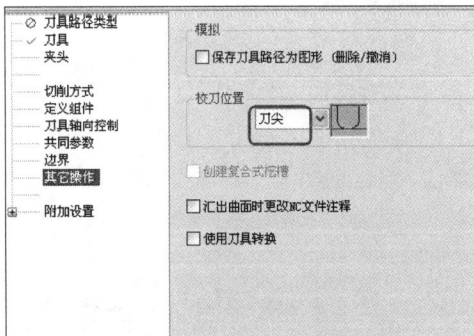

图 7-27　设置其他操作　　　　　　　图 7-28　刀路仿真结果

4. 精铣大叶片曲面

用同样的方法创建精铣大叶片曲面刀路。选择 ϕ4mm 锥度球刀（图 7-29），设置刀具切削参数（图 7-30）；设置切削方式（图 7-31），加工方式为"叶片精加工"；设置定义组件参数（图 7-32），单击"叶轮片圆角"按钮，选择"叶轮片圆角"层中选择一片大叶片的曲面，包括圆角（图 7-33），单击"集线器"按钮，选择轮毂曲面（图 7-34），勾选"检测曲面"复选框，单击"安全间隙"按钮，打开"叶片曲面"层，将其余两组叶片设置为干涉曲面（图 7-35），设置刀具轴向控制参数（图 7-36）；设置共同参数（图 7-37）；设置边界（图 7-38）参数；设置其他操作参数（图 7-39），完成刀路的设置，刀路仿真结果见图 7-40。

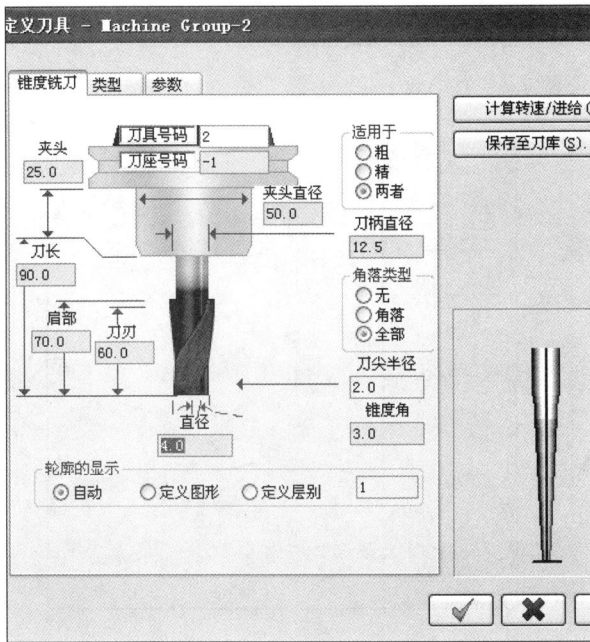

图 7-29　ϕ4mm 锥度球刀参数

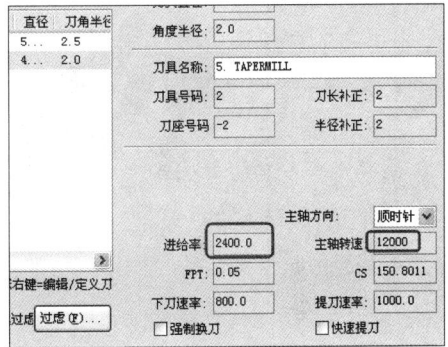

图 7-30　设置切削参数

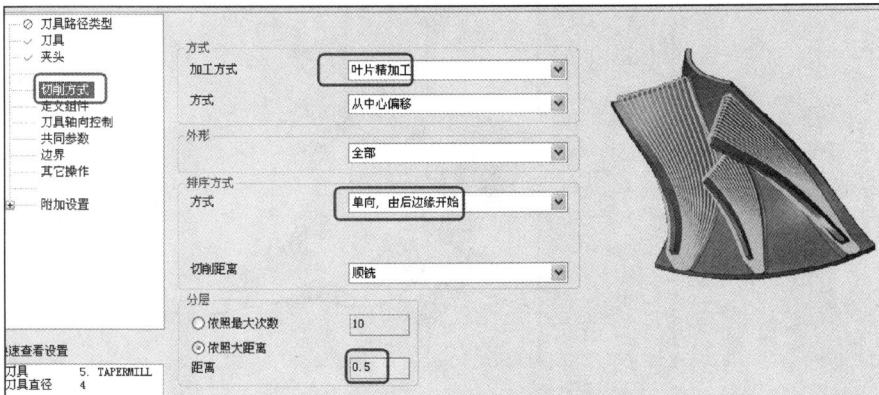

图 7-31　设置切削方式

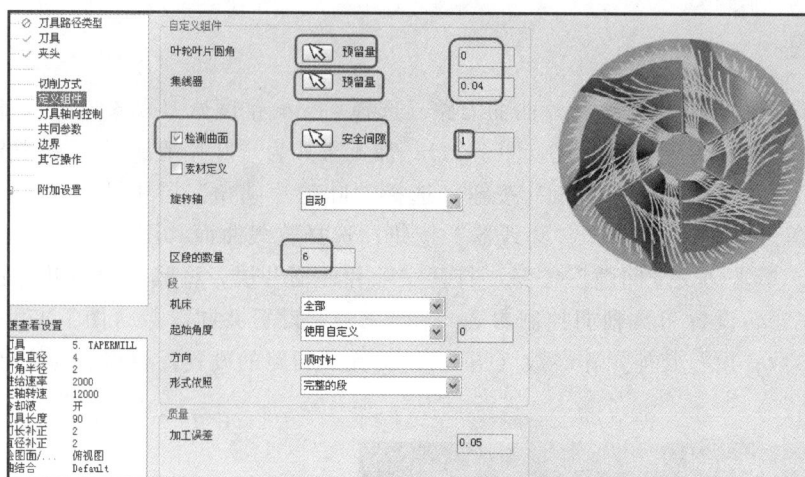

图 7-32　设置定义组件参数

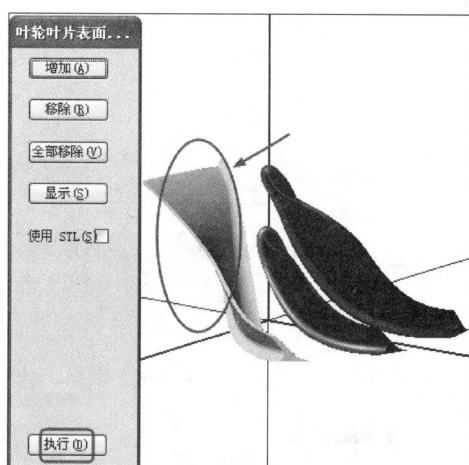

图 7-33　选择一片大叶片

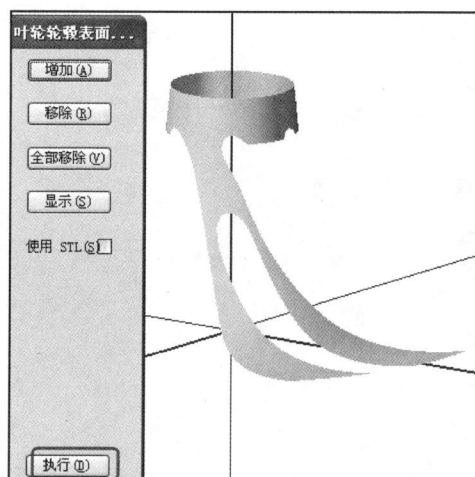

图 7-34　选择轮毂曲面

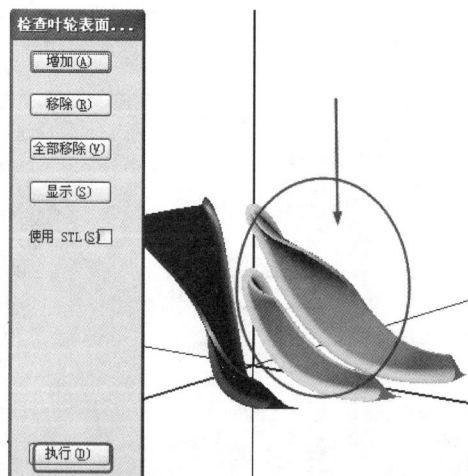

图 7-35　选择干涉曲面

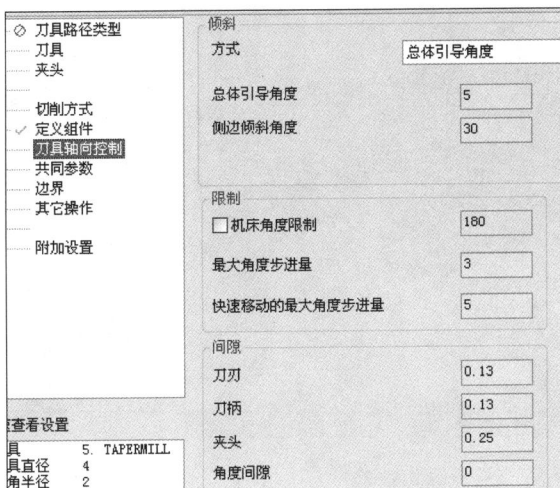

图 7-36　设置刀具轴向控制参数

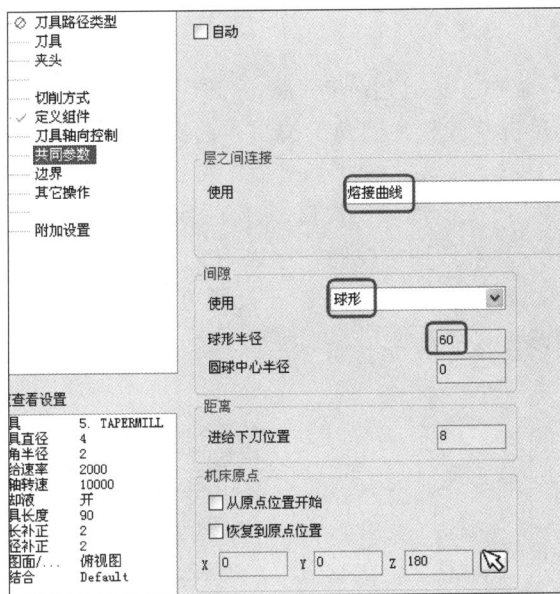

图 7-37　设置共同参数

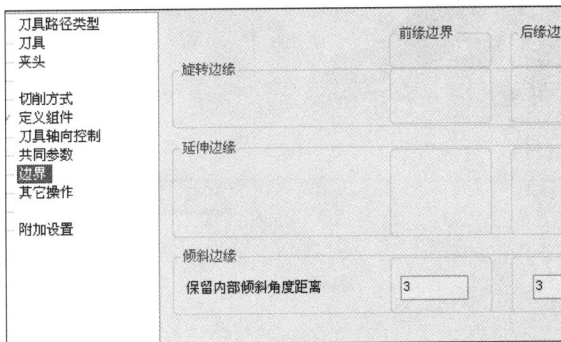

图 7-38　设置边界参数

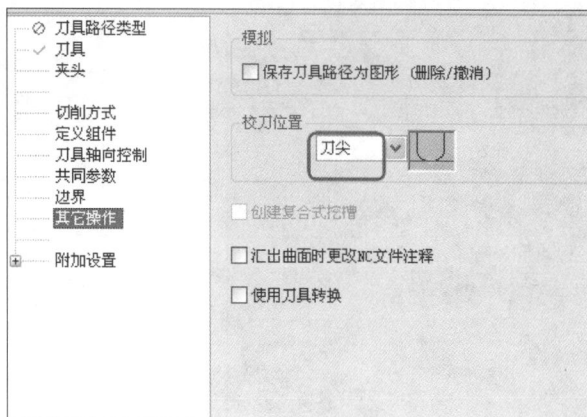

图 7-39　设置其他操作参数

图 7-40　刀路仿真结果

5. 精铣小叶片曲面

　　利用"复制/粘贴"命令，复制上一步刀路，刀具不变，刀具切削参数不变、切削方式不变。组件参数不变，单击"叶轮片圆角"按钮，选择"叶轮片圆角"层中中间的一片叶片的曲面，包括圆角（图 7-41），单击"集线器"按钮，选择轮毂曲面（图 7-42），勾选"检测曲面"复选框，单击"安全间隙"按钮，打开"叶片曲面"层，将两边的两组叶片设置为干涉曲面（图 7-43），"刀具轴向控制"参数不变，将"共同参数"中的"间隙"使用"球形"改为"圆柱形"，圆柱半径设为"65"，设置边界参数（图 7-44），其他操作参数不变，选择刀路重建，刀路仿真结果如图 7-45 所示。

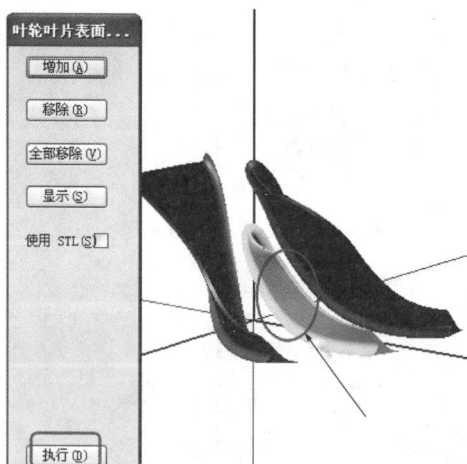

图 7-41　选择中间的叶片

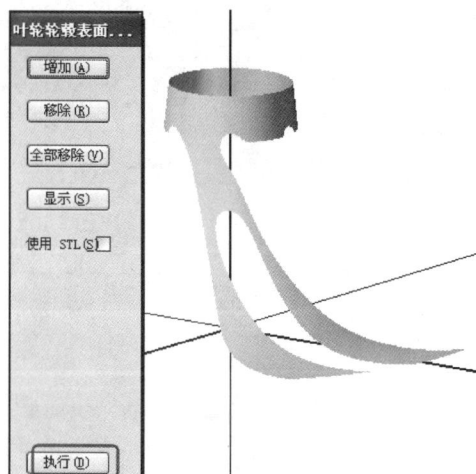

图 7-42　选择轮毂曲面

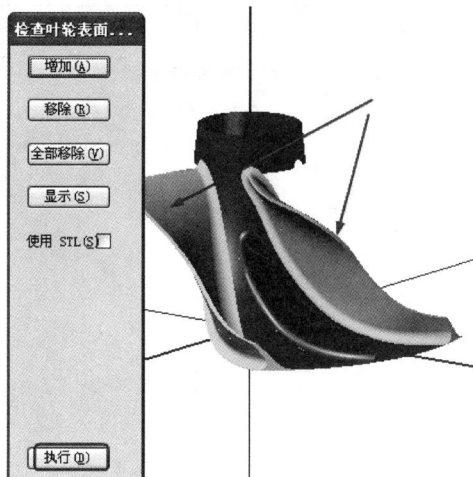

图 7-43　选择干涉曲面

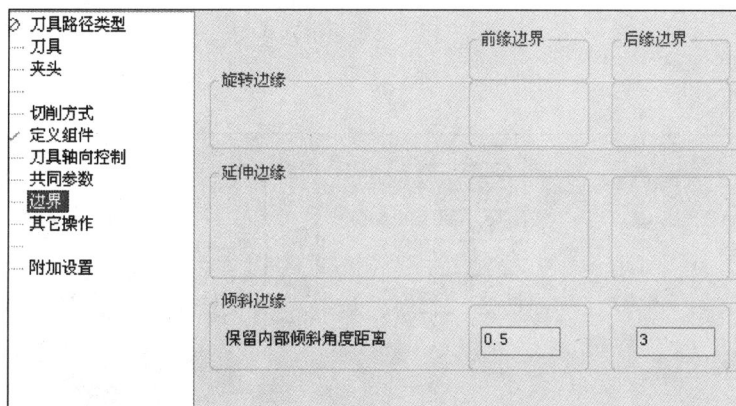

图 7-44　设置边界参数

6. 精铣轮毂曲面

利用"复制/粘贴"命令，复制上一步刀路，刀具不变，刀具切削参数不变，设置切削方式，加工方式改为"轮毂修整"（图 7-46）。设置定义组件参数（图 7-47），单击"叶轮片圆角"按钮，选择"叶轮片圆角"层中所有叶片的曲面，包括圆角（图 7-48），单击"集线器"按钮，选择轮毂曲面（图 7-49），勾选"检测曲面"复选框，单击"安全间隙"按钮，打开"叶片曲面"层，将所有叶片

图 7-45　刀路仿真结果

（不包括圆角）设置为干涉曲面（图 7-50）。设置刀具轴向控制参数（图 7-51），设置共同参数（图 7-52），设置边界参数（图 7-53），其他操作参数不变，选择刀路重建，刀路仿真结果见图 7-54。

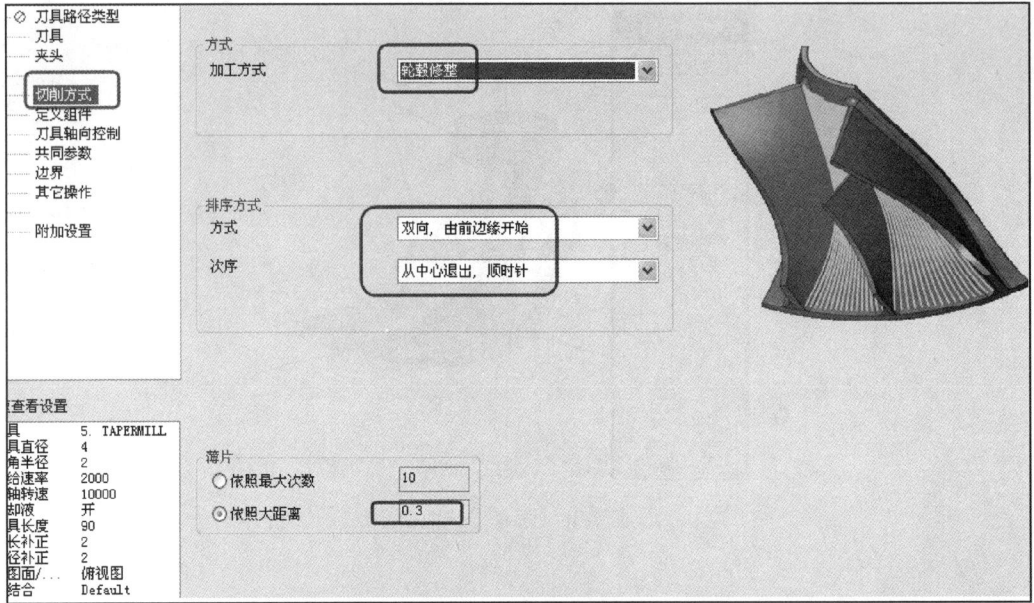

图 7-46　设置切削方式

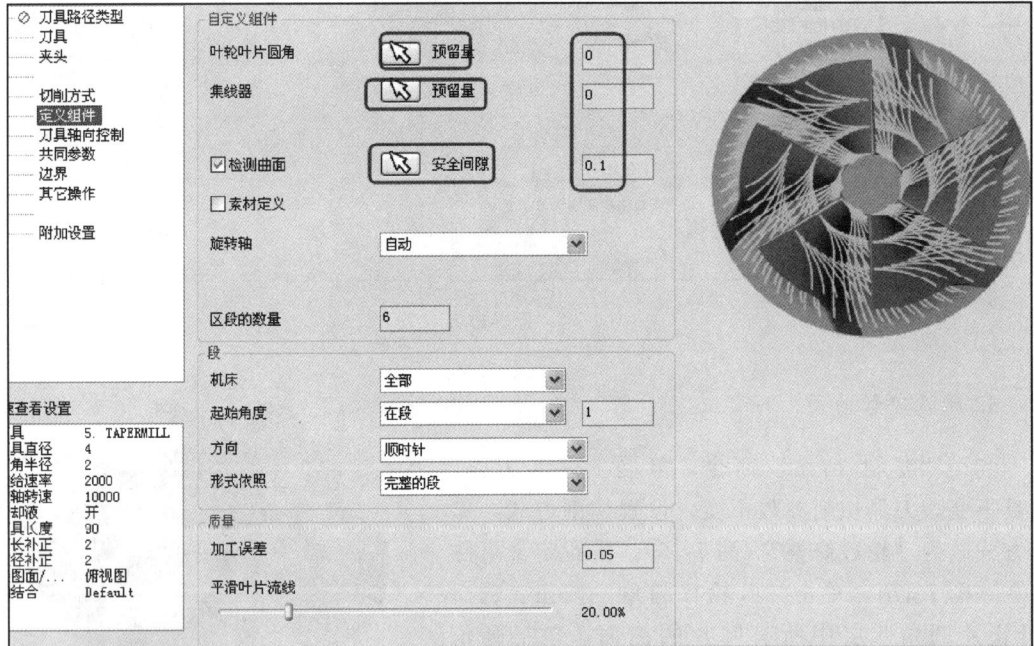

图 7-47　设置定义组件参数

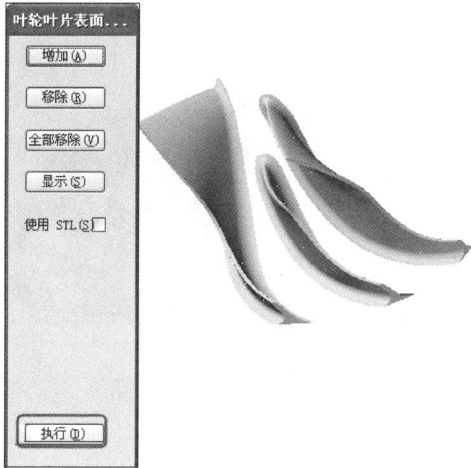

图 7-48 选择叶轮叶片及圆角

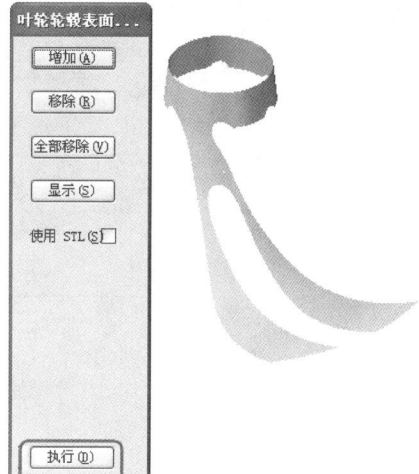

图 7-49 选择轮毂曲面

图 7-50 选择干涉曲面

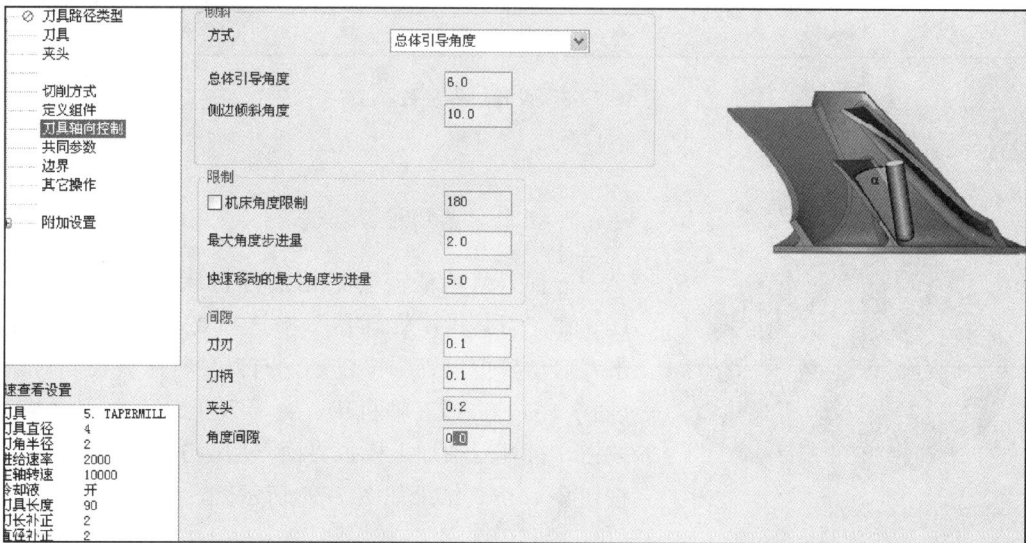

图 7-51 设置刀具轴向控制参数

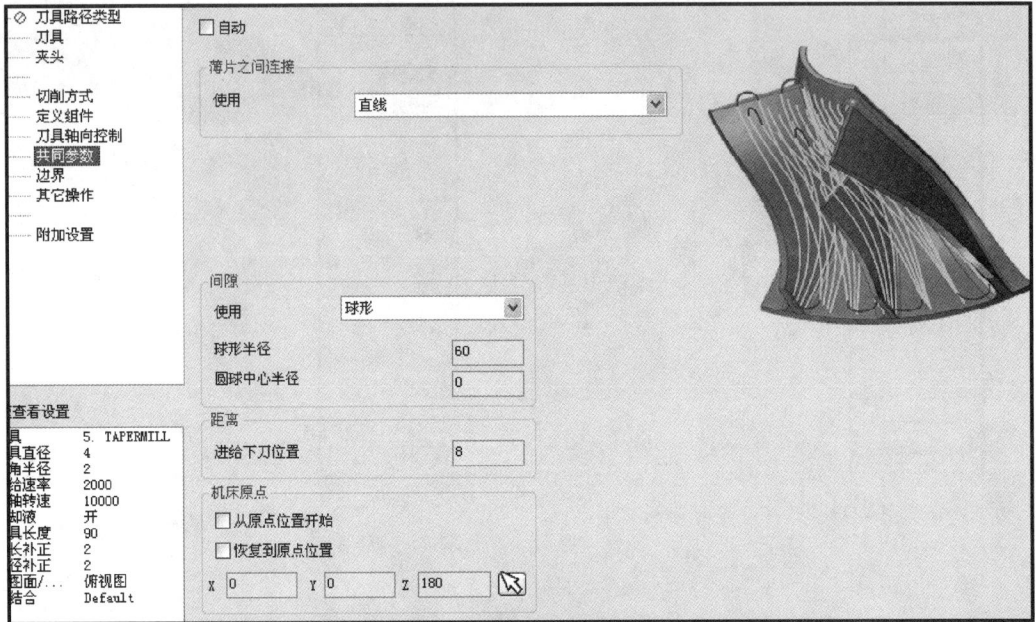

图 7-52　设置共同参数

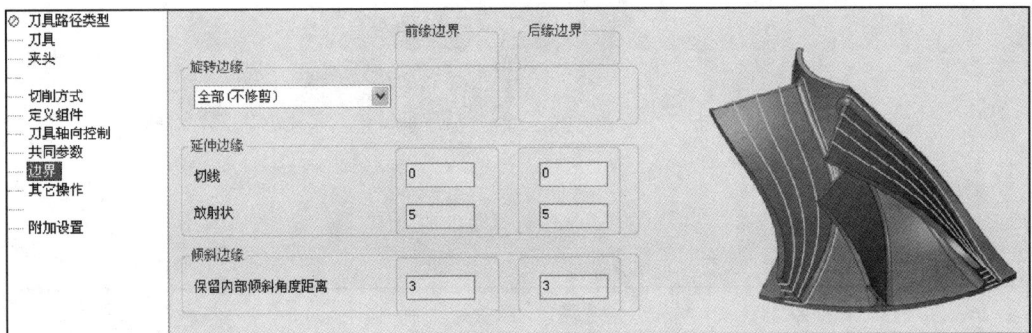

图 7-53　设置边界参数

图 7-54　刀路仿真结果

7. 五轴刀路的模拟验证

五轴刀路验证需要根据实际机床模型进行模拟验证。在"刀具操作管理器"中选择要验证的操作"，单击"启动模拟设置"按钮 ，打开"机床模拟"对话框（图 7-55），选择五轴机床、夹具及毛坯，单击"模拟"按钮，打开五轴加工模拟界面（图 7-56），单击"运行"按钮 ，仿真结果如图 7-57 所示。

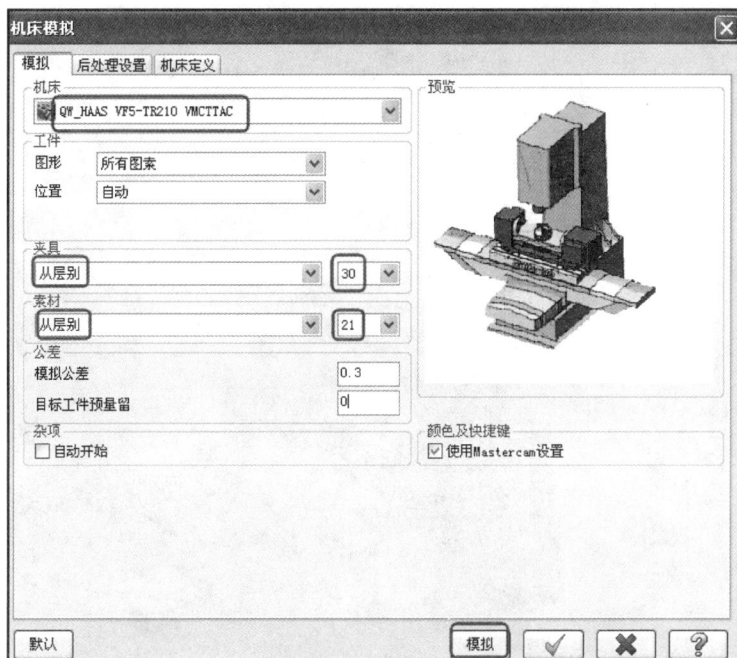

图 7-55　设置机床模拟参数

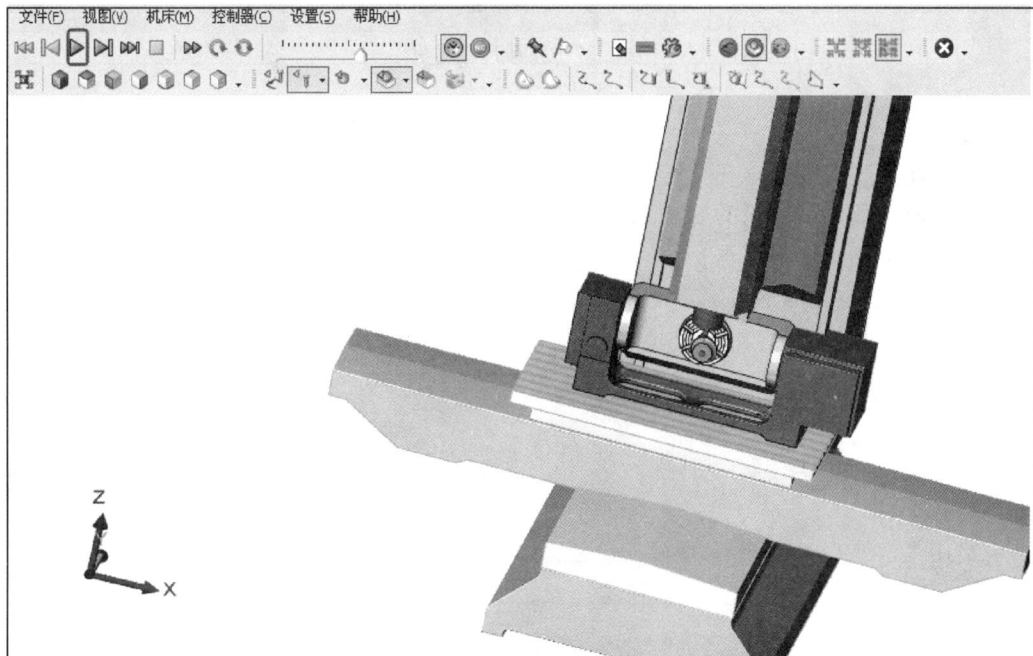

图 7-56　五轴加工模拟界面

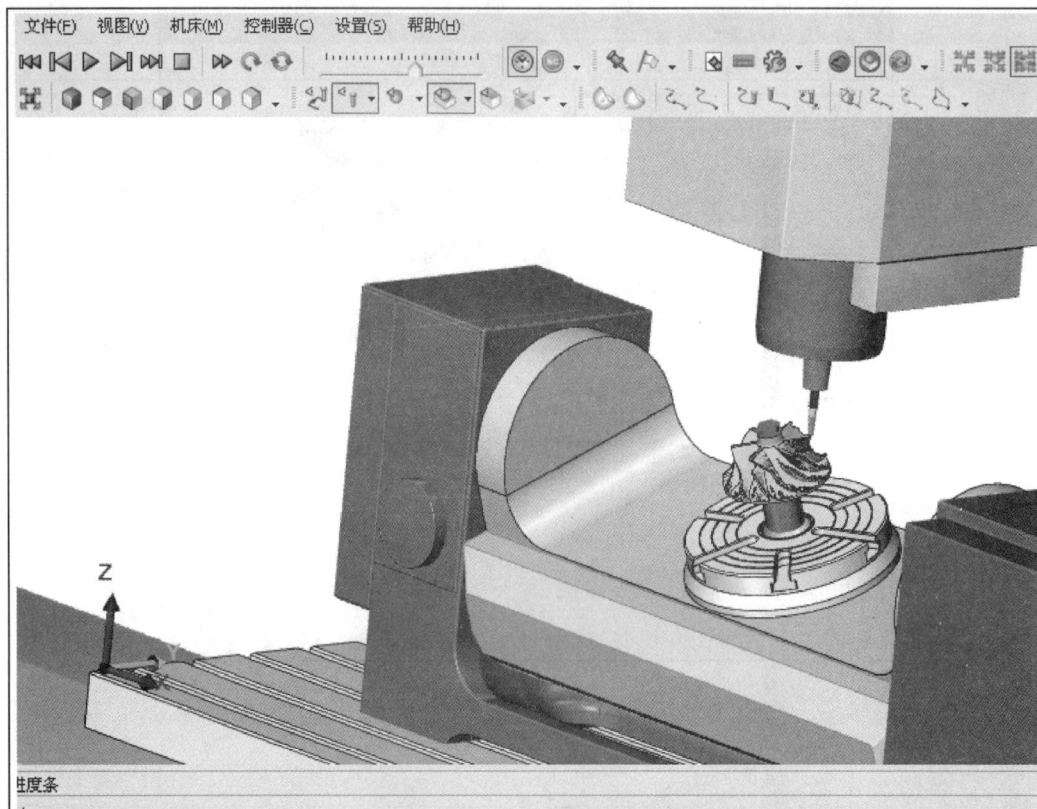

图 7-57　实体仿真结果

❉ 项目小结

　　本项目以整体二级叶轮的五轴加工为例，介绍了叶轮专家五轴刀路的使用。在具体的操作过程中需要注意以下几点：

　　1）对所需的加工曲面组、干涉曲面组要设定不同的层。

　　2）加工所用的夹具要按实际要求建模。

　　3）机床、刀具模型要与实际相符。

❉ 实训练习

　　完成图 7-58～图 7-61 所示零件的加工。

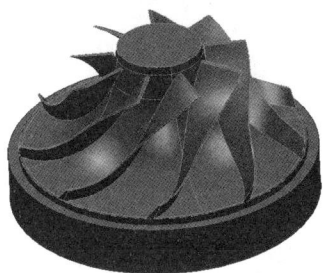

图 7-58　零件（一）

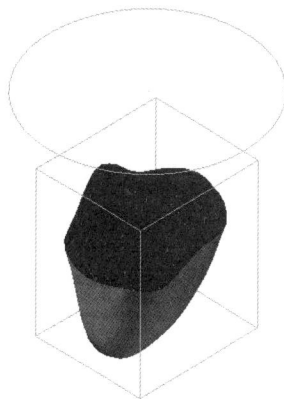

图 7-59　零件（二）

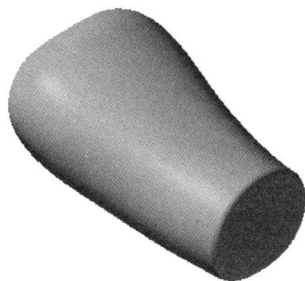

图 7-60　零件（三）

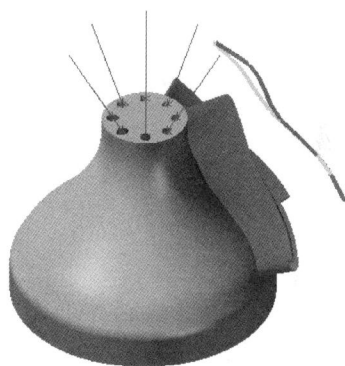

图 7-61　零件（四）

参 考 文 献

曹怀明，宋燕琴. 四轴数控加工实例详解 [M]. 北京：机械工业出版社. 2012.

褚守云. Mastercam 项目式实训教程 [M]. 北京：科学出版社. 2010.

高长银，等. Mastercam X3 数控五轴加工实例教程 [M]. 北京：化学工业出版社. 2009.

何满才. MasterCAM X 数控车加工实例精讲 [M]. 北京：人民邮电出版社. 2007.

胡素云，等. Mastercam X2 中文版数控加工实例精解 [M]. 北京：机械工业出版社. 2008.

李锦标，等. Mastercam X2 从数控编程到 CNC 加工实战 [M]. 北京：机械工业出版社. 2009.

刘文. Mastercam X2 中文版数控加工技术宝典 [M]. 北京：清华大学出版社. 2008.

钟日铭. MasterCAM X3 三维造型与数控加工 [M]. 北京：清华大学出版社. 2009.